鸿蒙之光 HarmonyOS NEXT 原生应用开发入门

柳伟卫 / 著

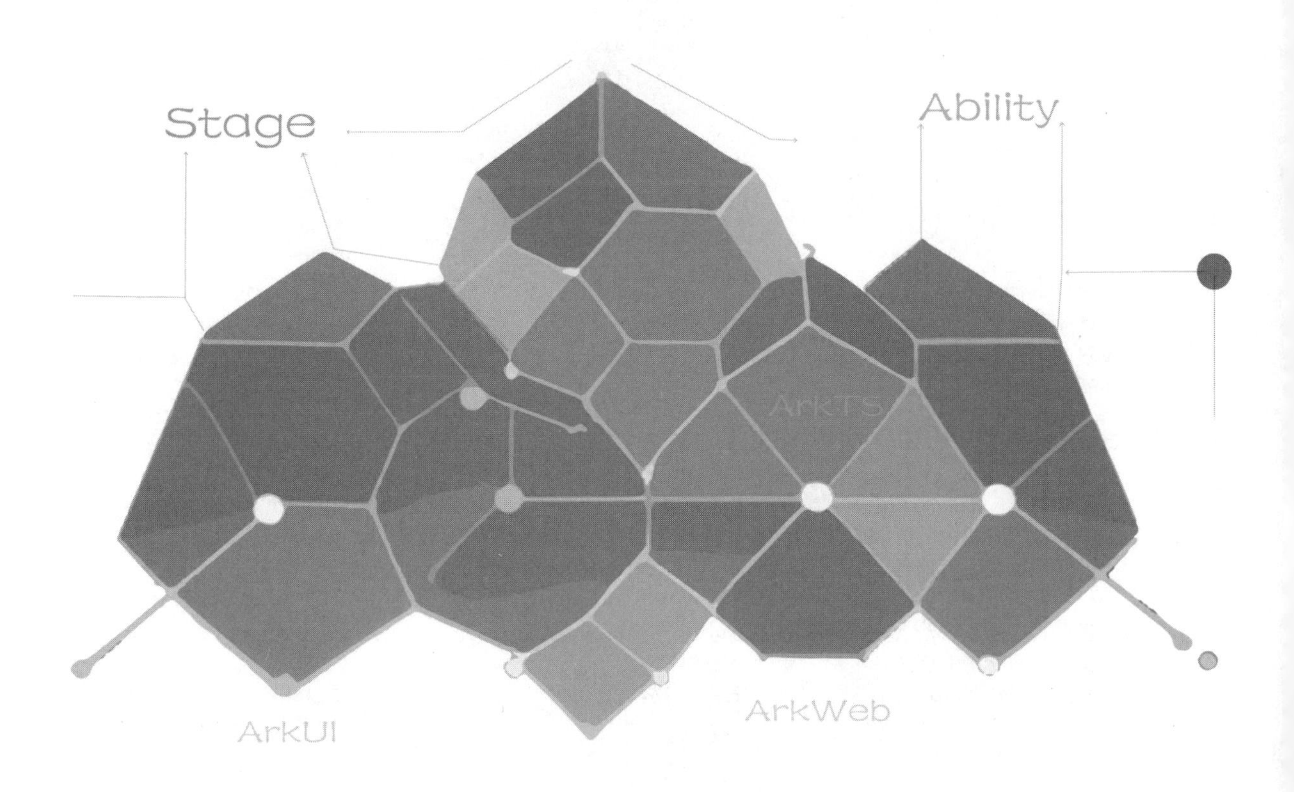

清華大学出版社
北 京

内容简介

本书以HarmonyOS NEXT版本为核心，从基础知识到实战案例，引领读者逐步探索“纯血鸿蒙”原生开发的奥秘。全书共16章，内容涵盖HarmonyOS架构、DevEco Studio使用、应用结构解析、ArkTS编程语言、Ability组件、ArkUI开发、公共事件处理、窗口管理、网络编程、安全管理、数据管理、多媒体开发、多端部署及应用测试等关键主题。书中不仅详细阐述了相关理论知识，还结合了多个实战项目，如计算器开发、WeLink打卡系统、图片轮播播放器、购物车功能实现、录音机与音乐播放器创建、购物应用设计与微信应用模拟、图片查看器构建等，旨在通过实际操作提升读者的动手能力和解决实际问题的能力。

此外，本书附赠完整的源代码和PPT课件，所有代码均经过严格测试验证，确保能够顺利运行并达到预期效果。

本书技术新颖，案例丰富，突出实战，特别适合HarmonyOS应用开发初学者、爱好者和进阶者作为自学用书，也适合作为培训机构和大中专院校的教学用书。

图书在版编目（CIP）数据

鸿蒙之光HarmonyOS NEXT原生应用开发入门 / 柳伟卫著.
北京 : 清华大学出版社, 2025. 1. -- ISBN 978-7-302-67821-2

Ⅰ. TN929.53

中国国家版本馆CIP数据核字第2024JA9091号

责任编辑：王金柱
封面设计：王　翔
责任校对：闫秀华
责任印制：刘　菲

出版发行：清华大学出版社
网　　址：https://www.tup.com.cn，https://www.wqxuetang.com
地　　址：北京清华大学学研大厦A座　　**邮　　编：**100084
社 总 机：010-83470000　　**邮　　购：**010-62786544
投稿与读者服务：010-62776969，c-service@tup.tsinghua.edu.cn
质量反馈：010-62772015，zhiliang@tup.tsinghua.edu.cn
印 装 者：大厂回族自治县彩虹印刷有限公司
经　　销：全国新华书店
开　　本：190mm×260mm　　**印　　张：**21.25　　**字　　数：**573千字
版　　次：2025年1月第1版　　**印　　次：**2025年1月第1次印刷
定　　价：89.00元

产品编号：110357-01

前　　言

写作背景

早在HarmonyOS NEXT正式发布之前，笔者便已密切关注其发展路线图。在各大论坛，笔者撰写了大量关于HarmonyOS NEXT新特性的文章，并进行技术布道。本书所选用的HarmonyOS NEXT版本是市面上首个正式版，具有重要的参考价值。

笔者此前已出版多本专著，如《鸿蒙HarmonyOS手机应用开发实战》和《鸿蒙HarmonyOS应用开发从入门到精通》，并长期维护开源书《跟老卫学HarmonyOS开发》。因此，撰写本书并未遇到太多困难。本书聚焦于HarmonyOS NEXT版本的常用核心功能，这些功能均经过笔者验证，确保可用性。其他非核心功能或存在bug的功能未收录本书，但会收入《跟老卫学HarmonyOS开发》并以开源方式不断演进。

内容介绍

本书以HarmonyOS NEXT版本为核心，通过循序渐进的方式，从基础理论到项目实战，引领读者深入探索"纯血鸿蒙"原生开发的精髓。全书内容从逻辑上分为三个主要部分：

入门（第1章）：介绍HarmonyOS NEXT的背景，并指导如何搭建开发环境，以及创建一个基础的HarmonyOS NEXT应用程序。

进阶（第2~13章）：深入讲解HarmonyOS NEXT的核心开发功能，包括ArkTS语言、Ability框架、ArkUI开发、公共事件处理、窗口管理、网络编程、安全管理、数据管理、多媒体开发、一次开发多端部署及应用测试等多个方面。

实战（第14~16章）：通过综合案例，如"仿微信应用""一多图片查看器"和"购物应用"，展示HarmonyOS NEXT的实际应用开发。

本书不仅详细阐述了相关理论知识，还配合核心功能给出了诸多开发案例，如计算器开发、WeLink打卡系统、图片轮播播放器、购物车功能实现、录音机与音乐播放器创建等，还在各章安排了上机练习题，旨在通过实际操作提升读者的动手能力和解决实际问题的能力。

配套资源

本书还配套提供案例源代码和PPT课件，所有源代码均经过严格测试验证，确保能够顺利运行并达到预期效果。源码和PPT课件可扫描以下二维码免费获取。如果读者在学习本书的过程中遇到问题，可以发送邮件至booksaga@126.com，邮件主题为"鸿蒙之光HarmonyOS NEXT原生应用开发入门"。

技术版本

技术的版本非常重要，因为不同版本之间存在兼容性问题，且不同版本的软件功能各异。本书列出的技术版本相对较新，均经过笔者测试。建议读者将相关开发环境设置为与本书一致，或不低于本书所列配置，以避免版本兼容性问题。

本书所采用的技术与版本的详细配置如下：

- DevEco Studio NEXT Release（5.0.3.900）
- HarmonyOS NEXT Beta1.0.71 (API 12 Release)
- 操作系统：Windows 10 64 位、Windows 11 64 位
- 内存：16GB 及以上
- 硬盘：100GB 及以上
- 分辨率：1280*800 像素及以上

读者对象

本书主要适合以下读者：

- HarmonyOS NEXT 开发的初学者、爱好者和进阶者。
- 转型至 HarmonyOS 应用开发的开发人员。
- 培训机构或大中专院校相关专业的教师和学生。

致谢

感谢清华大学出版社的各位工作人员为本书出版所做的努力。

感谢家人对笔者的理解和支持。由于撰写本书，笔者牺牲了很多陪伴家人的时间。

感谢关心和支持笔者的朋友、读者和网友。

柳伟卫

2024.10

目　　录

第 1 章

初识HarmonyOS NEXT

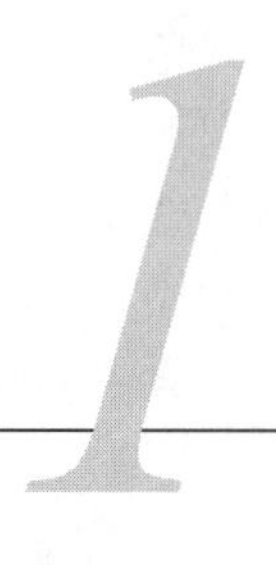

本章介绍HarmonyOS产生的历史背景、核心技术理念及开发环境的搭建，同时介绍了HarmonyOS NEXT的新特性，并演示了如何通过DevEco Studio来初始化HarmonyOS项目结构和创建一个简单的应用程序。

1.1 HarmonyOS 产生的背景

2024年10月8日，HarmonyOS NEXT Release版本正式发布，标志着以API 12为核心的HarmonyOS全套开发套件（含SDK及开发工具DevEco Studio）均达到Release状态并正式发布。开发者可基于Release状态的开发套件进行应用开发并正式上架华为应用市场。

同日，HarmonyOS NEXT开启公测，首批公测机型包括华为Mate 60系列、华为Mate X5系列、华为MatePad Pro 13.2英寸系列。

那么到底什么是HarmonyOS？为什么需要HarmonyOS？

1.1.1 万物互联时代的新挑战

经过十多年的发展，传统移动互联网的增长红利已渐见顶。万物互联时代正在开启，应用的设备底座将从几十亿手机扩展到数百亿物联网（Internet of Things，IoT）设备。全新的全场景设备体验，正深入改变消费者的使用习惯。同时应用开发者也面临设备底座从手机单设备到全场景多设备的转变，通过全场景多设备作为全新的底座，为消费者带来万物互联时代更为高效、便捷的体验。

新的场景同时也带来了新的挑战。开发者不仅需要支持更加多样化的设备，还需要支持跨设备的协作。不同设备类型意味着不同的传感器能力、硬件能力、屏幕尺寸、操作系统和开发语言，还意味着差异化的交互方式。同时跨设备协作也让开发者面临分布式开发带来的各种复杂性，例如跨设备的网络通信、数据同步等。若采取传统开发模式，适配和管理工作量将非常巨大。当前移动应用开发中遇到的主要挑战包括：

- 针对不同设备上的不同操作系统，重复开发，维护多套版本。
- 多种语言栈，对开发人员技能要求高。
- 多种开发框架，不同的编程范式。
- 命令式编程，需关注细节，变更频繁，维护成本高。

与此同时，AI时代全面来临，在PC互联网到移动互联网再到智能化终端的演进过程中，AI计算主要在云端数据中心进行，非常依赖网络，具有一定的延时，且数据传输的安全性、私密性不能得到有效保证。随着人们对交互和信息获取的智能化要求越来越高，移动设备的计算能力越来越强，在设备侧就能提供AI的相关能力，例如自然语言交互、环境智能感知、图像识别等。如何快速地使用设备侧的强大AI能力，使自己的应用更加智能化，进而更好地服务消费者，也是开发者面临的全新挑战。

为了更好地抓住机遇，应对万物互联所带来的一系列挑战，新的应用生态应该具备如下特征。

- 单一设备延伸到多设备：应用一次开发就能在多个设备上运行，软件实体能够从单一设备转移到其他设备上，且多个设备间能够协同运行，给消费者提供全新的分布式体验。
- 厚重应用模式到轻量化服务模式：提供轻量化的服务较低的资源消耗，一步直达，快速完成消费者特定场景的任务。
- 集中化分发到AI加持下的智慧分发：为消费者提供智慧场景服务，实现“服务找人”。
- 纯软件到软硬芯协同的AI能力：提供软硬芯协同优化的原生AI能力，全面满足应用高性能诉求。

因此，在这个背景下，华为推出了自己的操作系统——HarmonyOS。正如其中文“鸿蒙”的寓意，意味着这个HarmonyOS将会开启一个开天辟地的时代，2020年12月16日，华为发布HarmonyOS 2.0手机开发者Beta版本，这意味着HarmonyOS能够覆盖手机应用场景。2022年11月4日，HarmonyOS 3.1开发者尝鲜版本发布，以支撑声明式开发体系。2023年5月16日，HarmonyOS 3.1 Release版本正式发布。2023年8月4日，HarmonyOS 4和HarmonyOS NEXT开发者预览版本正式发布。2024年1月18日，HarmonyOS NEXT开发者预览版（鸿蒙星河版）面向开发者开放申请。2024年6月21日，正式面向开发者启动HarmonyOS NEXT Beta版本。2024年10月8日，HarmonyOS NEXT Release版本正式发布。

1.1.2　什么是 HarmonyOS

HarmonyOS在2019年8月9日华为开发者大会上首次公开亮相，时任华为消费者业务CEO余承东进行了关于HarmonyOS的主题演讲。

HarmonyOS也称为鸿蒙系统，或者鸿蒙OS，这是一款面向万物互联时代的、全新的分布式操作系统。在传统的单设备系统能力基础上，HarmonyOS提出了基于同一套系统能力、适配多种终端形态的分布式理念，能够支持手机、平板电脑、智能穿戴、智慧屏、车机、PC、智能音箱、耳机、AR/VR眼镜等多种终端设备，提供全场景（移动办公、运动健康、社交通信、媒体娱乐等）业务能力。

- 对消费者而言，HarmonyOS用一个统一的软件系统，从根本上解决了消费者使用大量终端体验割裂的问题。HarmonyOS能够将生活场景中的各类终端进行能力整合，可以实现不同的终端设备之间的快速连接、能力互助、资源共享，匹配合适的设备，为消费者提供统一、便利、安全、智慧化的全场景体验。
- 对应用开发者而言，HarmonyOS采用了多种分布式技术，整合各种终端硬件能力，形成一个虚拟的“超级终端”。开发者可以基于“超级终端”进行应用开发，使得应用程序的开发实现与不同终端设备的形态差异无关。这能够让开发者聚焦上层业务逻辑，无须关注硬件差异，更加便捷、高效地开发应用。
- 对设备开发者而言，HarmonyOS采用了组件化的设计方案，可以按需调用“超级终端”能力，并带来“超级终端”的创新体验。根据设备的资源能力和业务特征进行灵活剪裁，满足不同形态的终端设备对于操作系统的需求。

举例来说，当用户走进厨房，用HarmonyOS手机触碰微波炉，就能实现设备极速联网；用HarmonyOS手机触碰豆浆机，就能快速实现无屏变有屏。

自HarmonyOS诞生以来，经过多年的发展，终于迎来了HarmonyOS NEXT版本。HarmonyOS NEXT也带来了更多惊喜，全新推出应用开发Stage模型，并在ArkTS语言、应用程序框架、Web、ArkUI等子系统能力方面有所更新或增强。

1.1.3 HarmonyOS 应用开发

为了进一步扩大HarmonyOS的生态圈，面对广大的硬件设备厂商，HarmonyOS通过SDK、源代码、开发板/模组和HUAWEI DevEco Studio等装备共同构成了完备的开发平台与工具链，让HarmonyOS设备开发易如反掌。

应用创新是一款操作系统发展的关键，应用开发体验更是如此。一条完整的应用开发生态中，应用框架、编译器、IDE、API/SDK都是必不可少的。为了赋能开发者，HarmonyOS提供了一系列构建全场景应用的完整平台工具链与生态体系，助力开发者，让应用能力可分可合可流转，轻松构筑全场景创新体验。

可以预见的是，HarmonyOS必将是近些年的热门话题。对于能在早期投身于HarmonyOS开发的技术人员而言，其意义不亚于当年早期Android的开发。HarmonyOS必将带给开发者广阔的前景。同时，基于HarmonyOS所提供的完善的平台工具链与生态体系，相信广大的读者一定也能轻松入门HarmonyOS。

5G网络准备就绪，物联网产业链也已经渐趋成熟，在物联网即将爆发的前夜，正急需一套转为物联网准备的操作系统，华为的HarmonyOS正逢其时。Windows系统成就了微软，Android系统成就了谷歌，HarmonyOS系统是否能成就华为，让我们拭目以待。

1.2 HarmonyOS 核心技术理念

在万物智联时代重要机遇期，HarmonyOS结合移动生态发展的趋势，提出了三大技术理念（见图1-1）：一次开发多端部署、可分可合自由流转、统一生态原生智能。

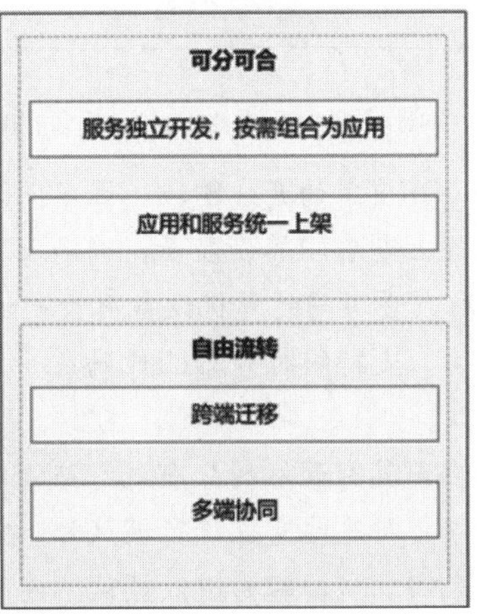

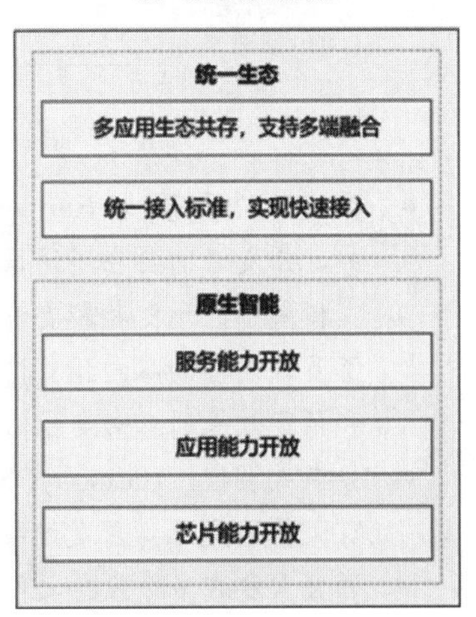

图 1-1　核心技术理念

1.2.1 一次开发，多端部署

“一次开发，多端部署”指的是一个工程，一次开发上架，多端按需部署。其目的是为了支撑开发者高效地开发多种终端设备上的应用。为了实现这一目的，HarmonyOS提供了几个核心能力，包括多端开发环境、多端开发能力以及多端分发机制，如图1-2所示。

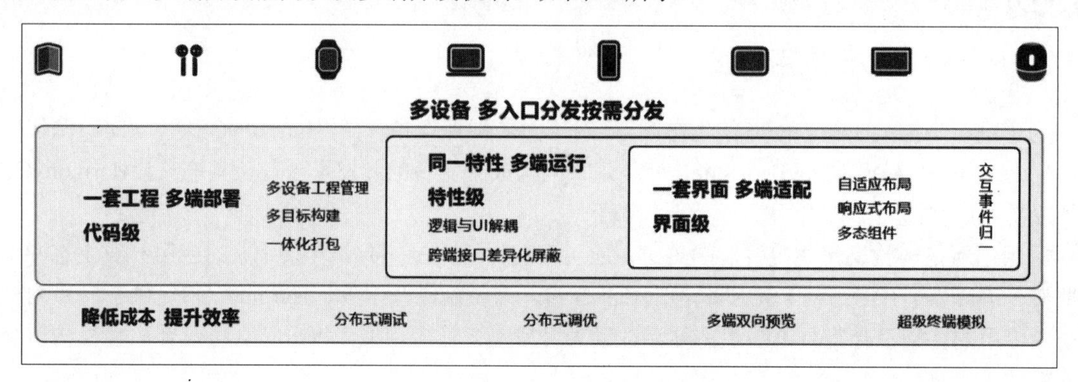

图 1-2 “一次开发，多端部署”示意图

1. 多端开发环境

HUAWEI DevEco Studio是面向全场景多设备提供的一站式开发平台，支持多端双向预览、分布式调优、分布式调试、超级终端模拟、低代码可视化开发等能力，帮助开发者降低成本、提升效率、提高质量。

HUAWEI DevEco Studio提供的核心能力如图1-3所示。

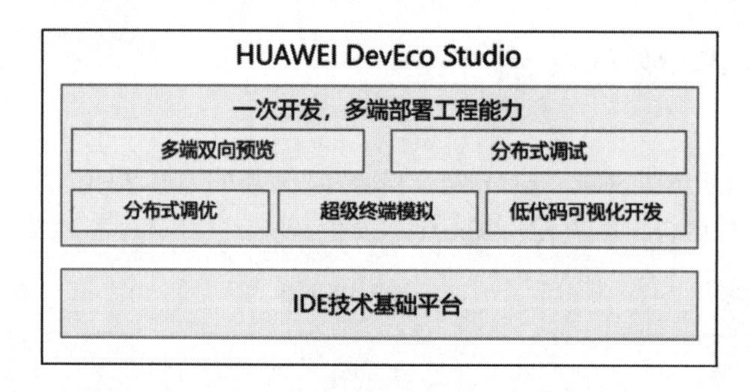

图 1-3 HUAWEI DevEco Studio 提供的核心能力

- 多端双向预览：在HarmonyOS应用的开发阶段，因不同设备的屏幕分辨率、形状、大小等差异，开发者需要在不同设备上查看UI界面显示，确保实现效果与设计目标一致。在传统的开发模式下，开发者需要获取大量不同的真机设备用于测试验证。HUAWEI DevEco Studio提供了多种设备的双向预览能力，支持同时查看UI代码在多个设备上的预览效果，并支持UI代码和预览效果的双向定位修改。
- 分布式调优：HarmonyOS应用具有天然的分布式特征，体现在同一个应用在多个设备之间会有大量的交互。开发过程中，对这些交互进行调试时，需要对每个设备分别建立调试会话，并且需要在多个设备之间来回切换，容易造成调试不连续、操作烦琐等问题。为了提升开发效率，HUAWEI DevEco Studio提供了分布式调试功能，支持跨设备调试，通过代码断点和调试堆栈可以方便地跟踪不同设备之间的交互，用于定位多设备互动场景下的代码缺陷。

- 分布式调试：分布式应用的运行性能至关重要。在跨端迁移场景中，需要应用在目标设备上快速启动，以实现和原设备之间的无缝衔接；在多端协同场景中，需要应用在算力和资源不同的多个设备上都能高效运行，以获得整体的流畅体验。以往开发者在分析分布式应用的性能问题时，需要单独查看每个设备的性能数据，并手动关联分析这些数据，操作烦琐、复杂度高。HUAWEI DevEco Studio提供了分布式调优功能，支持多设备分布式调用链跟踪、跨设备调用堆栈缝合，同时采集多设备性能数据并进行联合分析。
- 超级终端模拟：移动应用开发时需要使用本地模拟器来进行应用调试，实现快速开发的目的。HarmonyOS应用需要运行在多种不同类型的设备上，为此，HUAWEI DevEco Studio提供了不同类型的终端模拟，支持开发者在多个模拟终端上进行开发调试，降低门槛、节约成本。同时，多个模拟终端、真机设备也可以自由地组成超级终端，进一步降低开发者获取分布式调测环境的难度。
- 低代码可视化开发：低代码开发提供UI可视化开发能力，支持自由拖曳组件和可视化数据绑定，可快速预览效果，所见即所得。通过拖曳式编排、可视化配置的方式，帮助开发者减少重复性的代码编写，快速地构建多端应用程序。低代码开发的产物如组件、模板等可以被其他模块的代码引用，并且能通过跨工程复用，支持开发团队协同完成复杂应用的开发。

2. 多端开发能力

HarmonyOS应用如需在多个设备上运行，需要适配不同的屏幕尺寸和分辨率、不同的交互方式（如触摸和键盘等）、不同的硬件能力（如内存差异和器件差异等），开发成本较高。因此，多端开发能的核心目标是降低多设备应用的开发成本。为了实现该目标，HarmonyOS提供了多端UI适配、交互事件归一、设备能力抽象等核心功能，帮助开发者降低开发与维护成本，提升代码复用度。图1-4所示为HarmonyOS对屏幕进行逻辑抽象。

超小(xs)	小(sm)	中(md)	大(lg)
手表	手机、折叠屏折叠态	平板电脑、折叠屏展开态	智慧屏

（分界：360vp、600vp、840vp）

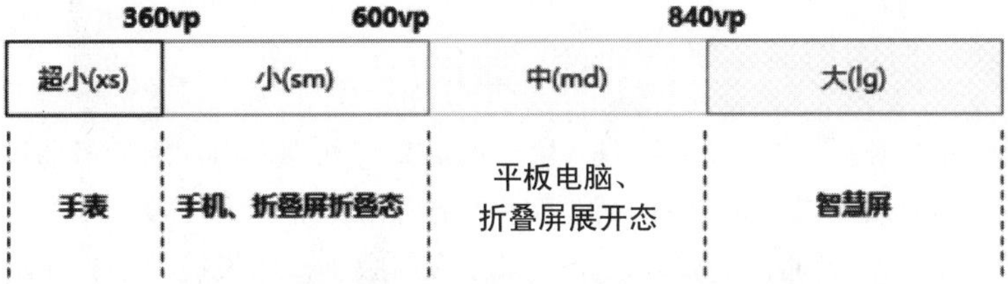

图 1-4　HarmonyOS 对屏幕进行逻辑抽象

- 多端UI适配：不同设备屏幕尺寸、分辨率等存在差异，HarmonyOS将对屏幕进行逻辑抽象，包括尺寸和物理像素，并提供丰富的自适应/响应式的布局和视觉能力，方便开发者进行不同屏幕的界面适配。
- 交互事件归一：不同设备间的交互方式等存在差异，如触摸、键盘、鼠标、语音、手写笔等，HarmonyOS将不同设备的输入映射成归一交互事件，从而简化开发者适配逻辑。
- 设备能力抽象：不同设备间的软、硬件能力等存在差异，如设备是否具备定位能力、是否具备摄像头、是否具备蓝牙功能等，HarmonyOS要对设备能力进行逻辑抽象，并提供接口来查询设备是否支持某一能力，方便开发者进行不同软、硬件能力的功能适配。在HarmonyOS中，使用SystemCapability（简写为 SysCap）定义每个部件对应用开发者提供的系统软、硬件能力。应用开发者基于统一的方式访问不同设备的能力。

3. 多端分发机制

如果需要开发多设备上运行的应用，一般会针对不同类型的设备多次开发并独立上架。开发和维护的成本大，为了解决这个问题，HarmonyOS提供了“一次开发，多端部署”的能力，开发者开发多设备应用，只需要一套工程，一次打包出多个HAP，统一上架，即可根据设备类型按需进行分发，如图1-5所示。

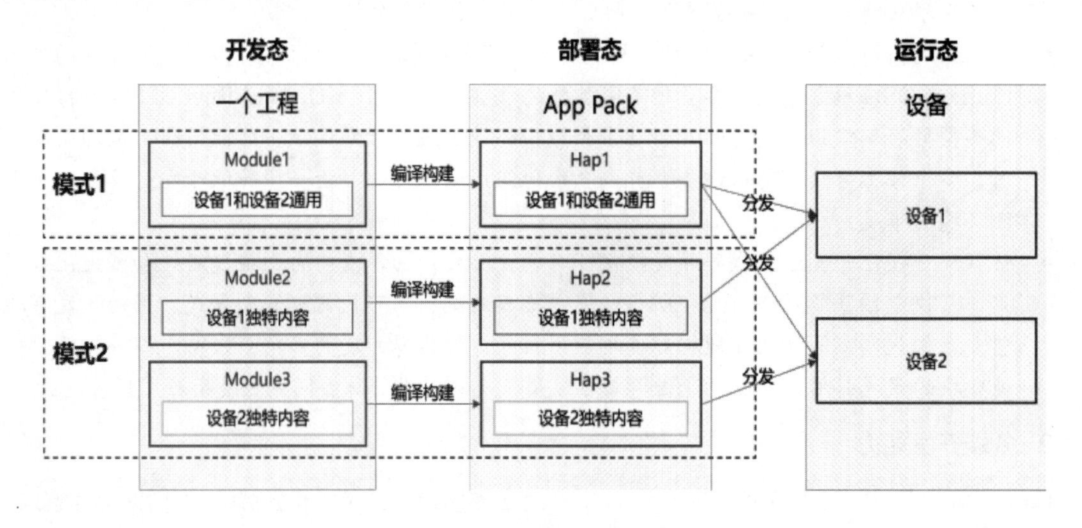

图 1-5　多端分发机制

除了可以开发传统的应用，开发者还可以开发元服务。元服务是一种面向未来的服务提供方式，具有独立入口的、免安装的、可为用户提供一个或多个便捷服务的应用程序形态。HarmonyOS为元服务提供了更多的分发入口，方便用户获取，同时也增加了元服务露出的机会。

1.2.2　可分可合，自由流转

元服务是HarmonyOS提供的一种全新的应用形态，具有独立入口，用户可通过单击、碰一碰、扫一扫等方式直接触发，无须显式安装，由程序框架后台静默安装后即可使用，可为用户提供便捷服务。

传统移动生态下，开发者通常需要开发一个原生应用版本，如果提供小程序给用户，往往需要开发若干个独立的小程序。HarmonyOS生态下，HarmonyOS原生支持元服务开发，开发者无须维护多套版本，而是通过业务解耦将应用分解为若干元服务独立开发，按需根据场景组合成复杂应用。

元服务基于HarmonyOS API开发，支持运行在1+8+N设备上，供用户在合适的场景、合适的设备上便捷使用。元服务是支撑可分可合、自由流转的轻量化程序实体，帮助开发者的服务更快触达用户。具备如下特点：

- 触手可及：元服务可以在服务中心发现并使用，同时也可以基于合适场景被主动推荐给用户使用，例如用户可以在服务中心和小艺建议中发现系统推荐的服务。
- 服务直达：元服务无须安装和卸载，秒开体验，即点即用，即用即走。
- 万能卡片：支持用户无须打开元服务便可获取服务内重要信息的展示和动态变化，如天气、关键事务备忘、热点新闻列表等。
- 自由流转：元服务支持运行在多设备上并按需跨端迁移，或者多个设备协同起来给用户提供最优的体验。

例如手机上未完成的邮件，迁移到平板电脑上继续编辑，手机用作文档翻页和批注，配合智慧屏完成分布式办公；例如分布式游戏场景，手机可作为手柄，与智慧屏配合玩游戏，获得新奇游戏体验。

如图1-6所示是HarmonyOS打包上架模式。

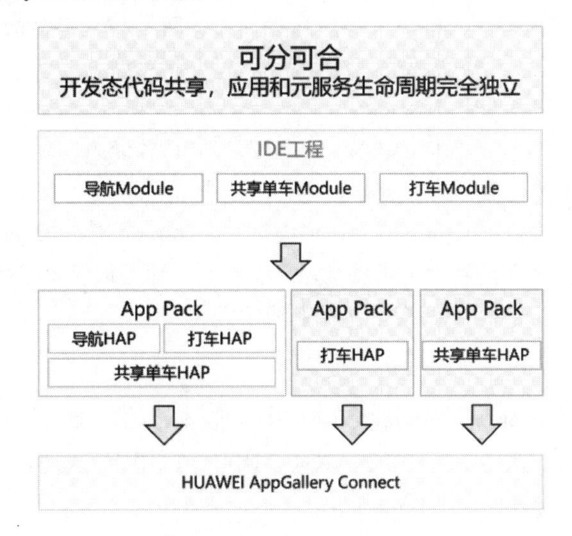

图 1-6　打包上架模式

1.2.3　统一生态，原生智能

1. 统一生态

移动操作系统和桌面操作系统的跨平台应用开发框架存在差异，从渲染方式的角度可以归纳为WebView渲染、原生渲染和自渲染这三类，HarmonyOS提供了系统WebView、ArkUI框架和XComponent能力用于支撑这三种类型的跨平台框架的接入。

主流跨平台开发框架已有版本正在适配HarmonyOS，基于这些框架开发的应用可以以较低成本迁移到HarmonyOS。

2. 原生智能

HarmonyOS内置强大的AI能力，面向HarmonyOS生态应用的开发，通过不同层次的AI能力开放，满足开发者的不同开发场景下的诉求，降低应用的开发门槛，帮助开发者快速实现应用智能化。

1.3　HarmonyOS NEXT 新特性

自HarmonyOS 3.1开始，HarmonyOS推出应用开发Stage模型，并在ArkTS语言、应用程序框架、Web、ArkUI等子系统能力方面有所更新或增强。

HarmonyOS 3.1开放的功能包括：

- Ability框架新增Stage开发模型，包含Stage模型生命周期管理、调度、回调、上下文获取、鉴权等。同时增强了应用的运行管理能力。
- ArkUI开发框架增强了声明式Canvas/XComponent组件的能力，增强了组件布局能力及状态管理能力，优化了部分组件的易用性。

- 应用包管理新增查询应用、Ability和ExtensionAbility相关属性的接口。
- 公共基础类库新增支持Buffer二进制读写。
- Web服务新增支持文档类Web应用的文档预览和基础编辑功能，以及cookie的管理和存储管理。
- 图形图像新增支持YUV、webp图片编解码等能力；新增native vsync能力，支持自绘制引擎自主控制渲染节奏。
- 媒体服务新增相机配置与预览功能。
- 窗口服务新增Stage模型下窗口相关接口，增强窗口旋转能力，增强避让区域查询能力。
- 全球化服务新增支持时区列表、音译、电话号码归属地等国际化增强能力。
- 公共事件基础能力增强，commonEvent模块变更为commonEventManager。
- 资源管理服务新增资源获取的同步接口，新增基于名称查询资源值的接口，新增number、float资源类型查询接口，新增Stage模型资源查询方式。
- 输入法服务新增输入法光标方向常量。

从HarmonyOS NEXT Developer Preview1（API 11）版本开始，HarmonyOS SDK以Kit维度提供丰富、完备的开放能力，涵盖应用框架、系统、媒体、图形、应用服务、AI 6大领域：

- 应用框架相关Kit开放能力：Ability Kit（程序框架服务）、ArkUI（方舟UI框架）等。
- 系统相关Kit开放能力：Universal Keystore Kit（密钥管理服务）、Network Kit（网络服务）等。
- 媒体相关Kit开放能力：Audio Kit（音频服务）、Media Library Kit（媒体文件管理服务）等。
- 图形相关Kit开放能力：ArkGraphics 2D（方舟2D图形服务）、Graphics Accelerate Kit（图形加速服务）等。
- 应用服务相关Kit开放能力：Game Service Kit（游戏服务）、Location Kit（位置服务）等。
- AI相关Kit开放能力：Intents Kit（意图框架服务）、HiAI Foundation Kit（HiAI Foundation服务）等。

1.3.1　Stage 模型

从API 9开始，Ability框架引入并支持使用Stage模型进行开发。因此，Ability框架模型结构具有两种形态：

- FA模型：API 8及其更早版本的应用程序只能使用FA模型进行开发。
- Stage模型：从API 9开始，Stage模型只支持使用ArkTS语言进行开发。

Stage模型是HarmonyOS 3.1开始新增的模型，也是目前HarmonyOS主推且将长期演进的模型。在该模型中，由于提供了AbilityStage、WindowStage等类作为应用组件和Window窗口的“舞台”，因此称这种应用模型为Stage模型。本书主要介绍以Stage模型为主的开发方式。

1.3.2　Ability 组件的生命周期

Ability组件的生命周期切换以及和AbilityStage、WindowStage之间的调度关系如图1-7所示。

Stage模型定义Ability组件的生命周期，只包含创建、销毁、前台和后台等状态，而将与界面强相关的获焦、失焦状态都放在WindowStage中，从而实现Ability与窗口之间的弱耦合；在服务侧，窗口管理服务依赖于组件管理服务，前者通知后者前台和后台变化，这样组件管理服务仅感知前台和后台变化，不感知焦点变化。

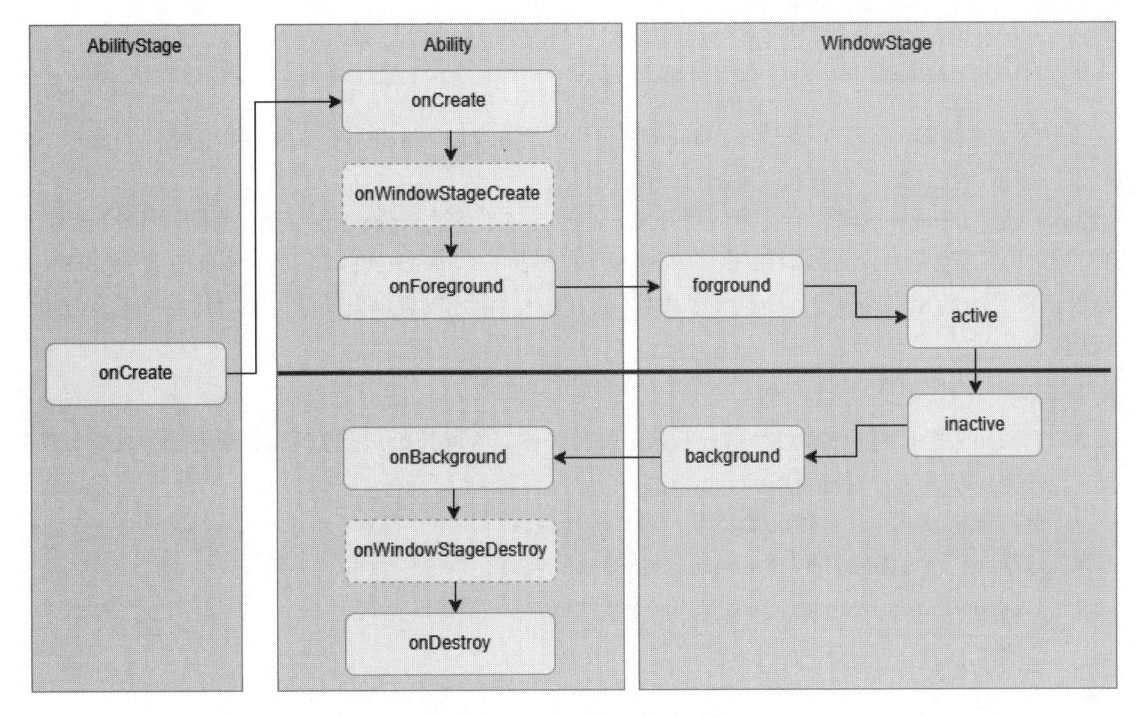

图 1-7　Ability 组件的生命周期

需要注意的是，在Ability中存在两个与WindowStage相关的生命周期状态：onWindowStageCreate和onWindowStageDestroy，这两个生命周期状态的变化仅存在于具有显示能力的设备中。前者表示WindowStage已经创建完成，开发者可以通过执行loadContent的操作设置Ability需要加载的页面；后者在WindowStage销毁后调用，以便开发者将资源进行释放。

1.3.3　ArkUI 开发框架

ArkUI（方舟UI框架）是一个具有简洁、高性能、支持跨设备的UI框架，它提供了丰富的应用界面开发所需的能力。

ArkUI包括UI组件、动画、绘制、交互事件、JS API扩展机制等。

在HarmonyOS NEXT版本，ArkUI新增或增强了以下能力：

- ArkUI针对三方框架场景提供组件NDK接口，涵盖组件创建、属性设置、事件注册、自定义能力、组件树构建。
- 自定义节点能力增强，提供FrameNode的自定义能力以及节点代理能力，并提供基础组件、手势、事件的Modifier能力。
- Navigation新增页面生命周期：支持onWillShow和onWillHide页面生命周期、转场动画支持打断和接续、页面内容扩展到状态栏、单例跳转能力和自定义动效能力增强。
- Video/XComponent/Canvas组件支持AI能力，支持文本和实体识别。Text等文本类组件支持属性字符串。
- 支持使用NativeWindowEventFilter能力拦截按键事件。
- 支持使用画中画功能。
- 新增提供智慧多窗的适配指导。

1.3.4 ArkTS 编程语言

ArkTS（方舟编程语言）提供HarmonyOS应用开发语言ArkTS相关的公共核心基础能力接口，包括并发、容器、流、文本编解码、XML、URI、Buffer等能力。

ArkTS是HarmonyOS优选的主力应用开发语言。ArkTS基于TypeScript（简称TS）语言扩展而来，是TS的超集（这也是为什么ArkTS的原名叫eTS，是extend TypeScript的简写）。ArkTS继承了TS的所有特性，并且ArkTS在TS基础上还扩展了声明式UI能力，让开发者以更简洁、更自然的方式开发高性能应用。

在HarmonyOS NEXT版本，ArkTS新增或增强了以下能力：

- Taskpool新增支持任务组、串行队列、长时任务、取消任务、宿主通信、设置任务监听、设置任务依赖关系，新增受限worker能力。
- 新增流基础能力，包括流读、写、双工和转换。
- 增强Uri、TextDecoder、StringDecoder等模块能力。
- Taskpool、TextDecoder、buffer、uri等模块接口性能优化。

1.3.5 ArkWeb

ArkWeb（方舟Web）提供了在应用中使用Web页面的能力，支持应用集成Web页面、小程序、浏览器网页浏览等场景的混合开发。

在HarmonyOS NEXT版本，ArkWeb新增或增强了以下能力：

- 网页加载与页面导航：新增支持打开UniversalLink链接、应用托管网络、应用级自定义DNS。
- 网页渲染与显示：新增支持object/embed标签的同层渲染与事件传递、长网页渲染模式、网页长截图、扩展安全区域与H5避让区查询能力、预览PDF（内置PDFView扩展）。
- UX一致性增强：增强支持文本选择智能选词、图片长按识文、列表滑动曲线与原生一致。
- 网页媒体：新增支持显示HEIF图片、网页视频托管、网页音视频与摄像头控制。
- 网页安全隐私：新增广告过滤能力支持定义自定义拦截规则，智能防跟踪及限制三方Cookie的访问，网页高级安全模式。
- W3C兼容性增强：支持设置meta标签的viewport属性，支持鼠标悬停提示tooltip、datalist元素，支持自定义鼠标指针样式等。
- 性能增强：新增ArkWeb组件动态创建与上下树、JavaScript接口性能提升、V8引擎性能优化。
- DFX增强：新增了对独立Web GPU进程的支持，以增强应用的稳定性和安全性。应用现在可以启用独立的Web渲染进程，这不仅提高了应用的运行安全性，还增强了稳定性。同时，我们优化了无障碍常用功能，并且增强了网页性能度量接口（LCP/FMP），以便更准确地监测性能。此外，我们还集成了crashpad崩溃信息生成功能，以便于崩溃问题的分析和修复。

1.3.6 “纯血鸿蒙”解读

2023年8月4日，在华为开发者大会上，华为发布HarmonyOS NEXT开发者预览版本。据介绍，HarmonyOS NEXT系统底座全线自研，去掉了传统的AOSP代码，不再兼容安卓开源应用，仅支持鸿蒙内核和系统的应用，因此也被称为“纯血鸿蒙”。

HarmonyOS NEXT可以理解为HarmonyOS面向未来的、自研程度更高的下一代鸿蒙系统。

“纯血鸿蒙”具有以下特点：

- 全面自研：鸿蒙系统通过全新的架构和核心技术实现了全面自研，正式脱离了Android的影响，成为真正独立的操作系统。
- 自主可控：鸿蒙内核、文件系统、编程语言和编译器等均为华为自主研发，确保了系统的安全性和稳定性。
- 高度弹性：鸿蒙内核具有高度弹性的架构，能够根据硬件需求灵活组合操作系统能力，满足各种终端的需求。
- 鸿蒙内核：作为“纯血鸿蒙”的核心，鸿蒙内核提供了更安全、更流畅、更弹性的系统基础。其服务之间能够更好地隔离，从架构上保证了系统的安全性。
- 文件系统：使用自研的文件系统，进一步提升了系统的稳定性和性能。
- 编程语言与编译器：鸿蒙还自主研发了编程语言和编译器，确保了开发过程的独立性和高效性。
- 系统隔离：鸿蒙内核的服务之间隔离性更好，从架构上保证了系统的安全性，获得了全球首张智能终端领域CC EAL 6+证书。
- 隐私保护：新的隐私保护机制极大地减少了权限弹窗，提升了用户的隐私安全。

综上所述，“纯血鸿蒙”是华为在操作系统领域的一次重大突破和创新成果。它不仅代表了华为在自研技术方面的实力和决心，也为全球科技界带来了新的惊喜和期待。

1.4　DevEco Studio 的安装

要想快速体验HarmonyOS应用开发，IDE必不可少，而DevEco Studio是华为官方指定的HarmonyOS集成开发环境。所谓“工欲善其事，必先利其器”，本节将介绍DevEco Studio的安装步骤。

1.4.1　下载 DevEco Studio

目前，HarmonyOS专属IDE的DevEco Studio开发环境，可以从HarmonyOS官网免费下载使用。下载地址为https://developer.huawei.com/consumer/cn/download/。

DevEco Studio支持Windows（64-bit）、Mac（X86）、Mac（ARM）3个操作系统平台。

下面以Windows（64-bit）操作系统为例，下载并获得devecostudio-windows-x.x.x.xxx.zip压缩包，其中“x.x.x.xxx”为实际下载的版本号。解压该压缩包，就能得到一个deveco-studio-x.x.x.xxx.exe安装文件。

1.4.2　安装 DevEco Studio

双击deveco-studio-x.x.x.xxx.exe文件进行安装，进入DevEco Studio安装向导。在如图1-8所示的界面选择安装路径，默认安装于C:\Program Files路径下，也可以单击“浏览（B）...”指定其他安装路径，然后单击“下一步”按钮。

在如图1-9所示的安装选项界面中勾选“创建桌面快捷方式”后，单击“下一步”按钮，直至安装完成。

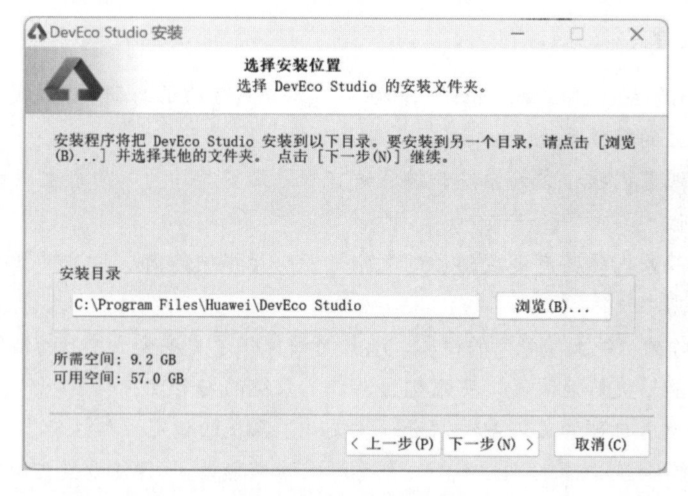

图 1-8　选择安装位置

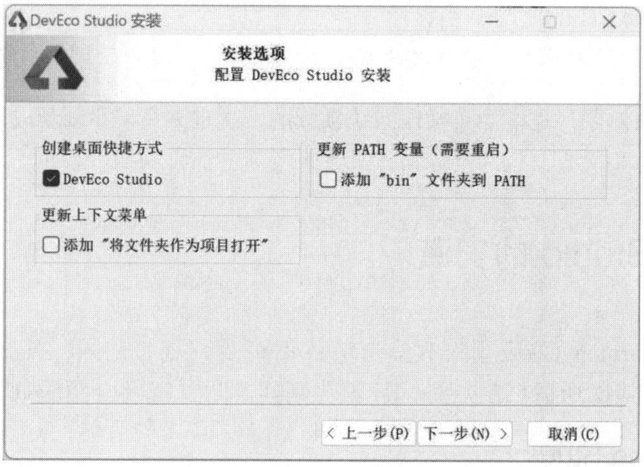

图 1-9　勾选创建桌面快捷方式

看到操作系统桌面有如图1-10所示的快捷方式，则证明安装已经完成。

图 1-10　快捷方式

1.4.3　配置 DevEco Studio

双击DevEco Studio桌面快捷方式启动DevEco Studio。

如果之前使用过DevEco Studio并有保存DevEco Studio的配置，则可以导入DevEco Studio的配置；否则，选择“Do not import settings”选项，单击OK按钮，如图1-11所示。

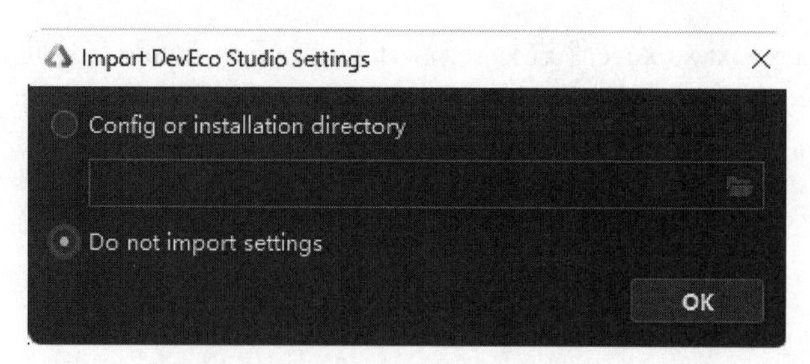

图 1-11　选择“Do not import settings”选项

首次使用DevEco Studio会弹出如下提示信息，单击“Agree”按钮继续执行下一步，如图1-12所示。

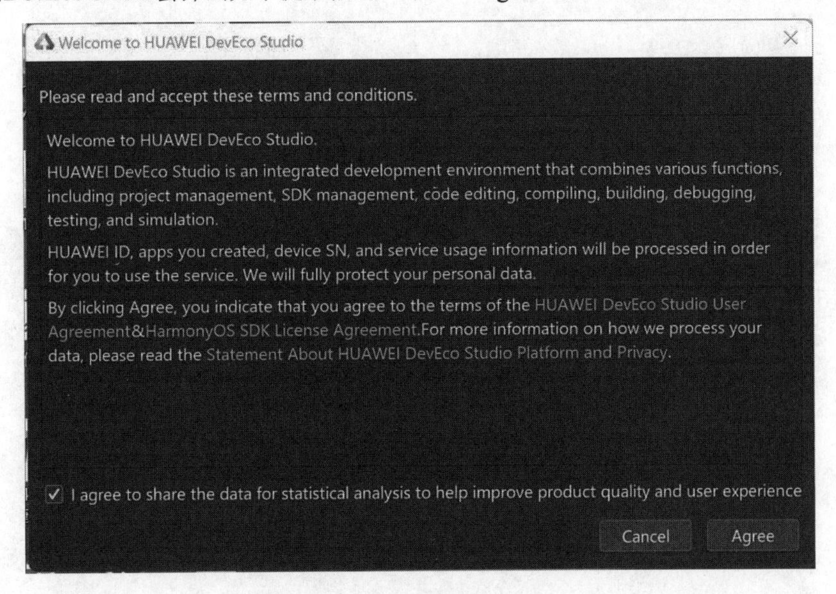

图 1-12　单击“Agree”按钮

此时会进入欢迎界面。在“More Actions”下拉选项中选择“Device Manager”，如图1-13所示。

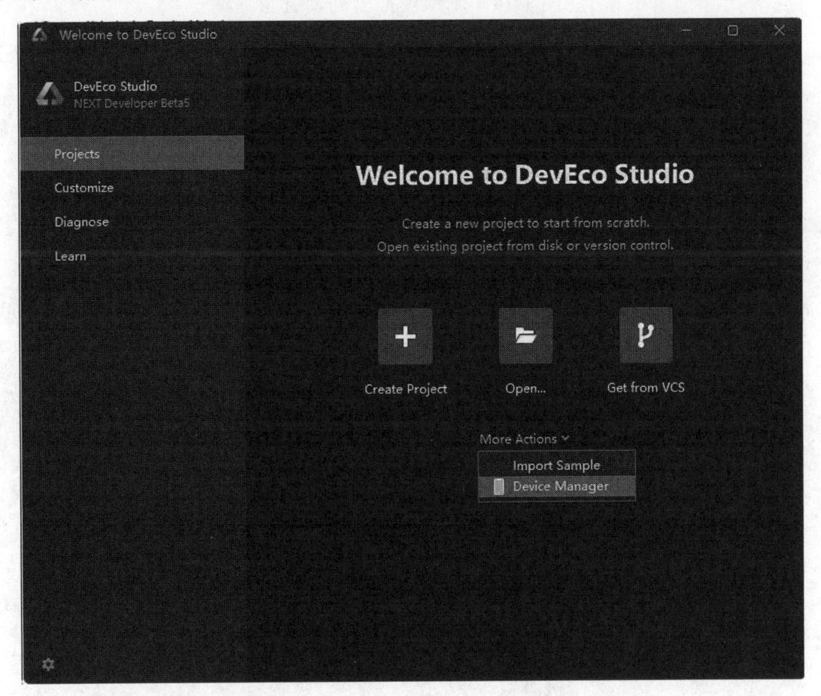

图 1-13　选择“Device Manager”

进入Device Manager（设备管理器）页面之后，就可以创建虚拟机了。

1.4.4　创建虚拟机

进入Device Manager（设备管理器）页面之后，可以看到本地模拟器列表页面，如图1-14所示。

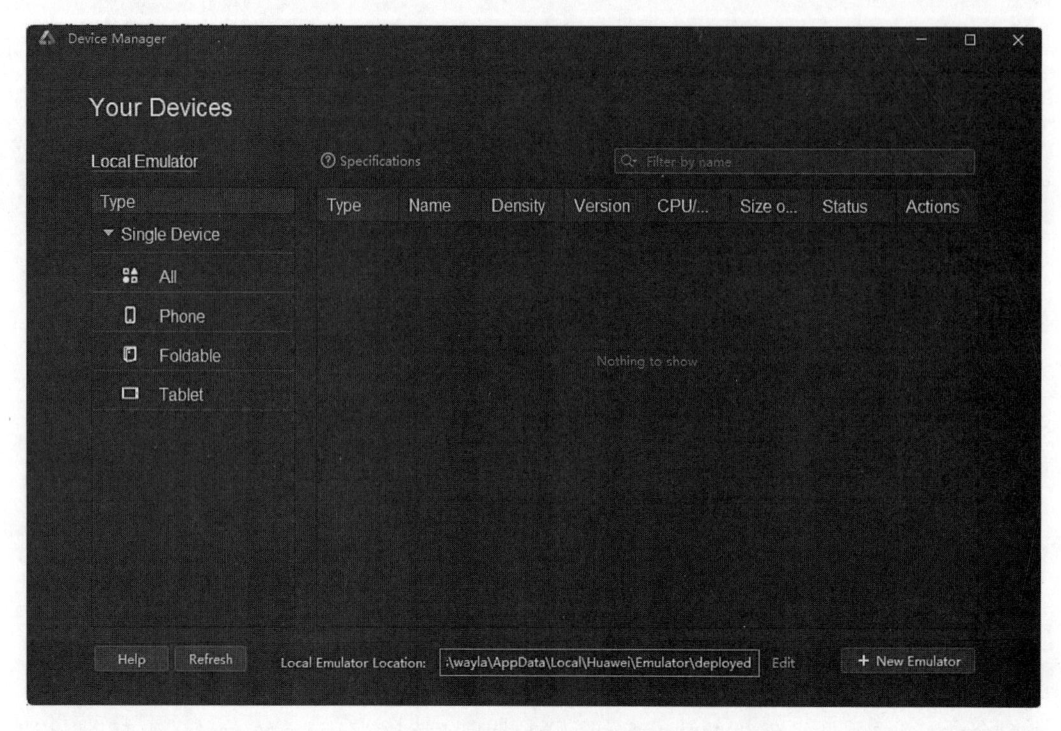

图 1-14　本地模拟器列表页面

单击“New Emulator”按钮创建虚拟机，弹出如图1-15所示的虚拟机镜像页面。

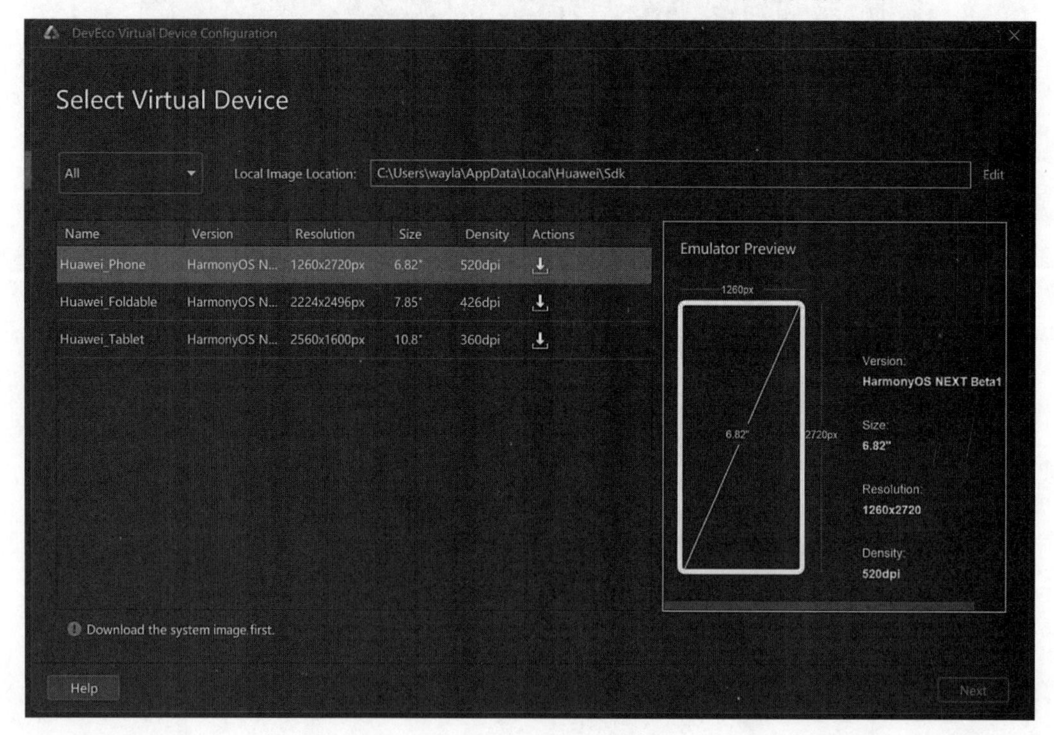

图 1-15　虚拟机镜像页面

如果之前没有下载过虚拟机镜像，则需要先单击如图1-16所示的Actions中的下载按钮下载虚拟机镜像。

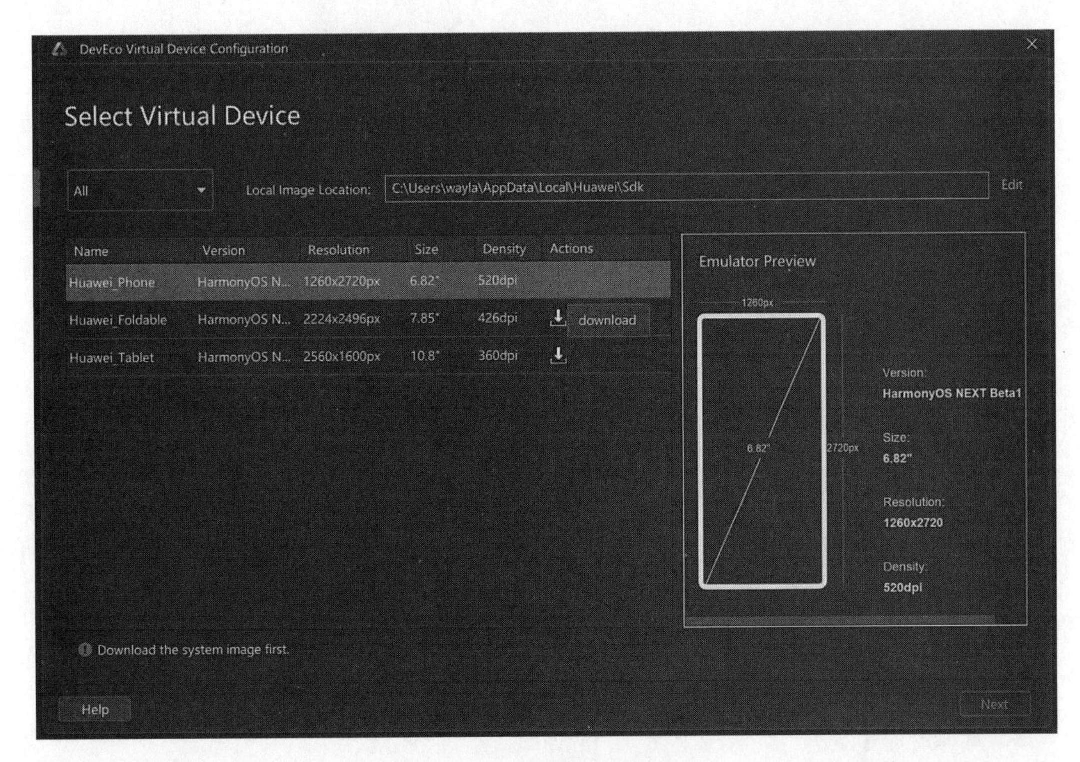

图 1-16　单击下载虚拟机镜像

弹出License Agreement对话框，单击“Accept”单选按钮，之后单击Next按钮，如图1-17所示。

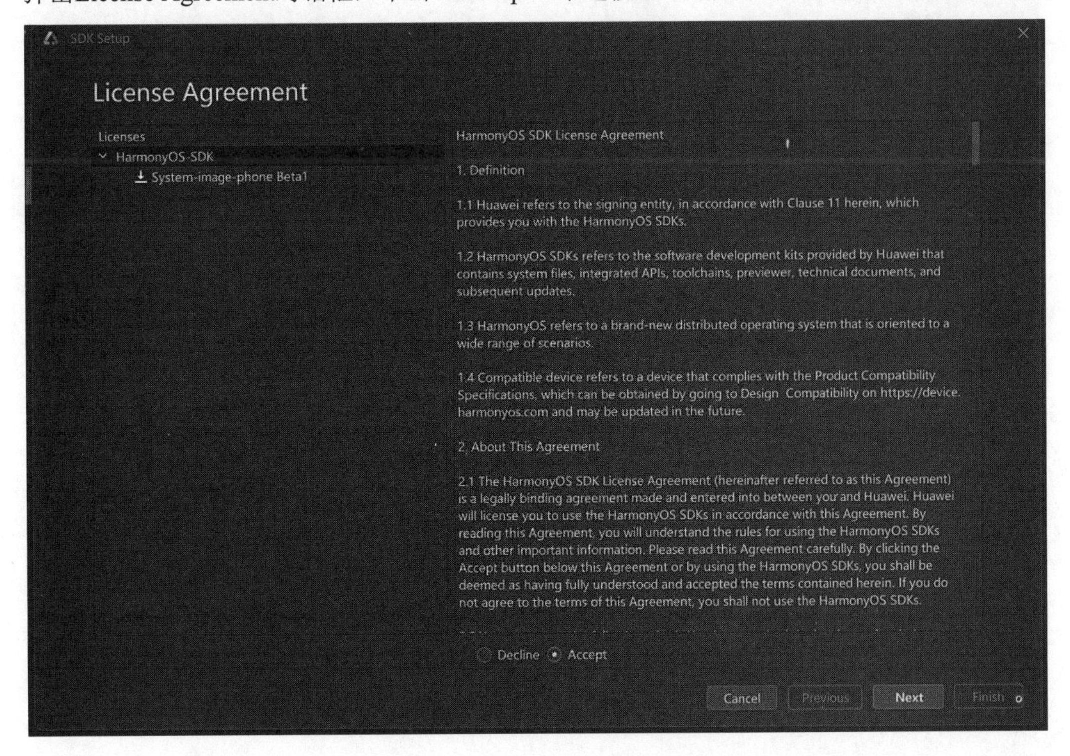

图 1-17　单击“Accept”单选按钮

如果一切顺利，将看到如图1-18所示的页面，则证明虚拟机镜像下载完成。

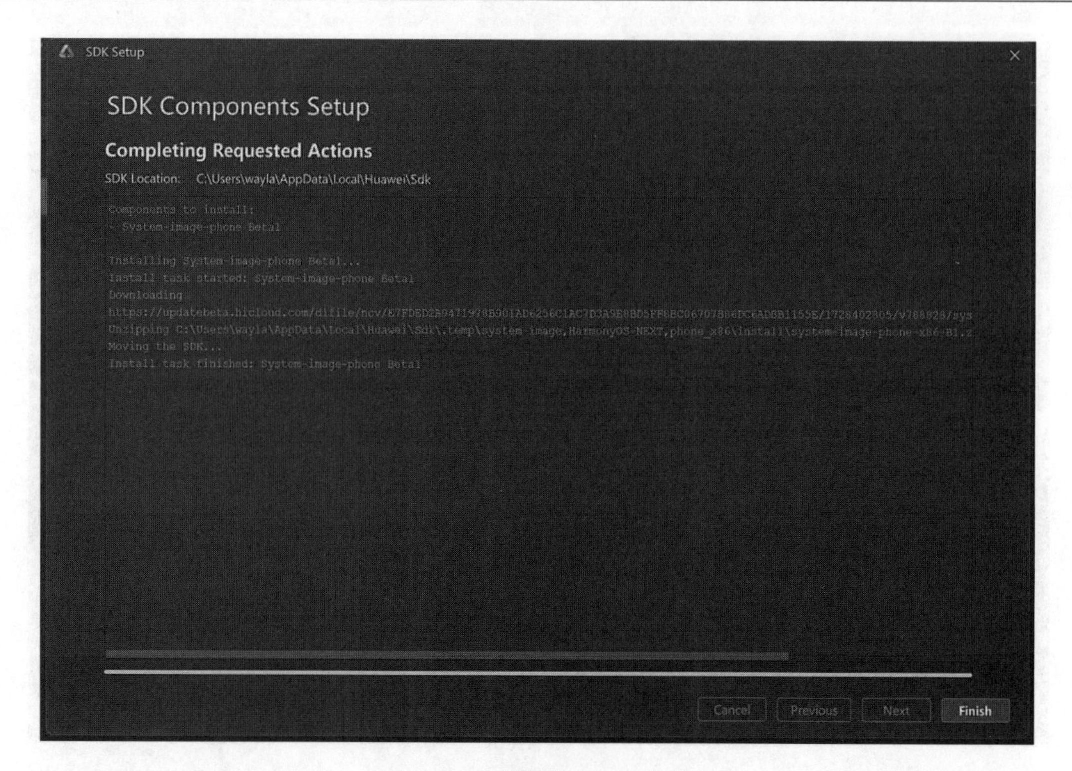

图 1-18　虚拟机镜像下载完成

当虚拟机镜像下载完成之后，则可创建虚拟机，如图1-19所示。

DevEco Virtual Device Configuration

Virtual Device Configure

Name　Huawei_Phone

Huawei_Phone　Version: HarmonyOS NEXT Beta1　Resolution: 1260x2720px　Size: 6.82"　Audio Input: System Microphone

Memory　RAM: 4 GB

Storage　ROM: 6 GB

Nothing Selected

Hide Advanced Settings

Help　Previous　Finish

图 1-19　创建虚拟机

虚拟机创建完成后就会出现在本地模拟器列表页面中，如图1-20所示。

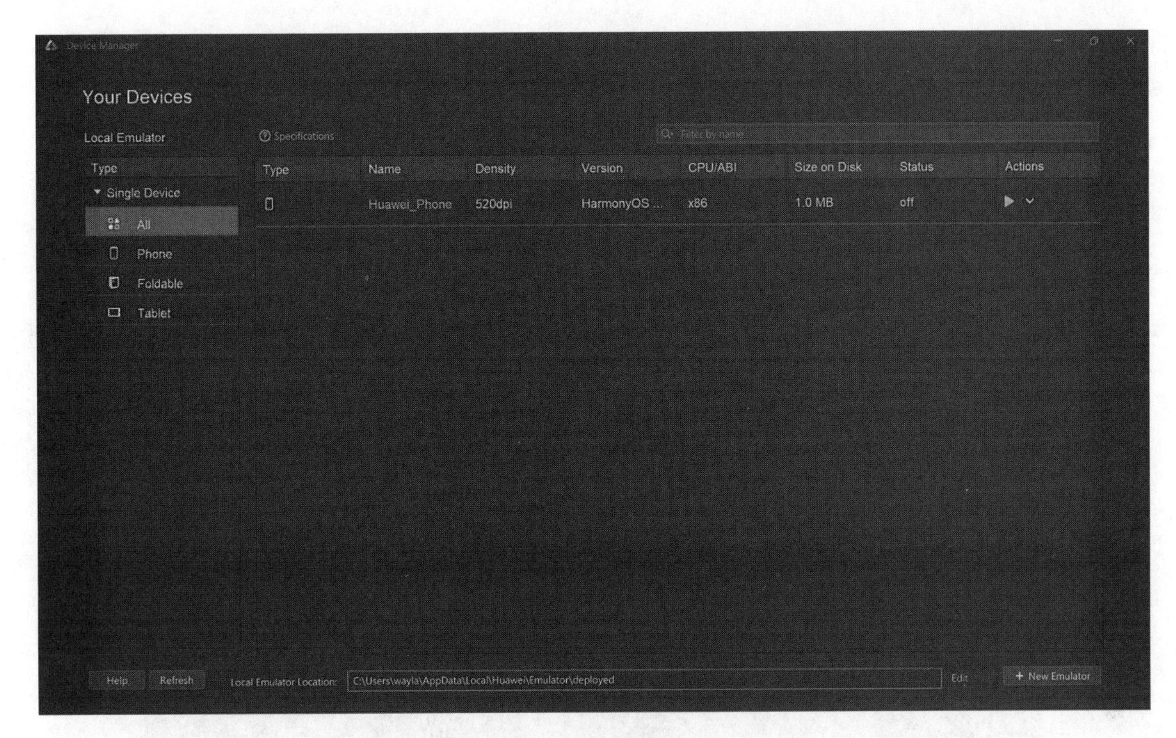

图 1-20　虚拟机创建完成

在创建的虚拟机上单击启动按钮，则可启动虚拟机。虚拟机的启动效果如图1-21所示。

图 1-21　虚拟机的启动效果

以上就是创建Phone类型虚拟机的过程。其他类型的设备，比如Foldable、Tablet等，其虚拟机的创建过程也类似。

1.5 实战：创建第一个 HarmonyOS NEXT 应用

本节我们将演示基于DevEco Studio来开发第一个基于HarmonyOS NEXT版本的应用。

1.5.1 选择创建新项目

在打开DevEco Studio后，可以看到如图1-22所示的欢迎界面。我们单击“Create Project”来创建一个新项目。

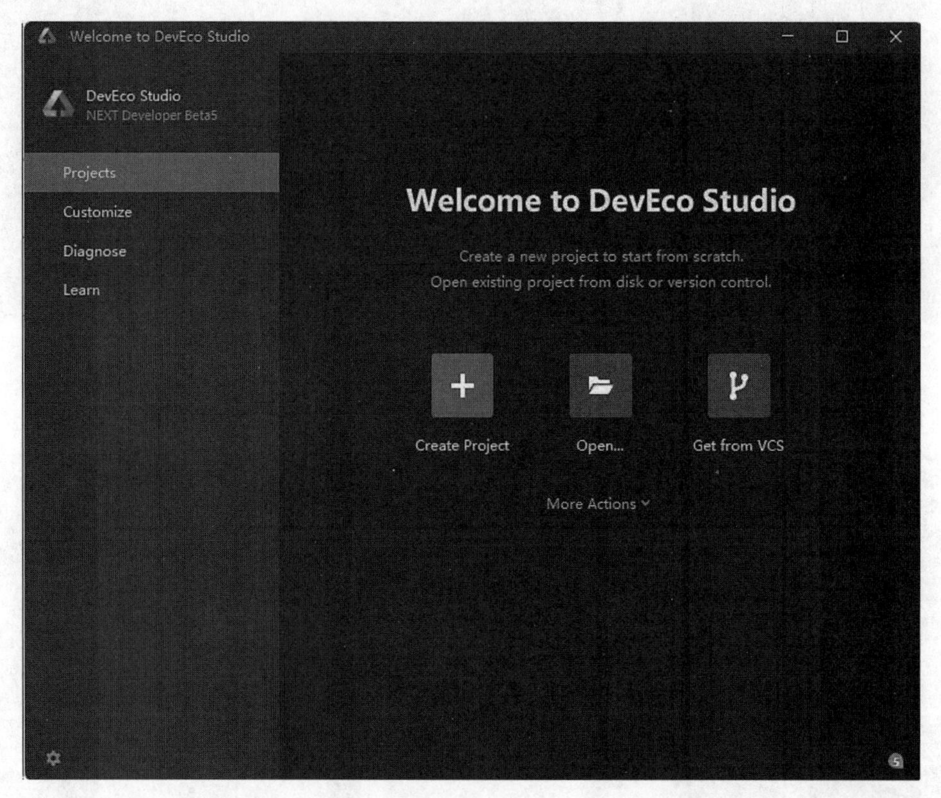

图 1-22 创建一个新项目

后续如果是在已打开项目的状态下，也可以从DevEco Studio菜单选择“File→New→Create Project”来创建一个新项目。

1.5.2 选择模板

在新项目对话框中许多不同应用类型的工程模板，如图1-23所示。

DevEco Studio支持多种类型的应用/服务开发，预置丰富的工程模板，可以根据工程向导轻松创建适应于各类设备的工程，并自动生成对应的代码和资源模板。同时，DevEco Studio还提供了多种编程语言供开发者进行应用/服务开发，包括ArkTS、JS和C/C++等。

本例所选择的“Empty Ability”的应用工程模板，是支持Phone、Tablet、2in1、Car设备的模板，用于展示基础的Hello World功能。有关Ability的概念，我们后续再进行介绍。

Create Project
Choose Your Ability Template
Application
Atomic Service
Template Market
Search
Empty Ability
Native C++
[CloudDev]Empty Ability
Application:
An installation-required app. Access the app by touching the app icon on the home screen.
Empty Ability
This template implements the basic Hello World functions.
Cancel
Previous
Next

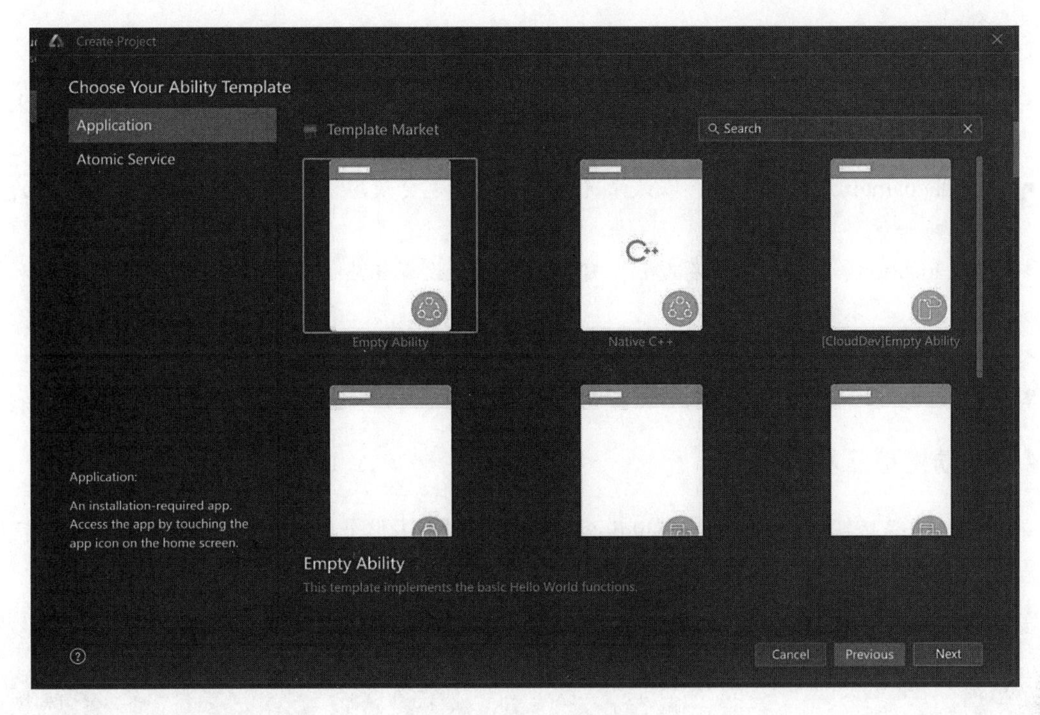

图 1-23　选择工程模板

1.5.3　配置项目信息

下面需要配置项目的信息，比如项目名称、包名、位置、SDK版本等，按照个人实际情况填写，如图1-24所示。

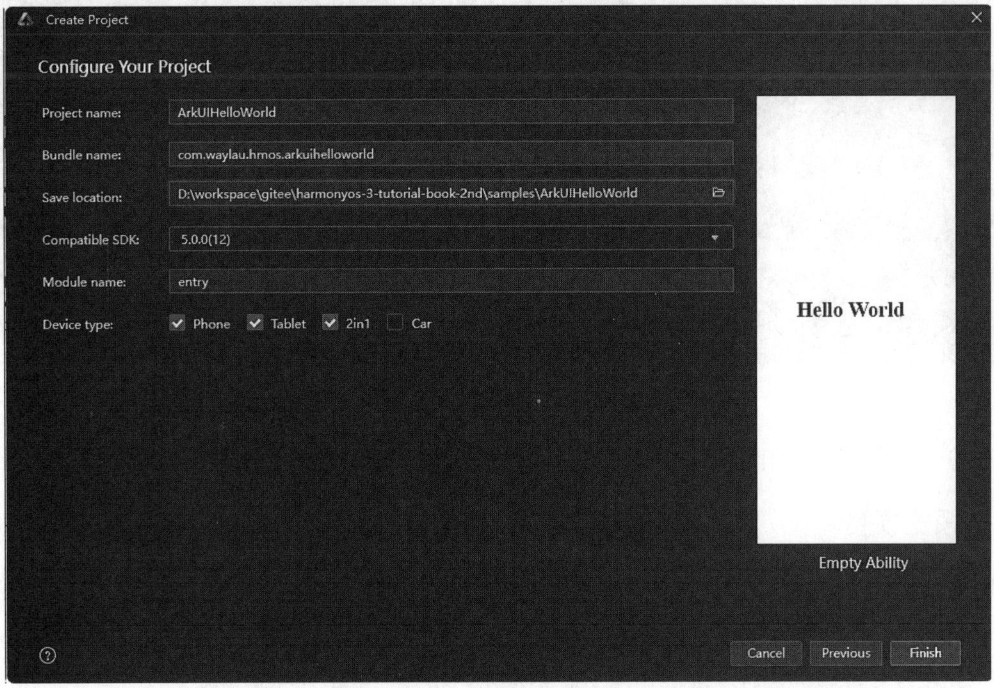

Create Project
Configure Your Project
Project name:
ArkUIHelloWorld
Bundle name:
com.waylau.hmos.arkuihelloworld
Save location:
D:\workspace\gitee\harmonyos-3-tutorial-book-2nd\samples\ArkUIHelloWorld
Compatible SDK:
5.0.0(12)
Module name:
entry
Device type:
Phone
Tablet
2in1
Car
Hello World
Empty Ability
Cancel
Previous
Finish

图 1-24　配置项目的信息

这些配置详细信息如下：

- Project name：表示开发者可以自行设置项目名称，此处可以修改为自己的项目名称。本例命名为“ArkUIHelloWorld”。
- Bundle name：表示包名称，默认情况下，应用ID也会使用该名称，在应用发布时对应的ID需要保持一致。
- Save location：表示工程保存路径，建议用户自行设置相应位置。由大小写字母、数字和下画线等组成，不能包含中文字符。
- Compatible SDK：表示应用能兼容的最低API版本。
- Device type：表示该工程模板支持的设备类型。本例选用Phone、Tablet、2in1作为设备类型。

1.5.4　自动生成工程代码

单击“Finish”按钮之后，DevEco Studio就为我们创建好了整个应用，并且会自动生成工程代码，对工程进行构建，如图1-25所示。

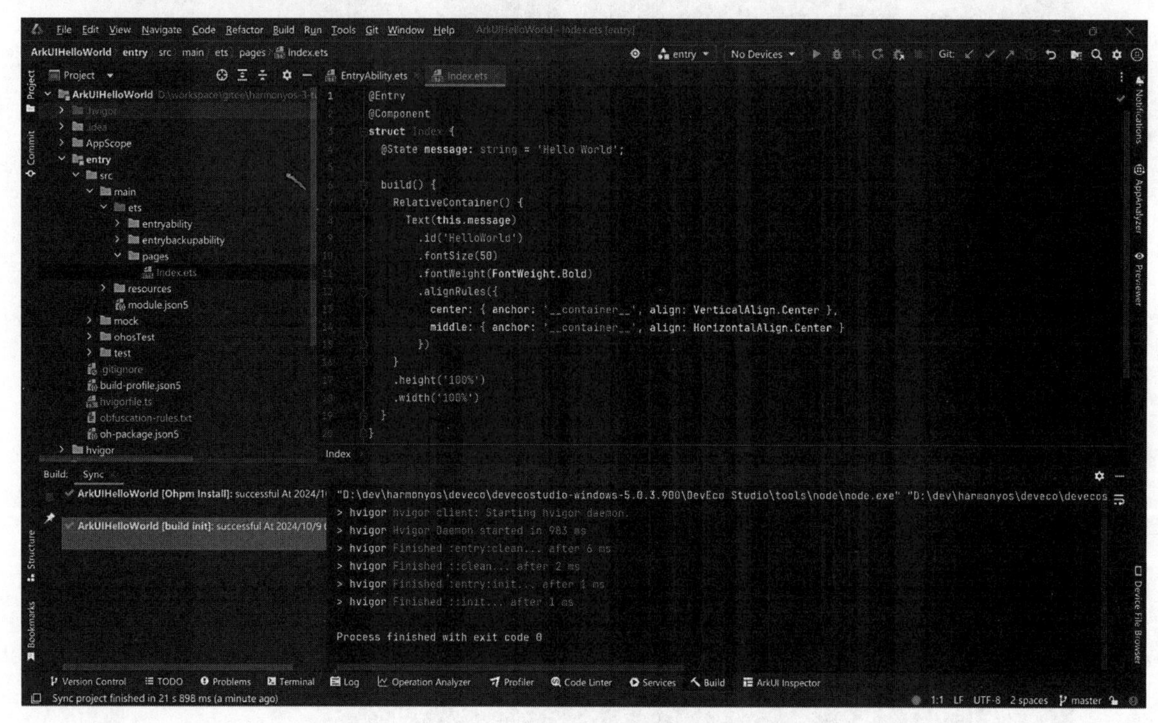

图 1-25　自动生成工程代码

将上述工程代码初始化完成之后，就能在该程序基础上进行代码开发、运行了。

1.5.5　预览项目

我们可以使用预览器来预览项目。打开预览器有两种方式：

- 在菜单栏中单击“View→Tool Windows→Previewer”，打开预览器。
- 在编辑窗口右上角的侧边工具栏，单击“Previewer”按钮，打开预览器。

预览器的显示效果如图1-26所示。

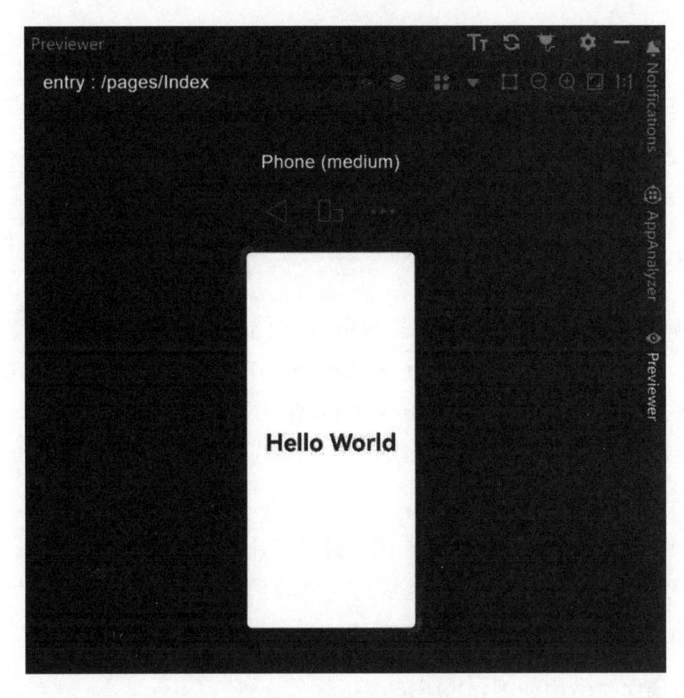

图 1-26　预览器显示效果

1.5.6　运行项目

HarmonyOS支持包括模拟器、真机等多种方式来运行项目。

上述方式各有利弊，比如真机是需要读者自己准备具有HarmonyOS系统的真实设备（比如手机、平板电脑），且该系统版本需要升级至最新版本；与真机相比，模拟器会缺失部分真机的功能，比如拍照、指纹等。模拟器与真机的差异详见“附录”。

注意　本书采用模拟器方式来运行项目，本书内容也尽量规避无法用模拟器演示的功能。

在菜单栏中单击“Tools→Device Manager”进入设备管理界面，在设备模拟器列表中，选择要启动的模拟器（以Phone设备为例）。如图1-27所示，在已启动的模拟器列表中选择要使用的模拟器，并单击三角形按钮以启动项目。

在模拟器中项目运行的效果如图1-28所示。

图 1-27　启动项目

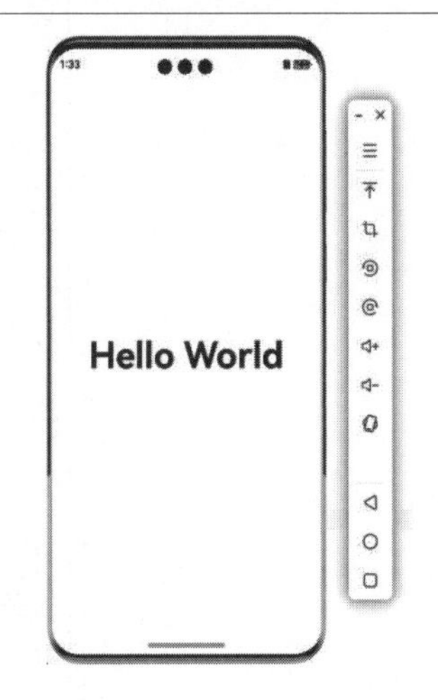

图 1-28　项目运行效果

以上就是运行项目的完整过程。

1.6 应用工程结构介绍

本节介绍应用工程结构及各个配置文件的含义。

1.6.1 App 包结构

在进行应用/服务开发前，开发者应该掌握应用/服务的逻辑结构。

应用/服务发布形态为App Pack（Application Package），它是由一个或多个HAP（Harmony Ability Package）包以及描述App Pack属性的pack.info文件组成。

一个HAP在工程目录中对应一个Module，它是由代码、资源、第三方库及应用/服务配置文件组成，HAP可以分为Entry和Feature两种类型。

- Entry：应用的主模块，作为应用的入口，提供了应用的基础功能。
- Feature：应用的动态特性模块，作为应用能力的扩展，可以根据用户的需求和设备类型进行选择性安装。

Stage模型的应用程序包结构如图1-29所示。

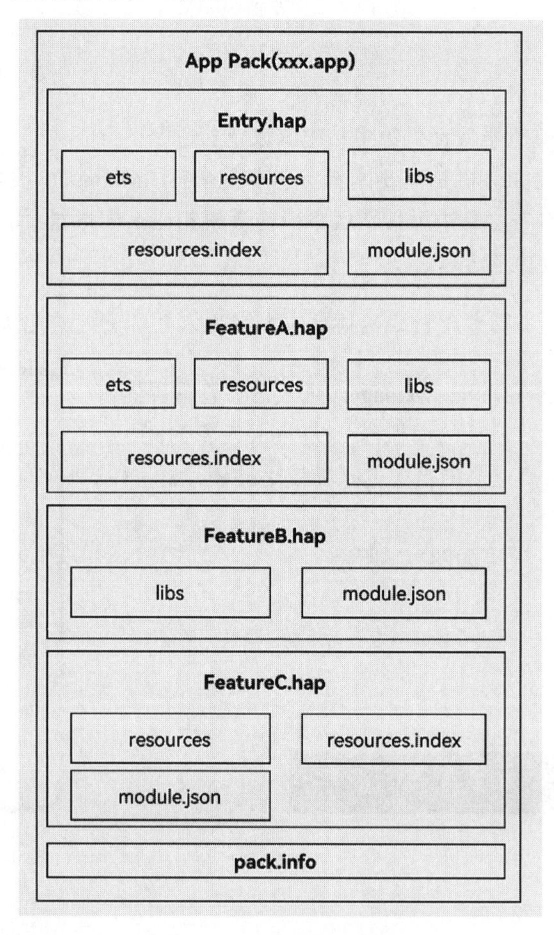

图 1-29　应用程序包结构

1.6.2 工程级目录

下面以“ArkUIHelloWorld”应用为例，ArkTS Stage模型的工程目录结构如图1-30所示。

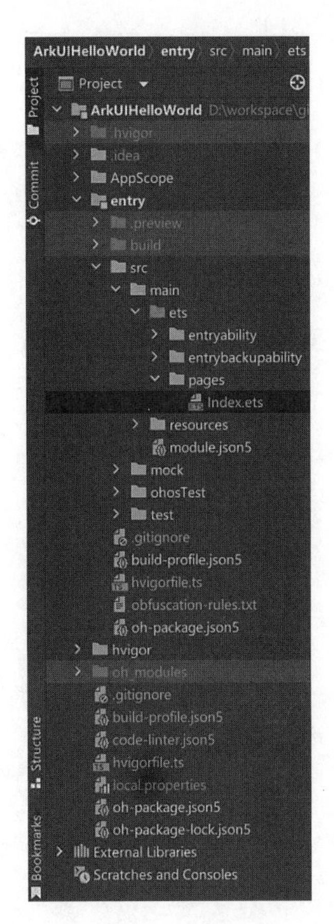

图 1-30　工程目录结构

- AppScope/app.json5：应用的全局配置信息。
- entry：应用/服务模块，编译构建生成一个HAP。
- oh_modules：用于存放第三方库依赖信息，包含应用/服务所依赖的第三方库文件。
- build-profile.json5：应用级配置信息，包括签名、产品配置等。
- hvigorfile.ts：应用级编译构建任务脚本。
- oh-package.json5：描述全局配置，如依赖覆盖（overrides）、依赖关系重写（overrideDependencyMap）和参数化配置（parameterFile）等。

1.6.3 entry 模块级目录

entry模块级目录含义描述如下：

- src/main/ets：用于存放ArkTS源码。
- src/main/ets/entryability：应用/服务的入口。
- src/main/ets/pages：应用/服务包含的页面。
- src/main/resources：用于存放应用/服务模块所用到的资源文件，如图形、多媒体、字符串、布局文件等。关于资源文件的详细说明请参考资源分类与访问。
  - base/element：包括字符串、整数型、颜色、样式等资源的JSON文件。每个资源均由JSON格式进行定义，例如boolean.json、color.json、string.json等。
  - base/media：多媒体文件，如图形、视频、音频等文件，支持的文件格式包括.png、.gif、.mp3、.mp4等。
  - rawfile：用于存储任意格式的原始资源文件。rawfile不会根据设备的状态去匹配不同的资源，需要指定文件路径和文件名进行引用。
- src/main/module.json5：Stage模型模块配置文件，主要包含HAP的配置信息、应用在具体设备上的配置信息以及应用的全局配置信息。具体请参考module.json5配置文件。
- build-profile.json5：当前的模块信息、编译信息配置项，包括buildOption、targets配置等。
- hvigorfile.ts：模块级编译构建任务脚本。
- oh-package.json5：描述三方包的包名、版本、入口文件（类型声明文件）和依赖项等信息。

1.6.4 配置文件

1. app.json5

AppScope/app.json5是应用的全局的配置文件，用于存放应用公共的配置信息。

```
{
  "app": {
```

```
    "bundleName": "com.waylau.hmos.arkuihelloworld",
    "vendor": "example",
    "versionCode": 1000000,
    "versionName": "1.0.0",
    "icon": "$media:app_icon",
    "label": "$string:app_name"
  }
}
```

其中配置信息如下：

- bundleName是包名。
- vendor是应用程序供应商。
- versionCode是用于区分应用版本。
- versionName是版本号。
- icon是对于应用的显示图标。
- label是应用名。

2. module.json5

entry/src/main/module.json5是模块的配置文件，包含当前模块的配置信息。

```
{
  "module": {
    "name": "entry",
    "type": "entry",
    "description": "$string:module_desc",
    "mainElement": "EntryAbility",
    "deviceTypes": [
      "phone",
      "tablet",
      "2in1"
    ],
    "deliveryWithInstall": true,
    "installationFree": false,
    "pages": "$profile:main_pages",
    "abilities": [
      {
        "name": "EntryAbility",
        "srcEntry": "./ets/entryability/EntryAbility.ets",
        "description": "$string:EntryAbility_desc",
        "icon": "$media:layered_image",
        "label": "$string:EntryAbility_label",
        "startWindowIcon": "$media:startIcon",
        "startWindowBackground": "$color:start_window_background",
        "exported": true,
        "skills": [
          {
            "entities": [
              "entity.system.home"
            ],
            "actions": [
              "action.system.home"
            ]
          }
        ]
      }
```

```
    ],
    "extensionAbilities": [
      {
        "name": "EntryBackupAbility",
        "srcEntry": "./ets/entrybackupability/EntryBackupAbility.ets",
        "type": "backup",
        "exported": false,
        "metadata": [
          {
            "name": "ohos.extension.backup",
            "resource": "$profile:backup_config"
          }
        ],
      }
    ]
  }
}
```

其中module对应的是模块的配置信息，一个模块对应一个打包后的HAP包，HAP包全称是HarmonyOS Ability Package，其中包含了Ability、第三方库、资源和配置文件。其具体属性及其描述可以参照表1-1。

表1-1　module.json5默认配置属性及描述

属　性	描　述
name	该标签标识当前module的名字，module打包成HAP后，表示HAP的名称，标签值采用字符串表示（最大长度为31个字节），该名称在整个应用中要唯一
type	表示模块的类型，共有4种，分别是entry、feature、har和shared
description	当前模块的描述信息
mainElement	该标签标识HAP的入口ability名称或者extension名称。只有配置为mainElement的ability或者extension才允许在服务中心露出
deviceTypes	该标签标识HAP可以运行在哪类设备上，标签值采用字符串数组表示
deliveryWithInstall	该标签标识当前HAP是否在用户主动安装时安装，true表示主动安装时安装，false表示主动安装时不安装
installationFree	表示当前HAP是否支持免安装特性，如果此配置项为true，包名必须加上.hservice后缀
pages	对应的是main_pages.json文件，用于配置ability中用到的page信息
abilities	是一个数组，存放当前模块中所有的ability元能力的配置信息，其中可以有多个ability

对于abilities中每一个ability的属性项，其描述信息如表1-2所示。

表1-2　abilities中对象的默认配置属性及描述

属　性	描　述
name	该标签标识当前ability的逻辑名，该名称在整个应用要唯一，标签值采用字符串表示（最大长度为127个字节）
srcEntry	ability的入口代码路径
description	ability的描述信息
icon	ability的图标。该标签标识ability图标，标签值为资源文件的索引。该标签的默认值为空。如果ability被配置为MainElement，该标签也必须配置
label	ability的标签名

（续表）

属　性	描　述
startWindowIcon	启动页面的图标
startWindowBackground	启动页面的背景色
recoverable	标识当前UIAbility组件是否支持在检测到应用故障后，恢复到应用原界面
continueType	标识当前UIAbility组件的跨端迁移类型

3. main_pages.json

src/main/resources/base/profile/main_pages.json文件保存的是页面page的路径配置信息，所有需要进行路由跳转的page页面都要在这里进行配置。

1.7 本章小结

本章主要介绍了HarmonyOS的概念、背景、特征，以及如何通过DevEco Studio来创建HarmonyOS项目。本章也详细介绍了HarmonyOS应用工程结构的含义。这些都是开发HarmonyOS项目的基础，希望读者能够掌握。

1.8 上机练习：开发第一个 HarmonyOS NEXT 应用——Hello World

任务要求：安装DevEco Studio、搭建HarmonyOS开发环境，并开发第一个HarmonyOS应用——Hello World。

练习步骤：

（1）安装DevEco Studio、搭建HarmonyOS开发环境。

（2）开发“Hello World”应用。

（3）运行“Hello World”应用。

代码参考配书资源中的“ArkUIHelloWorld”应用。

第 2 章

ArkTS语言基础

本章介绍ArkTS语言的核心功能、语法和最佳实践。ArkTS是HarmonyOS优选的应用开发语言。ArkTS围绕应用开发在TypeScript（简称TS）生态基础上做了进一步扩展，保持了TS的基本风格，同时通过规范定义强化开发期静态检查和分析，提升程序执行稳定性和性能。

2.1 基本知识

随着移动设备在人们的日常生活中越来越普及，许多编程语言在设计之初没有考虑到移动设备，从而导致了应用的运行缓慢、低效、功耗大，针对移动环境的编程语言优化需求也越来越大。ArkTS是专为解决这些问题而设计的，聚焦于提高运行效率。

目前流行的编程语言TypeScript是在JavaScript基础上通过添加类型定义扩展而来的，而ArkTS则是TypeScript的进一步扩展。TypeScript深受开发者的喜爱，因为它提供了一种更结构化的JavaScript编码方法。ArkTS旨在保持TypeScript的大部分语法，为现有的TypeScript开发者实现无缝过渡，让移动开发者快速上手ArkTS。同时，ArkTS在继承TypeScript语法的基础上进行了优化，以提供更高的性能和开发效率。

2.1.1 声明

ArkTS通过声明引入变量、常量、函数和类型。声明示例如下：

```
// 声明变量
let hi: string = 'hello';

// 变量可用修改
hi = 'hello, world';

// 声明常量
const hello: string = 'hello';

// 错误！对常量重新赋值会造成编译时错误
// hello = 'hello, world';
```

在上述代码中：

- 以关键字let开头的声明引入变量，该变量在程序执行期间可以具有不同的值。

- 以关键字const开头的声明引入只读常量，该常量只能被赋值一次。对常量重新赋值会造成编译时错误。

2.1.2 类型

由于ArkTS是一种静态类型语言，所有数据的类型都必须在编译时确定。

但是，如果一个变量或常量的声明包含了初始值，那么开发者就不需要显式指定其类型。ArkTS会自动推断类型。

以下示例中，两条声明语句都是有效的，两个变量都是string类型：

```
// 自动类型推断
let hi1: string = 'hello';
let hi2 = 'hello, world';
```

1. Number类型

ArkTS提供number和Number类型，任何整数和浮点数都可以被赋给此类型的变量。

数字字面量包括整数字面量和十进制浮点数字面量。

整数字面量包括以下类别：

- 由数字序列组成的十进制整数。例如：0、117、-345。
- 以0x（或0X）开头的十六进制整数，可以包含数字（0~9）和字母a~f或A~F。例如：0x1123、0x00111、-0xF1A7。
- 以0o（或0O）开头的八进制整数，只能包含数字（0~7）。例如：0o777。
- 以0b（或0B）开头的二进制整数，只能包含数字0和1。例如：0b11、0b0011、-0b11。

浮点数字面量包括以下类别：

- 十进制整数，为有符号数（即前缀为"+"或"-"）。
- 小数点（"."）。
- 小数部分（由十进制数字字符串表示）。
- 以"e"或"E"开头的指数部分，后跟有符号（即前缀为"+"或"-"）或无符号整数。

以下是Number类型常用示例：

```
let n1 = 3.14;
let n2 = 3.141592;
let n3 = .5;
let n4 = 1e2;

function factorial(n: number): number {
  if (n <= 1) {
    return 1;
  }
  return n * factorial(n - 1);
}

factorial(n1)  //  7.660344000000002
factorial(n2)  //  7.680640444893748
factorial(n3)  //  1
factorial(n4)  //  9.33262154439441e+157
```

2. boolean类型

boolean类型由true和false两个逻辑值组成。

通常在条件语句中使用boolean类型的变量：

```
let isDone: boolean = false;
// ...
if (isDone) {
  console.log ('Done!');
}
```

3. string类型

string类型代表字符序列；可以使用转义字符来表示字符。

字符串字面量由单引号（'）或双引号（"）之间括起来的零个或多个字符组成。字符串字面量还有一特殊形式，是用反向单引号（`）括起来的模板字面量。

以下是常用示例：

```
let s1 = 'Hello, world!\n';
let s2 = 'this is a string';
let a = 'Success';
let s3 = 'The result is ${a}';
```

4. void类型

void类型用于指定函数没有返回值。此类型只有一个值，同样是void。由于void是引用类型，因此它可以用于泛型类型参数。

```
class Class<T> {
  //...
}
let instance: Class <void>
```

5. object类型

object类型是所有引用类型的基类型。任何值，包括基本类型的值（它们会被自动装箱），都可以直接被赋给object类型的变量。

6. array类型

array即数组，是由可赋值给数组声明中指定的元素类型的数据组成的对象。数组可由数组复合字面量（即用方括号括起来的零个或多个表达式的列表，其中每个表达式为数组中的一个元素）来赋值。数组的长度由数组中元素的个数来确定。数组中第一个元素的索引为0。

以下示例将创建包含三个元素的数组：

```
let names: string[] = ['鸿蒙HarmonyOS手机应用开发实战', '鸿蒙HarmonyOS应用开发从入门到精通', '
鸿蒙HarmonyOS应用开发入门'];
```

7. enum类型

enum类型，又称枚举类型，是预先定义的一组命名值的值类型，其中命名值又称为枚举常量。使用枚举常量时必须以枚举类型名称为前缀。

```
enum ColorSet { Red, Green, Blue }
let c: ColorSet = ColorSet.Red;
```

常量表达式可以用于设置枚举常量的值。

```
enum ColorSet { White = 0xFF, Grey = 0x7F, Black = 0x00 }
let c: ColorSet = ColorSet.Black;
```

8. union类型

union类型(即联合类型)是由多个类型组合成的引用类型。联合类型包含了变量可能的所有类型。

```
class Cat {
  // ...
}
class Dog {
  // ...
}
class Frog {
  // ...
}
type Animal = Cat | Dog | Frog | number
// Cat、Dog、Frog是一些类型（类或接口）

let animal: Animal = new Cat();
animal = new Frog();
animal = 42;
// 可以将类型为联合类型的变量赋值为任何组成类型的有效值
```

可以用不同的机制获取联合类型中特定类型的值。示例如下：

```
class Cat { sleep () {}; meow () {} }
class Dog { sleep () {}; bark () {} }
class Frog { sleep () {}; leap () {} }

type Animal = Cat | Dog | Frog

function foo(animal: Animal) {
  if (animal instanceof Frog) {
    animal.leap();  // animal在这里是Frog类型
  }
  animal.sleep(); // animal具有sleep方法
}
```

9. aliases类型

aliases类型为匿名类型（数组、函数、对象字面量或联合类型）提供名称，或为已有类型提供替代名称。

```
type Matrix = number[][];
type Handler = (s: string, no: number) => string;
type Predicate <T> = (x: T) => boolean;
type NullableObject = Object | null;
```

2.1.3　运算符

1. 赋值运算符

赋值运算符“=”，使用方式如x=y。

复合赋值运算符可将赋值与运算符组合在一起，其中x op = y等于x = x op y。

复合赋值运算符列举如下：+=、−=、*=、/=、%=、<<=、>>=、>>>=、&=、|=、^=。

2. 比较运算符

比较运算符及说明如表2-1所示。

表2-1　比较运算符

运　算　符	说　　明
===	如果两个操作数严格相等（不同类型的操作数是不相等的），则返回true
!==	如果两个操作数严格不相等（不同类型的操作数是不相等的），则返回true
==	如果两个操作数相等（尝试先转换不同类型的操作数，再进行比较），则返回true
!=	如果两个操作数不相等（尝试先转换不同类型的操作数，再进行比较），则返回true
>	如果左操作数大于右操作数，则返回true
>=	如果左操作数大于或等于右操作数，则返回true
<	如果左操作数小于右操作数，则返回true
<=	如果左操作数小于或等于右操作数，则返回true

3. 算术运算符

一元运算符为–、+、– –、++。

二元运算符及说明如表2-2所示。

表2-2　算术运算符

运　算　符	说　　明
+	加法
–	减法
*	乘法
/	除法
%	除法后余数

4. 位运算符

位运算符及说明如表2-3所示。

表2-3　位运算符

运　算　符	说　　明
a & b	按位与：如果两个操作数的对应位都为1，则将这个位设置为1，否则设置为0
a | b	按位或：如果两个操作数的相应位中至少有一个为1，则将这个位设置为1，否则设置为0
a ^ b	按位异或：如果两个操作数的对应位不同，则将这个位设置为1，否则设置为0
~ a	按位非：反转操作数的位
a << b	左移：将a的二进制表示向左移b位
a >> b	算术右移：将a的二进制表示向右移b位，带符号扩展
a >>> b	逻辑右移：将a的二进制表示向右移b位，左边补0

5. 逻辑运算符

逻辑运算符及说明如表2-4所示。

表2-4　逻辑运算符

运 算 符	说　明
a && b	逻辑与
a || b	逻辑或
! a	逻辑非

2.1.4　语句

1. if语句

if语句用于需要根据逻辑条件执行不同语句的场景。当逻辑条件为真时，执行对应的一组语句，否则执行另一组语句（如果有的话）。else部分也可能包含if语句。

if语句所使用的格式如下：

```
if (condition1) {
  // 语句1
} else if (condition2) {
  // 语句2
} else {
  // else语句
}
```

条件表达式可以是任何类型。但是对于boolean以外的类型，会进行隐式类型转换：

```
let s1 = 'Hello';
if (s1) {
  console.log(s1); // 打印“Hello”
}

let s2 = 'World';
if (s2.length != 0) {
  console.log(s2); // 打印“World”
}
```

2. switch语句

使用switch语句来执行与switch表达式值匹配的代码块。

switch语句所使用的格式如下：

```
switch (expression) {
  case label1: // 如果label1匹配，则执行
    // ...
    // 语句1
    // ...
    break; // 可省略
  case label2:
  case label3: // 如果label2或label3匹配，则执行
    // ...
    // 语句23
    // ...
    break; // 可省略
  default:
    // 默认语句
}
```

如果switch表达式的值等于某个label的值，则执行相应的语句。

如果没有任何一个label值与表达式值相匹配，并且switch具有default子句，那么程序会执行default子句对应的代码块。

break语句（可选的）允许跳出switch语句并继续执行switch语句之后的语句。

如果没有break语句，则执行switch中的下一个label对应的代码块。

3. 条件表达式

条件表达式由第一个表达式的布尔值来决定返回其他两个表达式中的哪一个。

使用格式如下：

```
condition ? expression1 : expression2
```

如果condition为真值（转换后为true的值），则使用expression1作为该表达式的结果；否则，使用expression2。

示例如下：

```
let isValid = Math.random() > 0.5 ? true : false;
let message = isValid ? 'Valid' : 'Failed';
```

4. for语句

for语句会被重复执行，直到循环退出，语句值为false。

for语句所使用的格式如下：

```
for ([init]; [condition]; [update]) {
  statements
}
```

for语句的执行流程如下：

（1）执行init表达式（如有）。此表达式通常初始化一个或多个循环计数器。

（2）计算condition。如果为真值（转换后为true的值），则执行循环主体的语句；如果为假值（转换后为false的值），则for循环终止。

（3）执行循环主体的语句。

（4）如果有update表达式，则执行该表达式。

（5）返回第（2）步。

示例如下：

```
let sum = 0;
for (let i = 0; i < 10; i += 2) {
  sum += i;
}
```

5. for-of语句

使用for-of语句可遍历数组或字符串。使用格式如下：

```
for (forVar of expression) {
  statements
}
```

示例如下：

```
for (let ch of 'a string object') {
```

```
  /* process ch */
}
```

6. while语句

当condition为真值（转换后为true的值）时，while语句就会执行statements语句。

while语句的使用格式如下：

```
while (condition) {
  statements
}
```

示例如下：

```
let n = 0;
let x = 0;
while (n < 3) {
  n++;
  x += n;
}
```

7. do-while语句

如果condition的值为真值（转换后为true的值），那么statements语句会重复执行。

do-while语句的使用格式如下：

```
do {
  statements
} while (condition)
```

示例如下：

```
let i = 0;
do {
  i += 1;
} while (i < 10)
```

8. break语句

使用break语句可以终止循环语句或switch。

示例如下：

```
let x = 0;
while (true) {
  x++;
  if (x > 5) {
    break;
  }
}
```

如果break语句后带有标识符，则将控制流转移到该标识符所包含的语句块之外。

示例如下：

```
let x = 1
label: while (true) {
  switch (x) {
    case 1:
      // statements
      break label; // 中断while语句
  }
}
```

9. continue语句

continue语句会停止当前循环迭代的执行，并将控制传递给下一个迭代。

示例如下：

```
let sum = 0;
for (let x = 0; x < 100; x++) {
  if (x % 2 == 0) {
    continue
  }
  sum += x;
}
```

10. throw语句和try语句

throw语句用于抛出异常或错误，使用格式如下：

```
throw new Error('this error')
```

try语句用于捕获和处理异常或错误，使用格式如下：

```
try {
  // 可能发生异常的语句块
} catch (e) {
  // 异常处理
}
```

下面的示例中，throw语句和try语句用于处理除数为0的错误：

```
class ZeroDivisor extends Error {}

function divide (a: number, b: number): number{
  if (b == 0) throw new ZeroDivisor();
  return a / b;
}

function process (a: number, b: number) {
  try {
    let res = divide(a, b);
    console.log('result: ' + res);
  } catch (x) {
    console.log('some error');
  }
}
```

支持finally语句：

```
function processData(s: string) {
  let error: Error | null = null;

  try {
    console.log('Data processed: ' + s);
    // ...
    // 可能发生异常的语句
    // ...
  } catch (e) {
    error = e as Error;
    // ...
    // 异常处理
    // ...
  } finally {
    if (error != null) {
```

```
      console.log('Error caught: input='${s}', message='${error.message}'');
    }
  }
}
```

2.2 函数

2.2.1 函数声明

函数声明引入一个函数，包含其名称、参数列表、返回类型和函数体。

以下示例是一个简单的函数，包含两个string类型的参数，返回类型为string：

```
function add(x: string, y: string): string {
  let z: string = '${x} ${y}';
  return z;
}
```

在函数声明中，必须为每个参数标记类型。如果参数为可选参数，那么允许在调用函数时省略该参数。函数的最后一个参数可以是rest参数。

2.2.2 可选参数

可选参数的格式可为name?: Type。

```
function hello(name?: string) {
  if (name == undefined) {
    console.log('Hello!');
  } else {
    console.log('Hello, ${name}!');
  }
}
```

可选参数的另一种形式为设置参数默认值。如果在函数调用中这个参数被省略了，则会使用此参数的默认值作为实参。

```
function multiply(n: number, coeff: number = 2): number {
  return n * coeff;
}
multiply(2);              // 返回2*2
multiply(2, 3);           // 返回2*3
```

2.2.3 rest 参数

函数的最后一个参数可以是rest参数。使用rest参数时，允许函数或方法接受任意数量的实参。

```
function sum(...numbers: number[]): number {
  let res = 0;
  for (let n of numbers)
    res += n;
  return res;
}

sum()                     // 返回0
sum(1, 2, 3)              // 返回6
```

2.2.4　返回类型

如果可以从函数体内推断出函数返回类型，则可在函数声明中省略标注返回类型。

```
// 显式指定返回类型
function foo(): string { return 'foo'; }

// 推断返回类型为string
function goo() { return 'goo'; }
```

不需要返回值的函数的返回类型可以显式指定为void或省略标注。这类函数不需要返回语句。

以下示例中两种函数声明方式都是有效的：

```
function hi1() { console.log('hi'); }
function hi2(): void { console.log('hi'); }
```

2.2.5　函数的作用域

函数中定义的变量和其他实例仅可以在函数内部访问，不能从外部访问。

如果函数中定义的变量与外部作用域中已有实例同名，则函数内的局部变量定义将覆盖外部定义。

2.2.6　函数调用

调用函数以执行其函数体，实参值会赋值给函数的形参。

如果函数定义如下：

```
function join(x: string, y: string): string {
  let z: string = `${x} ${y}`;
  return z;
}
```

则此函数的调用需要包含两个string类型的参数：

```
let x = join('hello', 'world');
console.log(x);
```

2.2.7　函数类型

函数类型通常用于定义回调：

```
type trigFunc = (x: number) => number // 这是一个函数类型

function do_action(f: trigFunc) {
   f(3.141592653589); // 调用函数
}

do_action(Math.sin); // 将函数作为参数传入
```

2.2.8　箭头函数

函数可以定义为箭头函数（又称Lambda函数），例如：

```
let sum = (x: number, y: number): number => {
  return x + y;
}
```

箭头函数的返回类型可以省略。省略时，返回类型通过函数体推断。

表达式可以指定为箭头函数，使表达更简短，因此以下两种表达方式是等价的：

```
let sum1 = (x: number, y: number) => { return x + y; }
let sum2 = (x: number, y: number) => x + y
```

2.2.9 闭包

闭包是由函数及声明该函数的环境组合而成的。该环境包含了这个闭包创建时作用域内的任何局部变量。

在下面例子中，f函数返回了一个闭包，它捕获了count变量，每次调用z，count的值都会被保留并递增。

```
function f(): () => number {
  let count = 0;
  let g = (): number => { count++; return count; };
  return g;
}

let z = f();
z(); // 返回：1
z(); // 返回：2
```

2.2.10 函数重载

我们可以通过编写重载，指定函数的不同调用方式。具体方法为，同一个函数写入多个同名但签名不同的函数头，函数实现紧随其后。

```
function foo(x: number): void;                    /* 第一个函数定义 */
function foo(x: string): void;                    /* 第二个函数定义 */
function foo(x: number | string): void {          /* 函数实现 */
}

foo(123);                                         // OK，使用第一个定义
foo('aa');                                        // OK，使用第二个定义
```

不允许重载函数有相同的名字和参数列表，否则将会编译错误。

2.3 类

类声明引入一个新类型，并定义其字段、方法和构造函数。

在以下示例中，定义了Person类，该类具有字段name和surname、构造函数和方法fullName：

```
class Person {
  name: string = ''
  surname: string = ''
  constructor (n: string, sn: string) {
    this.name = n;
    this.surname = sn;
  }
  fullName(): string {
    return this.name + ' ' + this.surname;
  }
}
```

定义类后，可以使用关键字new创建实例：

```
let p = new Person('John', 'Smith');
console.log(p.fullName());
```

或者，可以使用对象字面量创建实例：

```
class Point {
  x: number = 0
  y: number = 0
}
let p: Point = {x: 42, y: 42};
```

2.3.1 字段

字段是直接在类中声明的某种类型的变量。

类可以具有实例字段或者静态字段。

1. 实例字段

实例字段存在于类的每个实例上。每个实例都有自己的实例字段集合。

要访问实例字段，需要使用类的实例。

```
class Person {
  name: string = ''
  age: number = 0
  constructor(n: string, a: number) {
    this.name = n;
    this.age = a;
  }

  getName(): string {
    return this.name;
  }
}

let p1 = new Person('Alice', 25);
p1.name;
let p2 = new Person('Bob', 28);
p2.getName();
```

2. 静态字段

使用关键字static将字段声明为静态。静态字段属于类本身，类的所有实例共享一个静态字段。

要访问静态字段，需要使用类名：

```
class Person {
  static numberOfPersons = 0
  constructor() {
     // ...
     Person.numberOfPersons++;
     // ...
  }
}

Person.numberOfPersons;
```

3. 字段初始化

为了减少运行时的错误和获得更好的执行性能，ArkTS要求所有字段在声明时或者构造函数中显式初始化。这和标准TS中的strictPropertyInitialization模式一样。

以下代码在ArkTS中是不合法的代码。

```
class Person {
  name: string // undefined

  setName(n:string): void {
    this.name = n;
  }

  getName(): string {
    // 开发者使用“string”作为返回类型，这隐藏了name可能为“undefined”的事实
    // 更合适的做法是将返回类型标注为“string | undefined”，以告诉开发者这个API所有可能的返回值
    return this.name;
  }
}

let jack = new Person();
// 假设代码中没有对name赋值，例如调用“jack.setName('Jack')”
jack.getName().length; // 运行时异常：name is undefined
```

在ArkTS中，应该这样写代码：

```
class Person {
  name: string = ''

  setName(n:string): void {
    this.name = n;
  }

  // 类型为'string'，不可能为“null”或者“undefined”
  getName(): string {
    return this.name;
  }
}


let jack = new Person();
// 假设代码中没有对name赋值，例如调用“jack.setName('Jack')”
jack.getName().length;              // 0，没有运行时异常
```

接下来的代码展示了如果name的值可以是undefined，那么应该如何写代码。

```
class Person {
  name?: string // 可能为'undefined'

  setName(n:string): void {
    this.name = n;
  }

  // 编译时错误：name可以是“undefined”，所以将这个API的返回值类型标记为string
  getNameWrong(): string {
    return this.name;
  }

  getName(): string | undefined {       // 返回类型匹配name的类型
    return this.name;
  }
}

let jack = new Person();
```

```
// 假设代码中没有对name赋值，例如调用"jack.setName('Jack')"

// 编译时错误：编译器认为下一行代码有可能会访问undefined的属性，所以报错
jack.getName().length;        // 编译失败

jack.getName()?.length;       // 编译成功，没有运行时错误
```

4. setter和getter

setter和getter可用于提供对对象属性的受控访问。

在以下示例中，setter用于禁止将_age属性设置为无效值：

```
class Person {
  name: string = ''
  private _age: number = 0
  get age(): number { return this._age; }
  set age(x: number) {
    if (x < 0) {
      throw Error('Invalid age argument');
    }
    this._age = x;
  }
}

let p = new Person();
p.age;                 // 输出0
p.age = -42;           // 设置无效age值会抛出错误
```

在类中可以定义getter或者setter。

2.3.2　方法

方法属于类。类可以定义实例方法或者静态方法。静态方法属于类本身，只能访问静态字段。而实例方法既可以访问静态字段，也可以访问实例字段，包括类的私有字段。

1. 实例方法

以下示例说明了实例方法的工作原理。

calculateArea方法通过将高度乘以宽度来计算矩形的面积：

```
class RectangleSize {
  private height: number = 0
  private width: number = 0
  constructor(height: number, width: number) {
    this.height = height;
    this.width = width;
  }
  calculateArea(): number {
    return this.height * this.width;
  }
}
```

必须通过类的实例调用实例方法：

```
let square = new RectangleSize(10, 10);
square.calculateArea(); // 输出：100
```

2. 静态方法

使用关键字static将方法声明为静态。静态方法属于类本身，只能访问静态字段。

静态方法定义了类作为一个整体的公共行为。

必须通过类名调用静态方法：

```
class Cl {
  static staticMethod(): string {
    return 'this is a static method.';
  }
}
console.log(Cl.staticMethod());
```

3. 继承

一个类可以继承另一个类（称为基类），并使用以下语法实现多个接口：

```
class [extends BaseClassName] [implements listOfInterfaces] {
  // ...
}
```

继承类继承基类的字段和方法，但不继承构造函数。继承类可以新增定义字段和方法，也可以覆盖其基类定义的方法。

基类也称为“父类”或“超类”。继承类也称为“派生类”或“子类”。

示例如下：

```
class Person {
  name: string = ''
  private _age = 0
  get age(): number {
    return this._age;
  }
}
class Employee extends Person {
  salary: number = 0
  calculateTaxes(): number {
    return this.salary * 0.42;
  }
}
```

包含implements子句的类必须实现列出的接口中定义的所有方法，但使用默认实现定义的方法除外。

```
interface DateInterface {
  now(): string;
}
class MyDate implements DateInterface {
  now(): string {
    // 在此实现
    return 'now';
  }
}
```

4. 父类访问

关键字super可用于访问父类的实例字段、实例方法和构造函数。在实现子类功能时，可以通过该关键字从父类中获取所需接口。

```
class RectangleSize {
  protected height: number = 0
  protected width: number = 0

  constructor (h: number, w: number) {
    this.height = h;
    this.width = w;
  }

  draw() {
    /* 绘制边界 */
  }
}
class FilledRectangle extends RectangleSize {
  color = ''
  constructor (h: number, w: number, c: string) {
    super(h, w); // 父类构造函数的调用
    this.color = c;
  }

  draw() {
    super.draw(); // 父类方法的调用
    // super.height -可在此处使用
    /* 填充矩形 */
  }
}
```

5. 方法重写

子类可以重写其父类中定义的方法的实现。重写的方法必须具有与原始方法相同的参数类型和相同或派生的返回类型。

```
class RectangleSize {
  // ...
  area(): number {
    // 实现
    return 0;
  }
}
class Square extends RectangleSize {
  private side: number = 0
  area(): number {
    return this.side * this.side;
  }
}
```

6. 方法重载签名

通过重载签名，指定方法的不同调用。具体方法为，为同一个方法写入多个同名但签名不同的方法头，方法实现紧随其后。

```
class C {
  foo(x: number): void;              /* 第一个签名 */
  foo(x: string): void;              /* 第二个签名 */
  foo(x: number | string): void {  /* 实现签名 */
  }
}
let c = new C();
c.foo(123);                       // OK，使用第一个签名
```

```
c.foo('aa');                    // OK，使用第二个签名
```

如果两个重载签名的名称和参数列表均相同，则为错误。

2.3.3 构造函数

类声明可以包含用于初始化对象状态的构造函数。

构造函数定义如下：

```
constructor ([parameters]) {
  // ...
}
```

如果未定义构造函数，则会自动创建具有空参数列表的默认构造函数，例如：

```
class Point {
  x: number = 0
  y: number = 0
}
let p = new Point();
```

在这种情况下，默认构造函数使用字段类型的默认值来初始化实例中的字段。

1. 派生类的构造函数

构造函数函数体的第一条语句可以使用关键字super来显式调用直接父类的构造函数。

```
class RectangleSize {
  constructor(width: number, height: number) {
    // ...
  }
}
class Square extends RectangleSize {
  constructor(side: number) {
    super(side, side);
  }
}
```

2. 构造函数重载签名

我们可以通过编写重载签名，指定构造函数的不同调用方式。具体方法是，为同一个构造函数写入多个同名但签名不同的构造函数头，构造函数实现紧随其后。

```
class C {
  constructor(x: number)             /* 第一个签名 */
  constructor(x: string)             /* 第二个签名 */
  constructor(x: number | string) {  /* 实现签名 */
  }
}
let c1 = new C(123);                 // OK，使用第一个签名
let c2 = new C('abc');               // OK，使用第二个签名
```

如果两个重载签名的名称和参数列表均相同，则为错误。

2.3.4 可见性修饰符

类的方法和属性都可以使用可见性修饰符。

可见性修饰符包括：public、protected和private。默认可见性为public。

1. public（公有）

public修饰符的类成员（字段、方法、构造函数）在程序的任何可访问该类的地方都是可见的。

2. private（私有）

private修饰符的成员不能在声明该成员的类之外访问，例如：

```
class C {
  public x: string = ''
  private y: string = ''
  set_y (new_y: string) {
    this.y = new_y;              // OK，因为y在类本身中可以访问
  }
}
let c = new C();
c.x = 'a';                       // OK，该字段是公有的
c.y = 'b';                       // 编译时错误：'y'不可见
```

3. protected（受保护）

protected修饰符的作用与private修饰符非常相似，不同点是protected修饰的成员允许在派生类中访问，例如：

```
class Base {
  protected x: string = ''
  private y: string = ''
}
class Derived extends Base {
  foo() {
    this.x = 'a';           // OK，访问受保护成员
    this.y = 'b';           // 编译时错误，'y'不可见，因为它是私有的
  }
}
```

2.3.5 对象字面量

对象字面量是一个表达式，可用于创建类实例并提供一些初始值。它在某种情况下更方便，可以用来代替new表达式。

对象字面量的表示方式是封闭在花括号对（{}）中的'属性名：值'的列表。

```
class C {
  n: number = 0
  s: string = ''
}

let c: C = {n: 42, s: 'foo'};
```

ArkTS是静态类型语言，如上述示例所示，对象字面量只能在可以推导出该字面量类型的上下文中使用。其他正确的例子如下：

```
class C {
  n: number = 0
  s: string = ''
}

function foo(c: C) {}
```

```
let c: C

c = {n: 42, s: 'foo'};              // 使用变量的类型
foo({n: 42, s: 'foo'});             // 使用参数的类型

function bar(): C {
  return {n: 42, s: 'foo'};         // 使用返回类型
}
```

也可以在数组元素类型或类字段类型中使用：

```
class C {
  n: number = 0
  s: string = ''
}
let cc: C[] = [{n: 1, s: 'a'}, {n: 2, s: 'b'}];
```

2.3.6 Record 类型的对象字面量

泛型Record<K, V>用于将类型（键类型）的属性映射到另一个类型（值类型）。常用对象字面量来初始化该类型的值：

```
let map: Record<string, number> = {
  'John': 25,
  'Mary': 21,
}

map['John'];          // 25
```

类型K可以是字符串类型或数值类型，而V可以是任何类型。

```
interface PersonInfo {
  age: number
  salary: number
}
let map: Record<string, PersonInfo> = {
  'John': { age: 25, salary: 10},
  'Mary': { age: 21, salary: 20}
}
```

2.4 接口

接口声明引入新类型。接口是定义代码协定的常见方式。

任何一个类的实例只要实现了特定接口，就可以通过该接口实现多态。

接口通常包含属性和方法的声明，示例如下：

```
interface Style {
  color: string                       // 属性
}
interface AreaSize {
  calculateAreaSize(): number         // 方法的声明
  someMethod(): void;                 // 方法的声明
}
```

实现接口的类示例如下：

```
// 接口:
interface AreaSize {
  calculateAreaSize(): number          // 方法的声明
  someMethod(): void;                  // 方法的声明
}

// 实现:
class RectangleSize implements AreaSize {
  private width: number = 0
  private height: number = 0
  someMethod(): void {
    console.log('someMethod called');
  }
  calculateAreaSize(): number {
    this.someMethod();                 // 调用另一个方法并返回结果
    return this.width * this.height;
  }
}
```

2.4.1　接口属性

接口属性可以是字段、getter、setter或getter/setter组合的形式。

属性字段只是getter/setter对的便捷写法。以下表达方式是等价的：

```
interface Style {
  color: string
}
interface Style {
  get color(): string
  set color(x: string)
}
```

实现接口的类也可以使用以下两种方式：

```
interface Style {
  color: string
}

class StyledRectangle implements Style {
  color: string = ''
}
interface Style {
  color: string
}

class StyledRectangle implements Style {
  private _color: string = ''
  get color(): string { return this._color; }
  set color(x: string) { this._color = x; }
}
```

2.4.2　接口继承

接口可以继承其他接口，示例如下：

```
interface Style {
  color: string
}
```

```
interface ExtendedStyle extends Style {
  width: number
}
```

继承接口包含被继承接口的所有属性和方法，还可以添加自己的属性和方法。

2.5 泛型类型

泛型类型允许创建的代码在各种类型上运行，而不仅支持单一类型。

2.5.1 泛型类和泛型接口

类和接口可以定义为泛型，将参数添加到类型定义中，如以下示例中的类型参数Element：

```
class CustomStack<Element> {
  public push(e: Element):void {
    // ...
  }
}
```

要使用类型CustomStack，必须为每个类型参数指定类型实参：

```
let s = new CustomStack<string>();
s.push('hello');
```

编译器在使用泛型类型和函数时会确保类型安全。示例如下：

```
let s = new CustomStack<string>();
s.push(55); // 将会产生编译时错误
```

2.5.2 泛型约束

泛型类型的类型参数可以被限制只能获取某些特定的值。例如，MyHashMap<Key, Value>这个类中的Key类型参数必须具有hash方法。

```
interface Hashable {
  hash(): number
}
class MyHashMap<Key extends Hashable, Value> {
  public set(k: Key, v: Value) {
    let h = k.hash();
    // ...其他代码...
  }
}
```

在上面的例子中，Key类型扩展了Hashable，Hashable接口的所有方法都可以被key调用。

2.5.3 泛型函数

使用泛型函数可编写更通用的代码。比如返回数组最后一个元素的函数：

```
function last(x: number[]): number {
  return x[x.length - 1];
}
last([1, 2, 3]); // 3
```

如果需要为任何数组定义相同的函数，使用类型参数将该函数定义为泛型：

```
function last<T>(x: T[]): T {
  return x[x.length - 1];
}
```

现在，该函数可以与任何数组一起使用。

在函数调用中，类型实参可以显式或隐式设置：

```
// 显式设置的类型实参
last<string>(['aa', 'bb']);
last<number>([1, 2, 3]);

// 隐式设置的类型实参
// 编译器根据调用参数的类型来确定类型实参
last([1, 2, 3]);
```

2.5.4　泛型默认值

泛型类型的类型参数可以设置默认值。这样可以不指定实际的类型实参，而只使用泛型类型名称。下面的示例展示了类和函数的这一点。

```
class SomeType {}
interface Interface <T1 = SomeType> { }
class Base <T2 = SomeType> { }
class Derived1 extends Base implements Interface { }
// Derived1在语义上等价于Derived2
class Derived2 extends Base<SomeType> implements Interface<SomeType> { }

function foo<T = number>(): T {
  // ...
}
foo();
// 此函数在语义上等价于下面的调用
foo<number>();
```

2.6　空安全

默认情况下，ArkTS中的所有类型都是不为空的，因此类型的值不能为空。这类似于TS的严格空值检查模式（strictNullChecks），但规则更严格。

在下面的示例中，所有行都会导致编译时错误：

```
let x: number = null;    // 编译时错误
let y: string = null;    // 编译时错误
let z: number[] = null;  // 编译时错误
```

可以为空值的变量定义为联合类型T | null。

```
let x: number | null = null;
x = 1;    // ok
x = null; // ok
if (x != null) { /* do something */ }
```

2.6.1　非空断言运算符

后缀运算符“!”可用于断言其操作数为非空。

应用于可空类型的值时，它的编译时类型变为非空类型。例如，类型将从T | null更改为T：

```
class A {
  value: number = 0;
}

function foo(a: A | null) {
  a.value;   // 编译时错误：无法访问可空值的属性
  a!.value;  // 编译通过，如果运行时a的值非空，可以访问到a的属性；如果运行时a的值为空，则发生运行时异常
}
```

2.6.2　空值合并运算符

空值合并二元运算符“??”用于检查左侧表达式的求值是否等于null或者undefined。如果是，则表达式的结果为右侧表达式；否则，结果为左侧表达式。

换句话说，a ?? b等价于三元运算符(a != null && a != undefined) ? a : b。

在以下示例中，getNick方法如果设置了昵称，则返回昵称；否则，返回空字符串：

```
class Person {
  // ...
  nick: string | null = null
  getNick(): string {
    return this.nick ?? '';
  }
}
```

2.6.3　可选链

在访问对象属性时，如果该属性是undefined或者null，可选链运算符会返回undefined。

```
class Person {
  nick: string | null = null
  spouse?: Person

  setSpouse(spouse: Person): void {
    this.spouse = spouse;
  }

  getSpouseNick(): string | null | undefined {
    return this.spouse?.nick;
  }

  constructor(nick: string) {
    this.nick = nick;
    this.spouse = undefined;
  }
}
```

注意　getSpouseNick的返回类型必须为string | null | undefined，因为该方法可能返回null或者undefined。

可选链可以任意长，可以包含任意数量的“?.”运算符。

在以下示例中，如果一个Person的实例有不为空的spouse属性，且spouse有不为空的nick属性，则输出spouse.nick；否则，输出undefined：

```
class Person {
  nick: string | null = null
  spouse?: Person

  constructor(nick: string) {
    this.nick = nick;
    this.spouse = undefined;
  }
}

let p: Person = new Person('Alice');
p.spouse?.nick; // undefined
```

2.7 模块

程序可划分为多组编译单元或模块。每个模块都有其自己的作用域，即在模块中创建的任何声明（变量、函数、类等）在该模块之外都不可见，除非它们被显式导出。

与此相对，从另一个模块导出的变量、函数、类、接口等必须首先导入到模块中。

2.7.1 导出

可以使用关键字export导出顶层的声明。未导出的声明名称将被视为私有名称，且只能在声明该名称的模块中使用。

注意　通过export方式导出顶层的声明，在导入时需要加“{}”。

```
export class Point {
  x: number = 0
  y: number = 0
  constructor(x: number, y: number) {
    this.x = x;
    this.y = y;
  }
}
export let Origin = new Point(0, 0);
export function Distance(p1: Point, p2: Point): number {
  return Math.sqrt((p2.x - p1.x) * (p2.x - p1.x) + (p2.y - p1.y) * (p2.y - p1.y));
}
```

2.7.2 导入

1. 静态导入

导入声明用于导入从其他模块导出的实体，并在当前模块中提供其绑定。导入声明有两部分组成：

（1）导入路径：用于指定导入的模块。

（2）导入绑定：用于定义导入的模块中的可用实体集和使用形式（限定或不限定使用）。

导入绑定有以下几种形式。

（1）假设模块具有路径“./utils”和导出实体“X”和“Y”。

（2）导入绑定* as A表示绑定名称“A”，通过A.name可访问从导入路径指定的模块导出的所有实体：

```
import * as Utils from './utils'
Utils.X // 表示来自Utils的X
Utils.Y // 表示来自Utils的Y
```

（3）导入绑定{ ident1, …, identN }表示将导出的实体与指定名称绑定，该名称可以用作简单名称：

```
import { X, Y } from './utils'
X // 表示来自Utils的X
Y // 表示来自Utils的Y
```

（4）如果标识符列表定义了ident as alias，则实体ident将绑定在名称alias下：

```
import { X as Z, Y } from './utils'
Z // 表示来自Utils的X
Y // 表示来自Utils的Y
X // 编译时错误：'X'不可见
```

2. 动态导入

在应用开发的一些场景中，如果希望根据条件导入模块或者按需导入模块，可以使用动态导入代替静态导入。import()语法通常称为动态导入dynamic import，它是一种类似函数的表达式，用来动态导入模块。以这种方式调用，将返回一个promise。代码如下：

```
let modulePath = prompt("Which module to load?");
import(modulePath)
.then(obj => <module object>)
.catch(err => <loading error, e.g. if no such module>)
```

import(modulePath)可以加载模块并返回一个promise，该promise resolve为一个包含其所有导出的模块对象。该表达式可以在代码中的任意位置调用。如果在异步函数中使用let module = await import(modulePath)，代码如下：

```
// say.ts
export function hi() {
  console.log('Hello');
}
export function bye() {
  console.log('Bye');
}
```

那么，可以像下面这样进行动态导入：

```
async function test() {
  let ns = await import('./say');
  let hi = ns.hi;
  let bye = ns.bye;
  hi();
  bye();
}
```

2.7.3 顶层语句

顶层语句是指在模块的最外层直接编写的语句，这些语句不被包裹在任何函数、类、块级作用域中。顶层语句包括变量声明、函数声明、表达式等。

2.8 本章小结

本章介绍了ArkTS语言的核心功能、语法和最佳实践，内容包括基本知识、函数、类、接口、泛型类型、空安全、模块等。

2.9 上机练习：统计字符串的字符数

任务要求：给定一个字符串“鸿蒙之光HarmonyOS NEXT原生应用开发入门”，编写一个HarmonyOS应用程序，来统计该字符串的字符数。

练习步骤：

（1）定义字符串变量s，绑定值为字符串“鸿蒙之光HarmonyOS NEXT原生应用开发入门”。

（2）定义字符串变量length。

（3）定义Button组件，用于触发统计字符串的字符数的计算。

（4）定义Text组件，用于显示字符数。

（5）统计变量s的长度，并赋值给变量length。

（6）预览应用，单击Button组件，在应用首页显示出字符数。

代码参考配书资源中的“CountTheNumberOfCharacters”应用。

第3章

Ability开发

本章介绍HarmonyOS的核心组件Ability的开发。Ability是HarmonyOS应用所具备能力的抽象，也是HarmonyOS应用程序的非常重要的核心组成部分。

3.1 Ability 概述

Ability翻译成中文就是“能力”的意思。在HarmonyOS中，Ability是应用所具备能力的抽象，也是应用程序的重要组成部分。

3.1.1 单 Ability 应用和多 Ability 应用

一个应用可以具备多种能力，也就是说可以包含多个Ability。HarmonyOS支持应用以Ability为单位进行部署。

如图3-1所示，左侧图片是一个浏览器应用，右侧图片是一个聊天应用。浏览器应用可以通过一个Ability结合多页面的形式让用户进行搜索和浏览内容。而聊天应用增加一个“外卖功能”的场景，则可以将聊天应用中“外卖功能”的内容独立为一个Ability。当用户打开聊天应用的“外卖功能”并查看外卖订单详情，此时有新的聊天消息，即可以通过最近任务列表切换回聊天窗口继续进行聊天对话。

图 3-1　单 Ability 应用和多 Ability 应用

3.1.2　HarmonyOS 应用模型

应用模型是系统为开发者提供的应用程序所需能力的抽象提炼，它提供了应用程序必备的组件和运行机制。有了应用模型，开发者可以基于一套统一的模型进行应用开发，使应用开发更简单、高效。

HarmonyOS应用模型的构成要素主要包括：

（1）应用组件。应用组件是应用的基本组成单位，是应用的运行入口。用户在启动、使用和退出应用过程中，应用组件会在不同的状态间切换，这些状态称为应用组件的生命周期。应用组件提供生命周期的回调函数，开发者通过应用组件的生命周期回调感知应用的状态变化。应用开发者在编写应用时，首先需要编写的就是应用组件，同时还需要编写应用组件的生命周期回调函数，并在应用配置文件中配置相关信息。这样，操作系统在运行期间通过配置文件创建应用组件的实例，并调度它的生命周期回调函数，从而执行开发者的代码。

（2）应用进程模型。应用进程模型定义应用进程的创建和销毁方式，以及进程间的通信方式。

（3）应用线程模型。应用线程模型定义应用进程内线程的创建和销毁方式、主线程和UI线程的创建方式、线程间的通信方式。

（4）应用任务管理模型（仅对系统应用开放）。应用任务管理模型定义任务（Mission）的创建和销毁方式，以及任务与组件间的关系。所谓任务，即用户使用一个应用组件实例的记录。每次用户启动一个新的应用组件实例，都会生成一个新的任务。例如，用户启动一个视频应用，此时在“最近任务”界面将会看到视频应用这个任务，当用户单击这个任务时，系统会把该任务切换到前台，如果这个视频应用中的视频编辑功能也是通过应用组件编写的，那么用户在启动视频编辑功能时，会创建视频编辑的应用组件实例，在“最近任务”界面中，将会显示视频应用、视频编辑两个任务。

（5）应用配置文件。应用配置文件中包含应用配置信息、应用组件信息、权限信息、开发者自定义信息等，这些信息在编译构建、分发和运行阶段分别提供给编译工具、应用市场和操作系统使用。

截至目前，在HarmonyOS中Ability框架模型结构具有两种形态：

- FA（Feature Ability）模型：API 8及其更早版本的应用程序只能使用FA模型进行开发。
- Stage模型：从API 9开始，Ability框架引入并支持使用Stage模型进行开发，也是目前HarmonyOS所推荐的开发方式。

FA模型和Stage模型的工程目录结构存在差异，Stage模型目前只支持使用ArkTS语言进行开发。本书示例也是采用Stage模型开发。

3.2　FA 模型介绍

FA模型是HarmonyOS早期版本（API 8及更早版本）开始支持的模型，目前已经不再主推。

3.2.1　FA 模型中的 Ability

FA模型中的Ability分为PageAbility、ServiceAbility、DataAbility、FormAbility几种类型。介绍如下：

（1）PageAbility是具备UI实现的Ability，是用户具体可见并可以交互的Ability实例。

（2）ServiceAbility也是Ability一种，但是没有UI，仅提供其他Ability调用自定义的服务，在后台运行。

（3）DataAbility也是没有UI的Ability，提供其他Ability进行数据的增删查服务，在后台运行。

（4）FormAbility是卡片Ability，是一种界面展示形式。

3.2.2 FA 模型的生命周期

在所有Ability中，PageAbility因为具有界面，也是应用的交互入口，因此生命周期更加复杂。PageAbility生命周期回调如图3-2所示。

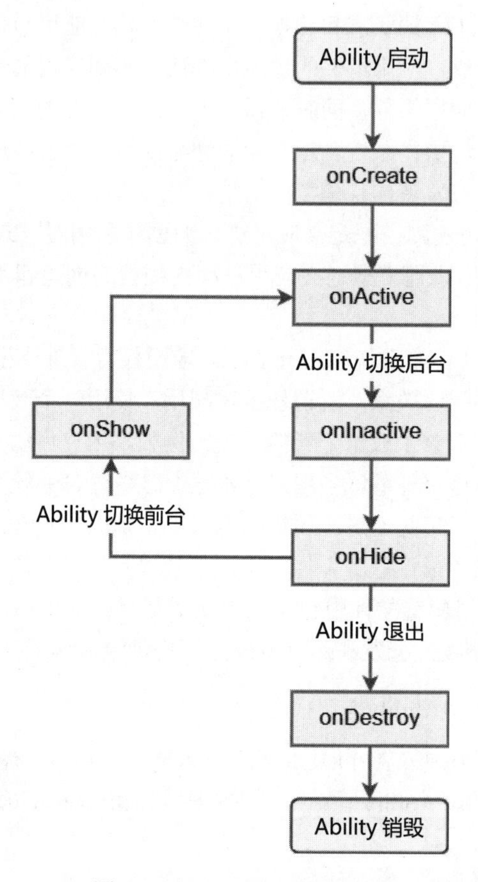

图 3-2 PageAbility 生命周期

其他类型Ability的生命周期可参考PageAbility生命周期去除前台和后台切换以及onShow的部分进行理解。

开发者可以在“app.ets”中重写生命周期函数，在对应的生命周期函数内处理应用相应逻辑。

3.2.3 FA 模型的进程/线程模型

应用独享独立进程，Ability独享独立线程，应用进程在Ability第一次启动时创建，并为启动的Ability创建线程，应用启动后再启动应用内其他Ability，会为每一个Ability创建相应的线程。每个Ability绑定一个独立的JSRuntime实例，因此Ability之间是隔离的，如图3-3所示。

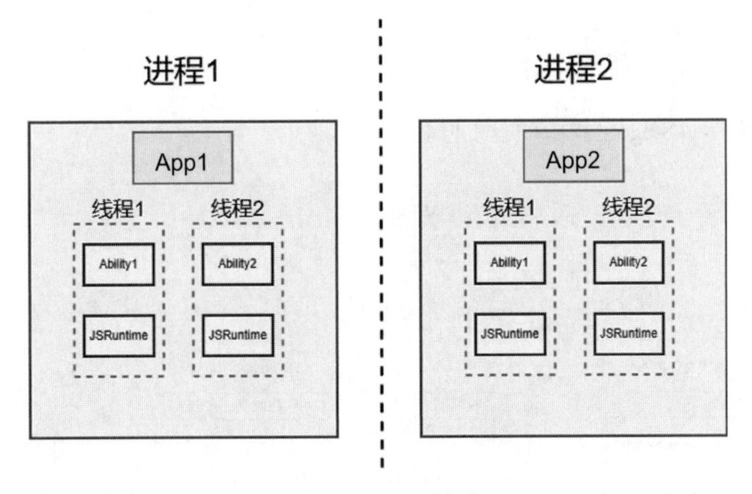

图 3-3　FA 模型的进程/线程模型

3.3　Stage 模型介绍

Stage模型是HarmonyOS 3.1（API 9）版本开始新增的模型，也是目前HarmonyOS主推且会长期演进的模型。在该模型中，由于提供了AbilityStage、WindowStage等类作为应用组件和Window窗口的“舞台”，因此称这种应用模型为Stage模型。

3.3.1　Stage 模型的设计思想

Stage模型之所以成为主推模型，源于其设计思想。Stage模型的设计基于如下3个出发点。

1. 为复杂应用而设计

简化应用复杂度：

（1）多个应用组件共享同一个ArkTS引擎（运行ArkTS语言的虚拟机）实例，应用组件之间可以方便地共享对象和状态，同时减少复杂应用运行对内存的占用。

（2）采用面向对象的开发方式，使得复杂应用代码可读性高、易维护性好、可扩展性强。

2. 支持多设备和多窗口形态

应用组件管理和窗口管理在架构层面解耦：

（1）便于系统对应用组件进行裁剪（无屏设备可裁剪窗口）。

（2）便于系统扩展窗口形态。

（3）在多设备（如桌面设备和移动设备）上，应用组件可使用同一套生命周期。

3. 平衡应用能力和系统管控成本

Stage模型重新定义了应用能力的边界，以平衡应用能力和系统管控成本。

（1）提供特定场景（如卡片、输入法）的应用组件，以便满足更多的使用场景。

（2）规范化后台进程管理：为保障用户体验，Stage模型对后台应用进程进行了有序治理，应用程序不能随意驻留在后台，同时应用后台行为受到严格管理，防止恶意应用行为。

3.3.2 Stage 模型的基本概念

如图3-4所示展示了Stage模型中的基本概念。

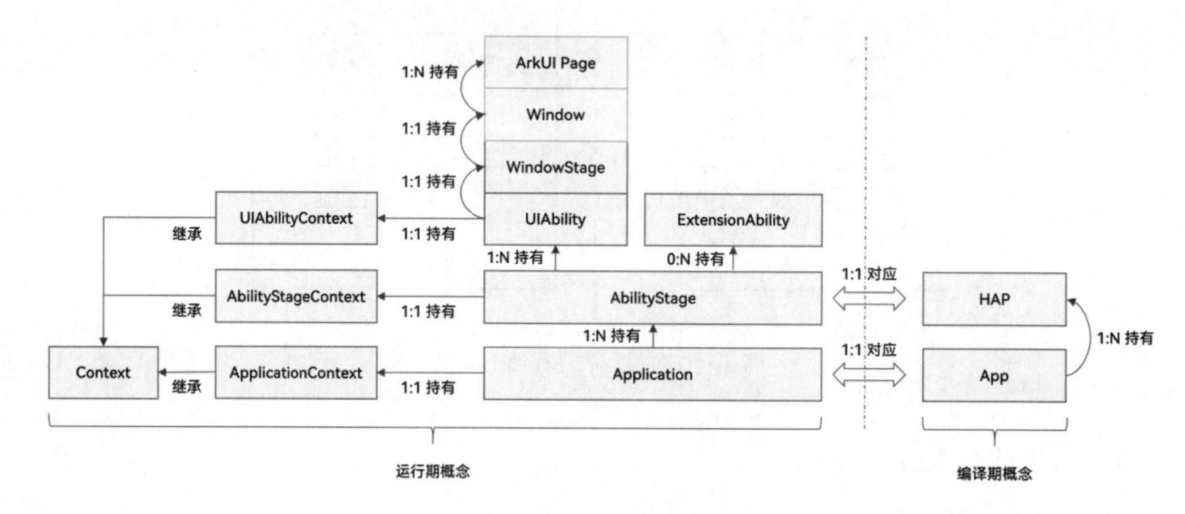

图 3-4 Stage 模型概念图

1. AbilityStage

每个Entry类型或者Feature类型的HAP在运行期都有一个AbilityStage类实例，当HAP中的代码首次被加载到进程中时，系统会先创建AbilityStage实例。

2. UIAbility组件和ExtensionAbility组件

Stage模型提供UIAbility和ExtensionAbility两种类型的组件，这两种组件都有具体的类承载，支持面向对象的开发方式。

（1）UIAbility组件是一种包含UI的应用组件，主要用于和用户交互。例如，图库类应用可以在UIAbility组件中展示图片瀑布流，在用户选择某个图片后，在新的页面中展示图片的详细内容。同时用户可以通过返回键返回到瀑布流页面。UIAbility组件的生命周期只包含创建、销毁、前台、后台等状态，与显示相关的状态通过WindowStage的事件暴露给开发者。

（2）ExtensionAbility组件是一种面向特定场景的应用组件。开发者并不能直接从ExtensionAbility组件派生，而是需要使用ExtensionAbility组件的派生类。目前ExtensionAbility组件有用于卡片场景的FormExtensionAbility，用于输入法场景的InputMethodExtensionAbility，用于闲时任务场景的WorkSchedulerExtensionAbility等多种派生类，这些派生类都是基于特定场景提供的。例如，用户在桌面创建应用的卡片，需要应用开发者从FormExtensionAbility派生，实现其中的回调函数，并在配置文件中配置该能力。ExtensionAbility组件的派生类实例由用户触发创建，并由系统管理生命周期。在Stage模型上，三方应用开发者不能开发自定义服务，而需要根据自身的业务场景通过ExtensionAbility组件的派生类来实现。

3. WindowStage

每个UIAbility实例都会与一个WindowStage类实例绑定，该类起到了应用进程内窗口管理器的作用。它包含一个主窗口。也就是说，UIAbility实例通过WindowStage持有了一个主窗口，该主窗口为ArkUI提供了绘制区域。

4. Context

在Stage模型上，Context及其派生类向开发者提供在运行期可以调用的各种资源和能力。UIAbility组件和各种ExtensionAbility组件的派生类都有各自不同的Context类，它们都继承自基类Context，但是各自又根据所属组件，提供不同的能力。

3.4　UIAbility 介绍

本节介绍 UIAbility 的生命周期、启动模式和组件的基本用法。

3.4.1　UIAbility 的生命周期

在UIAbility的使用过程中，会有多种生命周期状态。掌握UIAbility的生命周期，对于应用的开发非常重要。

为了实现多设备形态上的裁剪和多窗口的可扩展性，系统对组件管理和窗口管理进行了解耦。UIAbility的生命周期包括Create、Foreground、Background、Destroy 4个状态，WindowStageCreate和WindowStageDestroy为窗口管理器（WindowStage），并在UIAbility中管理UI界面功能的两个生命周期回调，从而实现UIAbility与窗口之间的弱耦合，如图3-5所示。

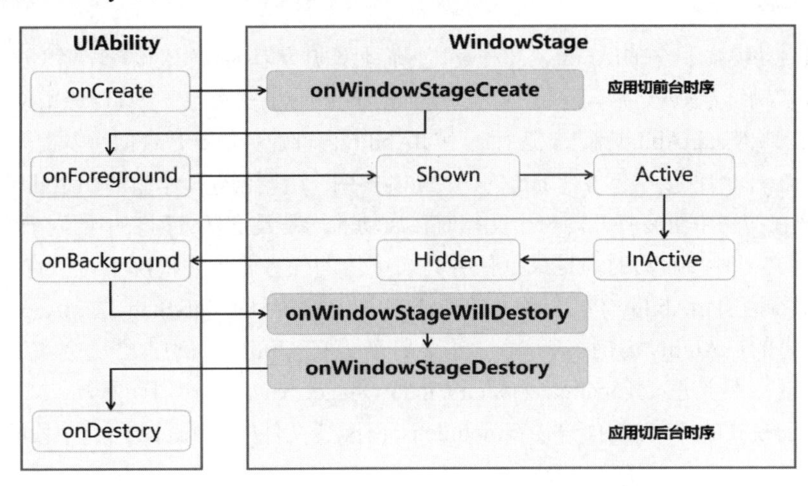

图 3-5　UIAbility 的生命周期状态

3.4.2　UIAbility 的启动模式

UIAbilityy的启动模式是指UIAbility实例在启动时的不同呈现状态。针对不同的业务场景，系统提供了singleton（单实例模式）、multiton（多实例模式）和specified（指定实例模式）3种启动模式。

1. singleton启动模式

singleton启动模式为单实例模式，也是默认情况下的启动模式。

每次调用startAbility()方法时，如果应用进程中该类型的UIAbility实例已经存在，则复用系统中的

UIAbility实例。系统中只存在唯一一个UIAbility实例，即在最近任务列表中只存在一个该类型的UIAbility实例。

如果需要使用singleton启动模式，在module.json5配置文件中的“launchType”字段配置为“singleton”即可。

```
{
  "module": {
    // ...
    "abilities": [
      {
        "launchType": "singleton",
        // ...
      }
    ]
  }
}
```

2. multiton启动模式

multiton启动模式为多实例模式，每次调用startAbility()方法时，都会在应用进程中创建一个新的该类型UIAbility实例。即在最近任务列表中可以看到有多个该类型的UIAbility实例。这种情况下可以将UIAbility配置为multiton模式。

multiton启动模式的开发使用，只需在module.json5配置文件中的launchType字段配置为multiton即可。

3. specified启动模式

在specified启动模式下，在UIAbility实例创建之前，允许开发者为该实例创建一个唯一的字符串Key，创建的UIAbility实例绑定Key之后，后续每次调用startAbility()方法时，都会询问应用使用哪个Key对应的UIAbility实例来响应startAbility请求。运行时由UIAbility内部业务决定是否创建多实例，如果匹配有该UIAbility实例的Key，则直接拉起与之绑定的UIAbility实例，否则创建一个新的UIAbility实例。

例如，用户在应用中重复打开同一个文档时，启动的均是最近任务列表中的同一个任务。以及在应用中重复新建文档时，启动的均是最近任务列表中新的任务。这种情况下可以将UIAbility配置为specified。当再次调用startAbility()方法启动该UIAbility实例时，且AbilityStage的onAcceptWant()回调匹配到一个已创建的UIAbility实例。此时，再次启动该UIAbility实例时，只会进入该UIAbility的onNewWant()回调，不会进入其onCreate()和onWindowStageCreate()生命周期回调。

specified启动模式的开发使用，只需在module.json5配置文件的“launchType”字段配置为“specified”即可。

3.4.3 UIAbility 组件的基本用法

UIAbility组件的基本用法包括指定UIAbility的启动页面以及获取UIAbility的上下文UIAbilityContext。

1. 指定UIAbility的启动页面

应用中的UIAbility在启动过程中，需要指定启动页面，否则应用启动后会因为没有默认加载页面而导致白屏。解决方法是可以在UIAbility的onWindowStageCreate()生命周期回调中，通过WindowStage对象的loadContent()方法设置启动页面。

我们可以观察“ArkUIHelloWorld”应用中的EntryAbility.ets文件，代码如下：

```
import { AbilityConstant, UIAbility, Want } from '@kit.AbilityKit';
import { hilog } from '@kit.PerformanceAnalysisKit';
import { window } from '@kit.ArkUI';

export default class EntryAbility extends UIAbility {
  onCreate(want: Want, launchParam: AbilityConstant.LaunchParam): void {
    hilog.info(0x0000, 'testTag', '%{public}s', 'Ability onCreate');
  }

  onDestroy(): void {
    hilog.info(0x0000, 'testTag', '%{public}s', 'Ability onDestroy');
  }

  onWindowStageCreate(windowStage: window.WindowStage): void {
    hilog.info(0x0000, 'testTag', '%{public}s', 'Ability onWindowStageCreate');

    // 通过WindowStage对象的loadContent()方法设置启动页面
    windowStage.loadContent('pages/Index', (err) => {
      if (err.code) {
        hilog.error(0x0000, 'testTag', 'Failed to load the content. Cause: %{public}s',
JSON.stringify(err) ?? '');
        return;
      }
      hilog.info(0x0000, 'testTag', 'Succeeded in loading the content.');
    });
  }

  onWindowStageDestroy(): void {
    hilog.info(0x0000, 'testTag', '%{public}s', 'Ability onWindowStageDestroy');
  }

  onForeground(): void {
    hilog.info(0x0000, 'testTag', '%{public}s', 'Ability onForeground');
  }

  onBackground(): void {
    hilog.info(0x0000, 'testTag', '%{public}s', 'Ability onBackground');
  }
}
```

在上述代码中，可用看到UIAbility实例默认会加载Index页面。可根据需要将Index页面路径替换为需要的页面路径即可。

2. 获取UIAbility的上下文信息

UIAbility类拥有自身的上下文信息，该信息为UIAbilityContext类的实例，UIAbilityContext类拥有abilityInfo、currentHapModuleInfo等属性。通过UIAbilityContext可以获取UIAbility的相关配置信息，如包代码路径、Bundle名称、Ability名称和应用程序需要的环境状态等属性信息，以及可以获取操作UIAbility实例的方法，比如startAbility()、connectServiceExtensionAbility()、terminateSelf()等。如果需要在页面中获取当前Ability的Context，可调用getContext接口获取当前页面关联的UIAbilityContext或ExtensionContext。

以下示例是在UIAbility中可以通过this.context获取UIAbility实例的上下文信息：

```
import { UIAbility, AbilityConstant, Want } from '@kit.AbilityKit';

export default class EntryAbility extends UIAbility {
  onCreate(want: Want, launchParam: AbilityConstant.LaunchParam): void {
    // 获取UIAbility实例的上下文信息
    let context = this.context;
```

```
    // ...
  }
}
```

以下示例是在页面中获取UIAbility实例的上下文信息，包括导入依赖资源context模块和在组件中定义一个context变量两个部分。

```
import { common, Want } from '@kit.AbilityKit';

@Entry
@Component
struct Page_EventHub {
  private context = getContext(this) as common.UIAbilityContext;

  startAbilityTest(): void {
    let want: Want = {
      // Want参数信息
    };
    this.context.startAbility(want);
  }

  // 页面展示
  build() {
    // ...
  }
}
```

也可以在导入依赖资源context模块后，在具体使用UIAbilityContext前进行变量定义。

```
import { common, Want } from '@kit.AbilityKit';

@Entry
@Component
struct Page_UIAbilityComponentsBasicUsage {
  startAbilityTest(): void {
    let context = getContext(this) as common.UIAbilityContext;
    let want: Want = {
      // Want参数信息
    };
    context.startAbility(want);
  }

  // 页面展示
  build() {
    // ...
  }
}
```

3.5　Want 概述

在Stage模型中，Want是对象间信息传递的载体，可以用于应用组件间的信息传递。而在FA模型中，Intent是与之有相同概念的类。

3.5.1　Want 的用途

Want的使用场景之一是作为startAbility的参数，其中包含了指定的启动目标，以及启动时需携带的相关数据，如bundleName和abilityName字段分别指明目标Ability所在应用的包名以及对应包内的

Ability名称。当AbilityA启动AbilityB并需要传入一些数据给AbilityB时，Want可以作为一个数据载体将数据传送给AbilityB，如图3-6所示。

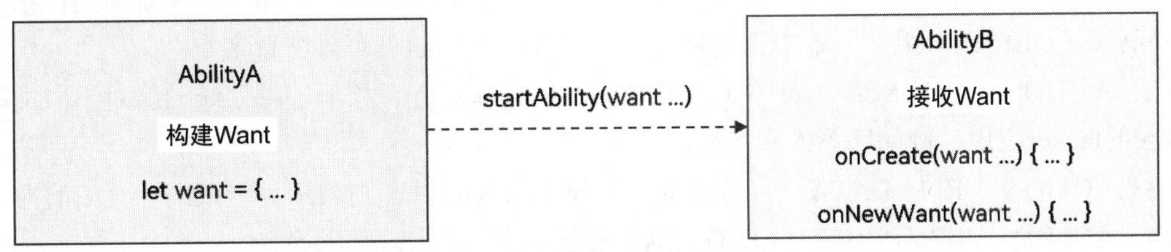

图 3-6　Want 用法示意图

3.5.2　Want 的类型

Want的类型主要是分为显式和隐式。

1. 显式Want

在启动Ability时指定了abilityName和bundleName的Want称为显式Want。

当有明确处理请求的对象时，通过提供目标Ability所在应用的bundleName，并在Want内指定abilityName便可启动目标Ability。显式Want通常在启动当前应用开发中某个已知Ability时被用到，示例如下：

```
import { Want } from '@kit.AbilityKit';

let wantInfo: Want = {
  deviceId: '', // deviceId为空，表示本设备
  bundleName: 'com.example.myapplication',
  abilityName: 'FuncAbility',
}
```

2. 隐式Want

在启动Ability时未指定abilityName的Want称为隐式Want。

当需要处理的对象不明确时，可以使用隐式Want，在当前应用中使用其他应用提供的某个能力，而不关心提供该能力的具体应用。隐式Want使用skills标签来定义需要使用的能力，并由系统匹配声明支持该请求的所有应用来处理请求。例如，需要打开一个链接的请求时，系统将匹配所有声明支持该请求的应用，然后让用户选择使用哪个应用打开链接。

```
import { Want } from '@kit.AbilityKit';

let wantInfo: Want = {
  action: 'ohos.want.action.search',
  entities: [ 'entity.system.browsable' ],
  uri: 'https://www.test.com:8080/query/student',
  type: 'text/plain',
};
```

其中，action表示调用方要执行的通用操作（如查看、分享、应用详情）。在隐式Want中，可定义该字段，配合uri或parameters来表示对数据要执行的操作（如打开并查看该uri数据）。例如，当uri为一段网址时，action为ohos.want.action.viewData则表示匹配可查看该网址的Ability。在Want内声明action字段表示希望被调用方应用支持声明的操作。在被调用方应用配置文件skills字段内声明actions表示该应用支持声明操作。

常见的action包括：

（1）ACTION_HOME：启动应用入口组件的动作，需要和ENTITY_HOME配合使用；系统桌面应用图标就是应用的入口组件，单击也是启动入口组件；入口组件可以配置多个。

（2）ACTION_CHOOSE：选择本地资源数据，例如联系人、相册等；系统一般对不同类型的数据有对应的Picker应用，例如联系人和图库。

（3）ACTION_VIEW_DATA：查看数据，当使用网址uri时，则表示显示该网址对应的内容。

（4）ACTION_VIEW_MULTIPLE_DATA：发送多个数据记录的操作。

entities表示目标Ability的类别信息（如浏览器、视频播放器），在隐式Want中是对action的补充。在隐式Want中，开发者可定义该字段，用来过滤匹配应用的类别，例如必须是浏览器。在Want内声明entities字段表示希望被调用方应用属于声明的类别。在被调用方应用配置文件skills字段内声明entities表示该应用所支持的类别。

常用的entities包括：

（1）ENTITY_DEFAULT：默认类别无实际意义。

（2）ENTITY_HOME：主屏幕有图标单击入口类别。

（3）ENTITY_BROWSABLE：表示浏览器类别。

所有action和entities都定义在wantConstant模块中。

3.5.3 Want 的参数及属性

Want的参数及属性说明如表3-1所示。

表3-1 Want的参数及属性说明

名　称	读写属性	类　型	必　填	描　述
deviceId	只读	string	否	表示目标Ability所在设备ID。如果未设置该字段，则表明本设备
bundleName	只读	string	否	表示目标Ability所在应用名称
moduleName	只读	string	否	表示目标Ability所属的模块名称
abilityName	只读	string	否	表示目标Ability的名称。如果未设置该字段，则该Want为隐式。如果在Want中同时指定了bundleName、moduleName和abilityName，则Want可以直接匹配到指定的Ability
uri	只读	string	否	表示携带的数据，一般配合type使用，指明待处理的数据类型。如果在Want中指定了uri，则Want将匹配指定的Uri信息，包括scheme、schemeSpecificPart、authority和path信息
type	只读	string	否	表示携带数据类型，使用MIME类型规范。例如“text/plain”“image/*”等

（续表）

名 称	读写属性	类 型	必 填	描 述
action	只读	string	否	表示要执行的通用操作（如查看、分享、应用详情）。在隐式Want中，可定义该字段，配合uri或parameters来表示对数据要执行的操作（如打开并查看该uri数据）。例如，当uri为一段网址，action为ohos.want.action.viewData则表示匹配可查看该网址的Ability
entities	只读	Array<string>	否	表示目标Ability额外的类别信息（如浏览器、视频播放器），在隐式Want中是对action的补充。在隐式Want中可定义该字段，用来过滤匹配Ability类别，如必须是浏览器。例如，在action字段的举例中，可存在多个应用声明了支持查看网址的操作，其中有应用为普通社交应用，有的为浏览器应用，可通过entity.system.browsable过滤掉非浏览器的其他应用
flags	只读	number	否	表示处理Want的方式。例如通过wantConstant.Flags.FLAG_ABILITY_CONTINUATION表示是否以设备间迁移方式启动Ability
parameters	只读	{[key: string]: any}	否	此参数用于传递自定义数据，通过用户自定义的键一值对进行数据填充，具体支持的数据类型如Want API所示

3.6 实战：显式 Want 启动 Ability

本节演示如何通过显式Want启动应用内一个指定的Ability组件。

打开DevEco Studio，选择一个Empty Ability工程模板，创建一个名为“ArkTSWantStartAbility”的工程为演示示例。

3.6.1 新建 Ability 内页面

初始化工程之后，在原有的代码基础上，需要新建一个页面。在src/main/ets/pages目录下，通过右击“New→Page→Empty Page”来新建一个页面，并命名为Second。

对Second.ets文件中的message变量值进行修改，最终文件内容如下：

```
@Entry
@Component
struct Second {
  // 修改变量值为Second
  @State message: string = 'Second';

  build() {
    RelativeContainer() {
      Text(this.message)
        .id('SecondHelloWorld')
        .fontSize(50)
        .fontWeight(FontWeight.Bold)
        .alignRules({
          center: { anchor: '__container__', align: VerticalAlign.Center },
          middle: { anchor: '__container__', align: HorizontalAlign.Center }
```

```
        })
      }
      .height('100%')
      .width('100%')
    }
  }
```

3.6.2 新建 Ability

在原有的代码基础上，需要新建一个Ability。在src/main/ets目录下，右击“New→Ability”新建一个名为“SecondAbility”的Ability。

创建完成之后，会自动在module.json5文件中添加该Ability的信息：

```
{
  "name": "SecondAbility",
  "srcEntry": "./ets/secondability/SecondAbility.ets",
  "description": "$string:SecondAbility_desc",
  "icon": "$media:layered_image",
  "label": "$string:SecondAbility_label",
  "startWindowIcon": "$media:startIcon",
  "startWindowBackground": "$color:start_window_background"
}
```

此时，在src/main/ets目录下会初始化一个secondability目录，并在secondability目录下生成一个SecondAbility.ts文件。修改该文件，将'pages/Index'改为'pages/Second'，最终文件内容如下：

```
  onWindowStageCreate(windowStage: window.WindowStage): void {
    hilog.info(0x0000, 'testTag', '%{public}s', 'Ability onWindowStageCreate');

    // 加载Second页面
    windowStage.loadContent('pages/Second', (err) => {
      if (err.code) {
        hilog.error(0x0000, 'testTag', 'Failed to load the content. Cause: %{public}s',
JSON.stringify(err) ?? '');
        return;
      }
      hilog.info(0x0000, 'testTag', 'Succeeded in loading the content.');
    });
  }
```

上述修改主要是为了当启动SecondAbility时，Second页面能够展示。

3.6.3 使用显式 Want 启动 Ability

在Index.ets文件中的Text组件上，添加单击事件触发执行启动Ability。Index.ets代码修改如下：

```
  // 导入common、Want
  import { common, Want } from '@kit.AbilityKit';

  @Entry
  @Component
  struct Index {
    @State message: string = 'Hello World';

    build() {
      RelativeContainer() {
        Text(this.message)
          .id('HelloWorld')
```

```
        .fontSize(50)
        .fontWeight(FontWeight.Bold)
        .alignRules({
          center: { anchor: '__container__', align: VerticalAlign.Center },
          middle: { anchor: '__container__', align: HorizontalAlign.Center }
        })
        .onClick(this.explicitStartAbility) // 设置单击事件，显示启动Ability
    }
    .height('100%')
    .width('100%')
  }

  // 显示启动Ability
  explicitStartAbility() {
    try {
      // 在启动Ability时指定了abilityName和bundleName
      let want: Want  = {
        deviceId: "",
        bundleName: "com.waylau.hmos.arkuiwantstartability",
        abilityName: "SecondAbility"
      };

      // 获取UIAbility的上下文信息
      let context = getContext(this) as common.UIAbilityContext;

      // 启动UIAbility实例
      context.startAbility(want);
      console.info('explicit start ability succeed');
    } catch (error) {
      console.info('explicit start ability failed with ${error.code}');
    }
  }
}
```

3.6.4　运行

运行项目后，初始化界面如图3-7所示。

在Index页面中，单击“Hello World”文本后，此时启动了SecondAbility，并展示了Second页面，界面效果如图3-8所示。

图 3-7　初始化界面

图 3-8　Second 页面

以上就是完整的显式Want启动Ability的过程。

3.7　本章小结

本章介绍了Ability开发，内容包括Ability的概念、Ability的两种模型以及Want。同时演示了如何实现启动Ability。

3.8　上机练习：启动系统设置

任务要求：根据本章所学的知识，编写一个HarmonyOS应用程序，实现启动系统设置。

练习步骤：

（1）定义explicitStartAbility()函数用于启用系统设置。

（2）在声明Want类型的变量want时，指定系统设置的abilityName和bundleName，其值分为"com.huawei.hmos.settings"和"com.huawei.hmos.settings.MainAbility"。

（3）获取UIAbility的上下文实例context。

（4）通过context的startAbility()启动UIAbility。

（5）在页面组件上设置单击事件，触发explicitStartAbility()函数。

代码参考配书资源中的"ArkTSWantOpenSetting"应用。

第 4 章

ArkUI基础开发

HarmonyOS UI框架提供了用于创建用户界面的各类组件，包括一些常用的组件和常用的布局。用户可通过组件进行交互操作，并获得响应。

HarmonyOS提供了包括Java、JS和ArkTS等多种语言来实现UI的开发，本章重点介绍以ArkTS语言为核心的ArkUI框架的使用。

本章主要介绍ArkUI基础组件的开发，下一章将介绍ArkUI高级组件的开发。

4.1 ArkUI 概述

ArkUI（方舟UI框架）为应用的UI开发提供了完整的基础设施，包括简洁的UI语法、丰富的UI功能（组件、布局、动画以及交互事件），以及实时界面预览工具等，可以支持开发者进行可视化界面开发。

4.1.1 ArkUI 基本概念

ArkUI的基本概念主要包括以下两部分：

- UI（用户界面）：开发者可以将应用的用户界面设计为多个功能页面，每个页面进行单独的文件管理，并通过页面路由API完成页面间的调度管理如跳转、回退等操作，以实现应用内的功能解耦。
- 组件：UI构建与显示的最小单位，如列表、网格、按钮、单选框、进度条、文本等。开发者通过多种组件的组合，构建出满足自身应用诉求的完整界面。

我们以配书资源中的“ArkUIHelloWorld”应用中的Index.ets代码为例：

```
@Entry
@Component
struct Index {
  @State message: string = 'Hello World';

  build() {
    RelativeContainer() {
      Text(this.message)
        .id('HelloWorld')
        .fontSize(50)
        .fontWeight(FontWeight.Bold)
```

```
        .alignRules({
          center: { anchor: '__container__', align: VerticalAlign.Center },
          middle: { anchor: '__container__', align: HorizontalAlign.Center }
        })
      }
      .height('100%')
      .width('100%')
    }
  }
```

上述代码中，Index就是页面，而RelativeContainer、Text等都是ArkUI的组件。

4.1.2 ArkUI 主要特征

ArkUI的主要特征如下：

- UI组件：ArkUI内置了丰富的多态组件，包括Image、Text、Button等基础组件，可包含一个或多个子组件的容器组件，满足开发者自定义绘图需求的绘制组件，以及提供视频播放功能的媒体组件等。其中“多态”是指组件针对不同类型设备进行了设计，提供了在不同平台上的样式适配能力。同时，ArkUI也支持用户自定义组件。
- 布局：UI界面设计离不开布局的参与。ArkUI提供了多种布局方式，不仅保留了经典的弹性布局能力，也提供了列表、宫格、栅格布局和适应多分辨率场景开发的原子布局能力。
- 动画：ArkUI对于UI界面的美化，除了组件内置动画效果外，也提供了属性动画、转场动画和自定义动画能力。
- 绘制：ArkUI提供了多种绘制能力，以满足开发者的自定义绘图需求，支持绘制形状、颜色填充、绘制文本、变形与裁剪、嵌入图片等。
- 交互事件：ArkUI提供了多种交互能力，以满足应用在不同平台通过不同输入设备进行UI交互响应的需求，默认适配了触摸手势、遥控器按键输入、键盘和鼠标输入，同时提供了相应的事件回调，以便开发者添加交互逻辑。
- 平台API通道：ArkUI提供了API扩展机制，可通过该机制对平台能力进行封装，提供风格统一的JS接口。
- 两种开发范式：ArkUI针对不同的应用场景以及不同技术背景的开发者提供了两种开发范式，分别是基于ArkTS的声明式开发范式（简称“声明式开发范式”）和兼容JS的类Web开发范式（简称“类Web开发范式”）。

4.1.3 JS、TS、ArkTS、ArkUI、ArkCompiler 之间的联系

JS（JavaScript的简写）、TS（TypeScript的简写）和ArkTS都是开发语言，其中，TS是JS的超集，而ArkTS在TS的基础上，扩展了声明式UI、状态管理等相应的能力，让开发者可以以更简洁、更自然的方式开发高性能应用。ArkTS会结合应用开发和运行的需求持续演进，包括但不限于引入分布式开发范式、并行和并发能力增强、类型系统增强等方面的语言特性。三者的关系如图4-1所示。

ArkTS在TS的基础上，进一步通过规范强化静态检查和分析，这样做有两个好处：一是许多错误在编译时可以被检测出来，不用等到运行时，这大大降低了代码运行错误的风险，有利于程序的健壮性；二是减少运行时的类型检查，从而降低了运行时负载，有助于提升执行性能。

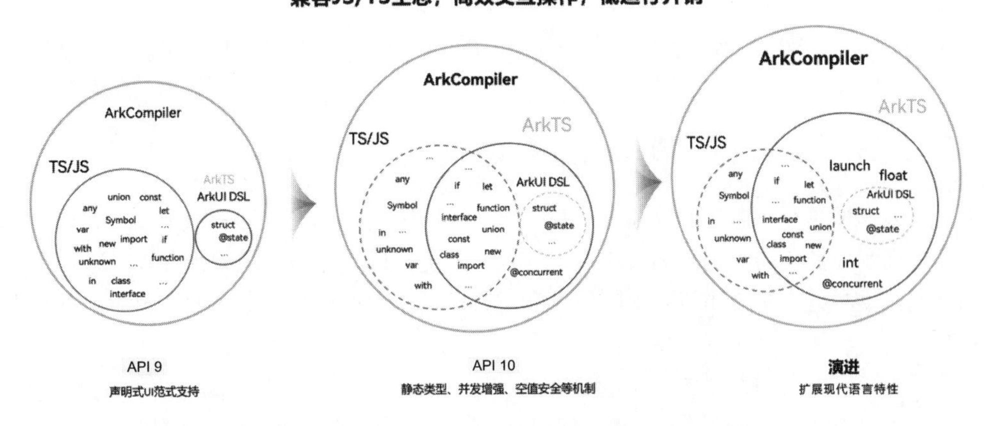

图 4-1　JS、TS 和 ArkTS 的关系

ArkTS保留了TS大部分的语法特性，这可以帮助开发者更容易上手ArkTS。同时，对于已有的标准TS代码，开发者仅需对少部分代码进行ArkTS语法适配，其大部分代码可以直接复用。ArkTS支持与标准JS/TS的高效互操作，兼容JS/TS生态。HarmonyOS也提供了标准JS/TS的执行环境支持，在“更注重已有生态直接复用”的场景下，开发者可以选择使用标准JS/TS进行代码复用或开发，更方便兼容现有生态。

ArkUI是一套构建分布式应用界面的声明式UI开发框架。它使用极简的UI语法、丰富的UI组件以及实时界面预览工具，帮助HarmonyOS应用界面开发效率提升30%。只需使用一套ArkTS API，就能在多个HarmonyOS设备上提供生动而流畅的用户界面体验。

ArkCompiler（方舟编译器）是华为自研的统一编程平台，包含编译器、工具链、运行时等关键部件，支持高级语言在多种芯片平台的编译与运行，并支撑应用和服务运行在手机、个人计算机、平板电脑、电视、汽车和智能穿戴等多种设备上的需求。ArkCompiler会把ArkTS/TS/JS编译为方舟字节码，运行时直接运行方舟字节码。并且ArkCompiler使用多种混淆技术提供更高强度的混淆与保护，使得HarmonyOS应用包中装载的是多重混淆后的字节码。ArkCompiler的框架结构如图4-2所示。

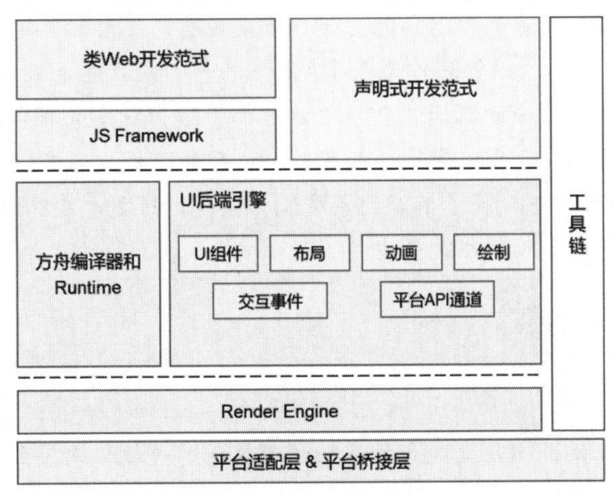

图 4-2　ArkCompiler 的框架结构

4.2 声明式开发范式

ArkUI是一套开发极简、高性能、跨设备应用的UI开发框架，支持开发者高效的构建跨设备应用UI界面。

4.2.1 声明式开发范式与类 Web 开发范式

声明式开发范式是采用基于TypeScript进行声明式UI语法扩展而来的ArkTS语言，从组件、动画和状态管理三个维度提供了UI绘制能力。声明式开发范式更接近自然语义的编程方式，让开发者能直观地描述UI界面，不必关心框架如何实现UI绘制和渲染，从而实现极简高效开发。因此，声明式开发范式适合复杂度较大、团队合作度较高的程序。

类Web开发范式是采用经典的HTML、CSS、JavaScript三段式开发方式，使用HTML标签文件进行布局搭建，使用CSS文件进行样式描述，使用JavaScript文件进行逻辑处理。UI组件与数据之间通过单向数据绑定的方式建立关联，当数据发生变化时，UI界面自动触发刷新。该开发方式更接近Web前端开发者的习惯，便于快速将已有的Web应用改造成ArkUI应用。因此，类Web开发范式适合界面较简单的中小型应用和卡片。

本书示例推荐采用声明式开发范式。

4.2.2 声明式开发范式的基础能力

使用基于ArkTS的声明式开发范式的ArkUI，采用更接近自然语义的编程方式，让开发者可以直观地描述UI界面，不必关心框架如何实现UI绘制和渲染，实现极简高效开发。开发框架不仅从组件、动画和状态管理三个维度来提供UI绘制能力，还提供了系统能力接口，实现系统能力的极简调用。

声明式开发范式具备以下基础能力：

- 开箱即用的组件：框架提供丰富的系统预置组件，可以通过链式调用的方式设置系统组件的渲染效果。开发者可以组合系统组件为自定义组件，通过这种方式将页面组件化为一个一个独立的UI单元，实现页面不同单元的独立创建、开发和复用，使页面具有更强的工程性。
- 丰富的动效接口：提供SVG标准的绘制图形能力，同时开放了丰富的动效接口，开发者可以通过封装的物理模型或者调用动画能力接口来实现自定义动画轨迹。
- 状态与数据管理：状态数据管理作为基于ArkTS的声明式开发范式的特色，通过功能不同的装饰器给开发者提供了清晰的页面更新渲染流程和管道。状态管理包括UI组件状态和应用程序状态，两者协作可以使开发者完整地构建整个应用的数据更新和UI渲染。
- 系统能力接口：ArkUI还封装了丰富的系统能力接口，开发者可以通过简单的接口调用，实现从UI设计到系统能力调用的极简开发。

4.2.3 声明式开发范式的整体架构

声明式开发范式的整体架构如图4-3所示，内容包括：

- 声明式UI前端：提供了UI开发范式的基础语言规范，并提供内置的UI组件、布局和动画，还提供了多种状态管理机制，为应用开发者提供一系列接口支持。

图 4-3　声明式开发范式的整体结构

- 语言运行时：选用方舟语言运行时，提供了针对UI范式语法的解析能力、跨语言调用支持的能力和TS语言高性能运行环境。
- 声明式UI后端引擎：后端引擎提供了兼容不同开发范式的UI渲染管线，提供多种基础组件、布局计算、动效、交互事件，还提供了状态管理和绘制能力。
- 渲染引擎：提供了高效的绘制能力，将渲染管线收集的渲染指令绘制到屏幕能力。
- 平台适配层：提供了对系统平台的抽象接口，具备接入不同系统的能力，如系统渲染管线、生命周期调度等。

4.2.4 声明式开发范式的基本组成

声明式开发范式的基本组成如图4-4所示，内容包括：

- 装饰器：用来装饰类、结构体、方法以及变量，赋予其特殊的含义，如图4-4所示的示例中的@Entry、@Component、@State都是装饰器。具体而言，@Component表示自定义组件；@Entry则表示入口组件；@State表示组件中的状态变量，此状态变化会引起UI变更。
- 自定义组件：可复用的UI单元，可组合其他组件，如图中被@Component装饰的struct Hello。
- UI描述：表示以声明式的方式来描述UI的结构，如上述build()方法内部的代码块。
- 内置组件：框架中默认内置的基础和布局组件，可直接被开发者调用，比如示例中的Column、Text、Divider、Button。
- 事件方法：用于添加组件对事件的响应逻辑，统一通过事件方法进行设置，如跟随在Button后面的onClick()。
- 属性方法：用于组件属性的配置，统一通过属性方法进行设置，如fontSize()、width()、height()、color()等，可通过链式调用的方式设置多项属性。

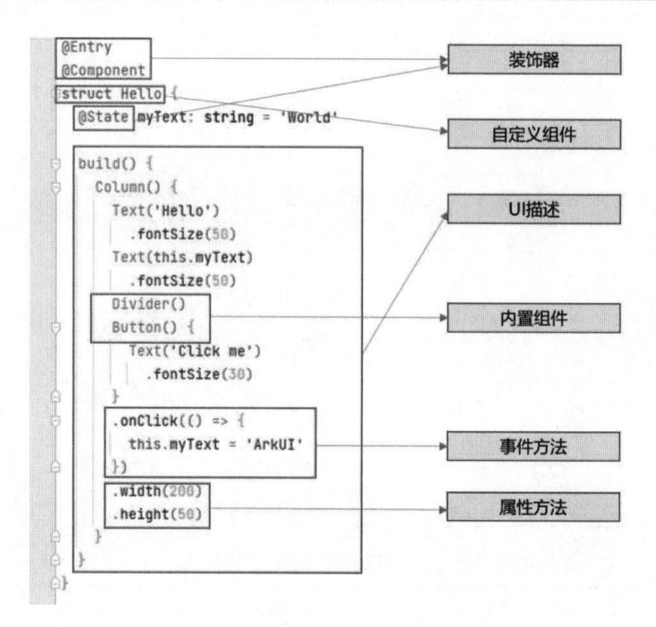

图 4-4　声明式开发范式的基本组成

4.3　常用组件

组件是构建页面的核心，每个组件通过对数据和方法的简单封装，都可以实现独立的可视、可交互功能单元。组件之间相互独立，随取随用，也可以在需求相同的地方重复使用。

声明式开发范式目前包括如下组件：

- 基础组件：Blank、Button、Checkbox、CheckboxGroup、DataPanel、DatePicker、Divider、Gauge、Image、ImageAnimator、LoadingProgress、Marquee、Navigation、PatternLock、Progress、QRCode、Radio、Rating、RichText、ScrollBar、Search、Select、Slider、Span、Stepper、StepperItem、Text、TextArea、TextClock、TextInput、TextPicker、TextTimer、TimePicker、Toggle、Web、SymbolGlyph。
- 容器组件：AlphabetIndexer、Badge、Column、ColumnSplit、Counter、Flex、GridContainer、GridCol、GridRow、Grid、GridItem、List、ListItem、Navigator、Refresh、RelativeContainer、Row、RowSplit、Scroll、SideBarContainer、Stack、Swiper、Tabs、TabContent。
- 媒体组件：Video。
- 绘制组件：Circle、Ellipse、Line、Polyline、Polygon、Path、Rect、Shape。
- 画布组件：Canvas。

这些组件的详细用法可以查阅API文档。本书后续也会对常用的组件做进一步的使用介绍。

4.4　基础组件详解

本节演示如何使用声明式开发范式中的基础组件。相关示例可以在本书配套资源中的“ArkUIBasicComponents”应用中找到。

4.4.1 Blank

Blank是空白填充组件，在容器主轴方向上，空白填充组件具有自动填充容器空余部分的能力。

需要注意的是，Blank组件仅当其父组件为Row/Column，且父组件设置了宽度才生效。以下示例展示了Blank父组件Row未设置宽度以及设置了宽度的效果对比。

```
// Blank父组件Row未设置宽度时，子组件间无空白填充
Row() {
    Text('Left Space').fontSize(24)
    Blank()
    Text('Right Space').fontSize(24)
}
// Blank父组件Row设置了宽度时，子组件间以空白填充
Row() {
    Text('Left Space').fontSize(24)
    Blank()
    Text('Right Space').fontSize(24)
}.width('100%')
```

界面效果如图4-5所示，第一行Row由于未设置宽度，所以导致Blank未生效。

Blank支持color属性，用来设置空白填充的填充颜色。示例如下：

```
Row() {
    Text('Left Space').fontSize(24)
    // 设置空白填充的填充颜色
    Blank().color(Color.Yellow)

    Text('Right Space').fontSize(24)
}.width('100%')
```

上述示例中，Blank组件设置了黄色作为空白填充，界面效果如图4-6所示。

图 4-5　Blank 组件效果

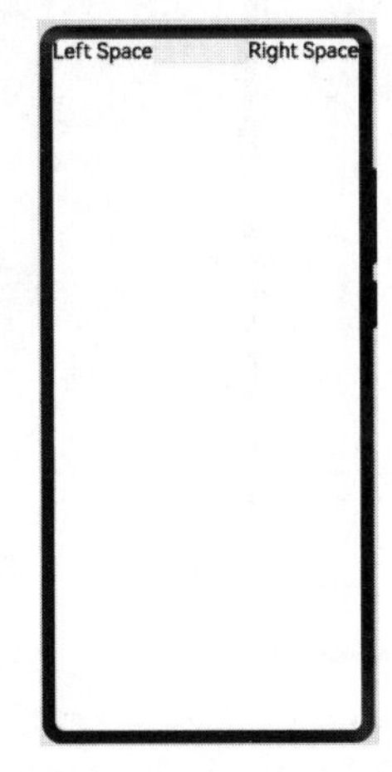

图 4-6　Blank 组件设置了黄色作为空白填充效果

4.4.2 Button

Button是按钮组件，可快速创建不同样式的按钮。以下是两个按钮示例：

```
// 一个基本按钮，设置要显示的文字
Button('01')
```

```
// 设置边框的半径、背景色、宽度
Button('02').borderRadius(8).backgroundColor(0x317aff).width(90)
```

其中，第一个是基本的按钮，设置要显示的文字“01”；第二个按钮则是设置边框的半径、背景色和宽度。两个按钮界面效果如图4-7所示。

Button组件支持通过type属性来设置按钮的显示样式，包括Capsule（胶囊型）、Circle（圆形）、Normal（普通）。示例如下：

```
// 胶囊型按钮（圆角默认为高度的一半）
Button('03', { type: ButtonType.Capsule }).width(90)
// 圆形按钮
Button('04', { type: ButtonType.Circle}).width(90)
// 普通按钮（默认不带圆角）
Button('05', { type: ButtonType.Normal}).width(90)
```

上述三个按钮的样式设置完成后的界面效果如图4-8所示。

Button组件可以包含子组件，示例如下：

```
// 可以包含单个子组件。文字就用Text组件来显示
Button({ type: ButtonType.Capsule, stateEffect: true }) {
    Row() {
        LoadingProgress().width(20).height(20).margin({ left: 12 }).color(0xFFFFFF)
        Text('06').fontSize(12).fontColor(0xffffff).margin({ left: 5, right: 12 })
    }.alignItems(VerticalAlign.Center).width(90).height(40)
}.backgroundColor(0x317aff)
```

上述第一个按钮包括了LoadingProgress组件。需要注意的是，包含了子组件之后，原本按钮上的文字“06”就不会显示了。如果想显示文字，可以参考第二个按钮的设置方式，增加一个Text组件。界面效果如图4-9所示。

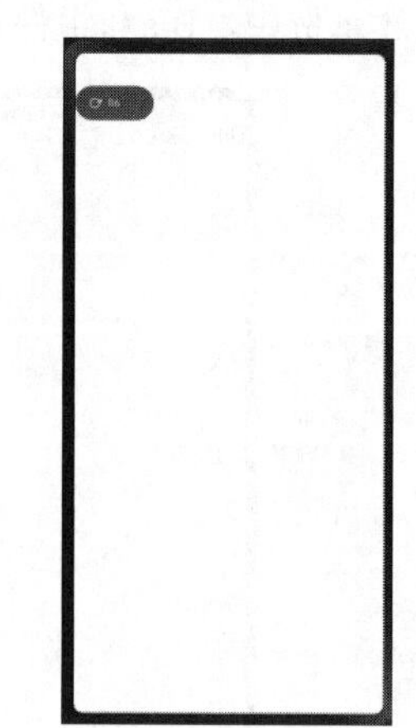

图 4-7　Button 按钮组件效果　　图 4-8　Button 组件显示样式效果　　图 4-9　Button 组件包含子组件效果

4.4.3　Checkbox

Checkbox是多选框组件，通常用于某选项的打开或关闭，示例如下：

```
// 设置多选框名称、多选框的群组名称
Checkbox({ name: 'checkbox1', group: 'checkboxGroup' })
    .select(true) // 设置默认选中
    .selectedColor(0xed6f21) // 设置选中颜色
```

```
        .onChange((value: boolean) => { // 设置选中事件
            console.info('Checkbox1 change is ' + value)
        })
    Checkbox({ name: 'checkbox2', group: 'checkboxGroup' })
        .select(false)
        .selectedColor(0x39a2db)
        .onChange((value: boolean) => {
            console.info('Checkbox2 change is ' + value)
        })
```

Checkbox在实例化时主要是设置多选框名称、多选框的群组名称，并支持通过select、selectedColor来设置是否选中、选中颜色等属性。

上述示例界面效果如图4-10所示。

Checkbox支持onChange事件，当Checkbox选中状态发生变化时，会触发该回调。当value为true时，表示已选中；当value为false时，表示未选中。

图 4-10　Checkbox 组件界面效果

4.4.4 CheckboxGroup

CheckboxGroup是多选框群组，用于控制多选框全选或者不全选状态，示例如下：

```
Row() {
CheckboxGroup({ group: 'checkboxGroup' })
Text('全要').fontSize(20)
}

Row() {
    Checkbox({ name: 'checkbox1', group: 'checkboxGroup' })
    Text('可乐').fontSize(20)
}

Row() {
    Checkbox({ name: 'checkbox2', group: 'checkboxGroup' })
    Text('鸡翅').fontSize(20)
}
```

checkbox1和checkbox2都是属于同一个checkboxGroup。当只选中组中的一个Checkbox组件时（即不全选），界面效果如图4-11所示。

当CheckboxGroup组件全选中时，界面效果如图4-12所示。

图 4-11　CheckboxGroup 组件不全选效果

图 4-12　CheckboxGroup 组件全选中效果

4.4.5 DataPanel

DataPanel是数据面板组件，可以将多个数据占比情况使用占比图进行展示。

DataPanel主要支持以下两类：

- Line：线型数据面板。
- Circle：环形数据面板。

DataPanel示例如下：

```
  private dataPanelValues: number[] = [11, 3, 10, 2, 36, 4, 7,
22, 5]

  build() {
      Column() {
        // 环形数据面板
        DataPanel({ values: this.dataPanelValues, max: 100, type:
DataPanelType.Circle })
          .width(350)
          .height(350)

        // 线型数据面板
        DataPanel({ values: this.dataPanelValues, max: 100, type:
DataPanelType.Line })
          .width(350)
          .height(50)
      }
      .height('100%')
  }
```

图 4-13　DataPanel 组件效果

上述示例中，DataPanel主要是有3个参数，其中values是数据值列表，最大支持9个数据；max表示数据的最大值；type表示类型。界面效果如图4-13所示。

4.4.6 DatePicker

DatePicker是选择日期的滑动选择器组件。以下介绍DatePicker的基本示例：

```
 DatePicker({
    start: new Date('1970-1-1'), //指定选择器的起始日期。默认值为Date('1970-1-1')
    end: new Date('2100-1-1'), // 指定选择器的结束日期。默认值为Date('2100-12-31')
    selected: new Date('2023-02-14'), // 设置选中项的日期。默认值为当前系统日期
 })
```

上述示例中，DatePicker主要是有3个参数，其中start是指定选择器的起始日期；end是指定选择器的结束日期；selected是设置选中项的日期。如果3个参数都不设置，则使用默认值。界面效果如图4-14所示。

DatePicker支持农历。可以通过设置lunar属性来设置日期是否显示农历。其中：

- true：展示农历。
- false：不展示农历。默认值为false。

DatePicker在选择日期时会触发onDateChange事件，示例如下：

```
 DatePicker({
   start: new Date('1970-1-1'), //指定选择器的起始日期。默认值为Date('1970-1-1')
```

```
  end: new Date('2100-1-1'), // 指定选择器的结束日期。默认值为Date('2100-12-31')
  selected: new Date('2023-02-15'), // 设置选中项的日期。默认值为当前系统日期
}).lunar(true) // 设置农历
  .onDateChange((value: Date) => { //选择日期时触发该事件
    console.info('select current date is: ' + value)
  })
```

上述示例中，DatePicker主设置了农历，同时监听onDateChange事件。DatePicker界面设置农历效果如图4-15所示。

图 4-14　DatePicker 组件效果

图 4-15　DatePicker 组件设置农历效果

拨动界面的日历，可以在控制台看到如下日志输出：

```
08-31 21:42:19.582   31292-24964   A0c0d0/JSAPP
            I     select current date is: Tue Feb 21 2023 21:42:00 GMT+0800
```

4.4.7 Divider

Divider是分隔器组件，分隔不同内容块/内容元素。示例如下：

```
Text('我是天').fontSize(29)
Divider()
Text('我是地').fontSize(29)
```

上述示例中，Divider在两个Text组件之间形成了一条分割线，界面效果如图4-16所示。

默认情况下，Divider是水平的，但也可以通过vertical属性将其设置为垂直。示例如下：

```
Text('我是天').fontSize(29)
// 设置垂直
Divider().vertical(true).height(100)
Text('我是地').fontSize(29)
```

上述示例中，Divider在两个Text组件之间形成了一条垂直分割线，界面效果如图4-17所示。

Divider还可以通过以下属性来设置样式。

- color：设置分割线颜色。
- strokeWidth：设置分割线宽度。默认值为1。
- lineCap：设置分割线的端点样式。默认值是LineCapStyle.Butt。

设置Divider样式的示例如下：

```
Text('我是天').fontSize(29)
// 设置样式
Divider()
    .strokeWidth(15)                              // 宽度
    .color(0x2788D9)                              // 颜色
    .lineCap(LineCapStyle.Round)                  // 端点样式
Text('我是地').fontSize(29)
```

上述示例中，设置的界面效果如图4-18所示。

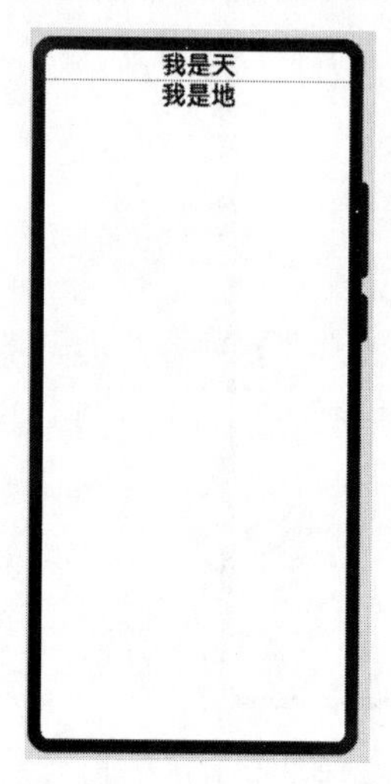

图 4-16　Divider 组件效果

图 4-17　Divider 组件垂直效果

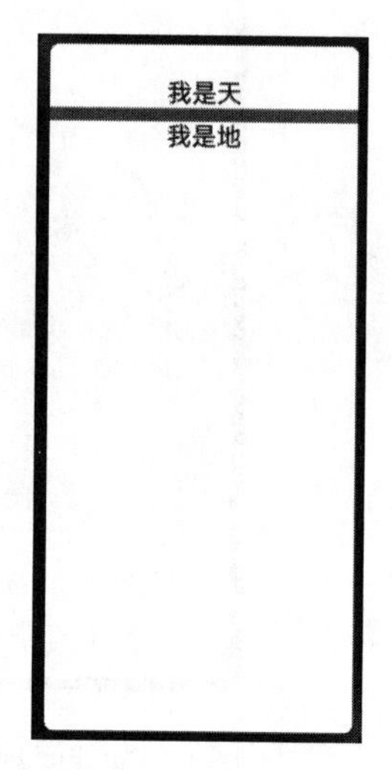

图 4-18　Divider 组件样式效果

4.4.8　Gauge

Gauge是数据量规图表组件，用于将数据展示为环形图表。Gauge示例如下：

```
// value值的设置，是使用默认的min和max为0～100，角度范围默认为0～360
// 参数中设置当前值为75
Gauge({ value: 75 })
    .width(200).height(200)
    // 设置量规图的颜色，支持分段颜色设置
    .colors([[0x317AF7, 1], [0x5BA854, 1], [0xE08C3A, 1], [0x9C554B, 1]])
```

上述示例中，colors是一个颜色数组，表示该量规图由4段颜色组成。参数value是量规图的当前数据值，即图中指针指向位置。界面效果如图4-19所示。

上述value值也可以在属性中进行设置。如果属性和参数都设置时，以参数为准。Gauge示例如下：

```
// 参数设置当前值为75，属性设置值为25，属性设置优先级高
Gauge({ value: 75 })
    .value(25) // 属性和参数都设置时以属性为准
    .width(200).height(200)
    .colors([[0x317AF7, 1], [0x5BA854, 1], [0xE08C3A, 1], [0x9C554B, 1]])
```

上述示例中，参数设置当前值为75，属性设置值为25，属性设置优先级高，因此Gauge的最终value是25。界面效果如图4-20所示。

Gauge组件还有其他的一些属性设置，比如：

- startAngle：设置起始角度位置，时钟0点为0度，顺时针方向为正角度。默认值为0。

- endAngle：设置终止角度位置，时钟0点为0度，顺时针方向为正角度。默认值为360。
- strokeWidth：设置环形量规图的环形厚度。

以下是一个设置了角度从210度到150度，其环形厚度为20的Gauge示例：

```
// 210到150度环形图表
Gauge({ value: 70})
    .startAngle(210)        // 起始角度
    .endAngle(150)          // 终止角度
    .colors([[0x317AF7, 0.1], [0x5BA854, 0.2], [0xE08C3A, 0.3], [0x9C554B, 0.4]])
    .strokeWidth(20)        // 环形厚度
    .width(200)
    .height(200)
```

上述示例中，界面效果如图4-21所示。

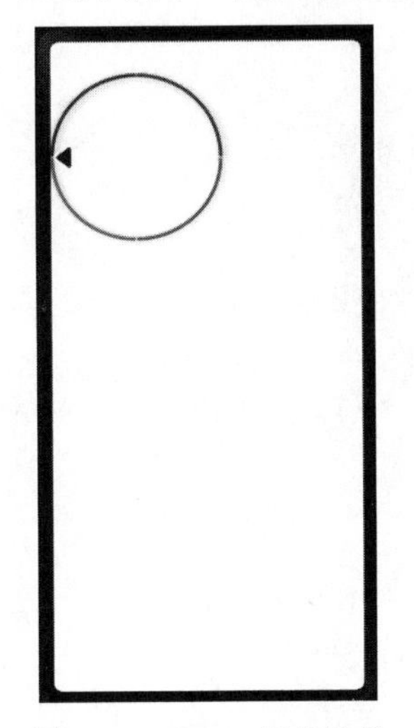

图 4-19　Gauge 组件效果

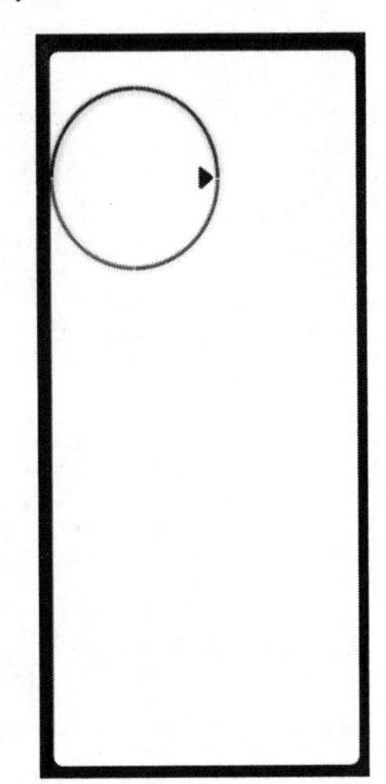

图 4-20　Gauge 组件属性和参数都设置效果

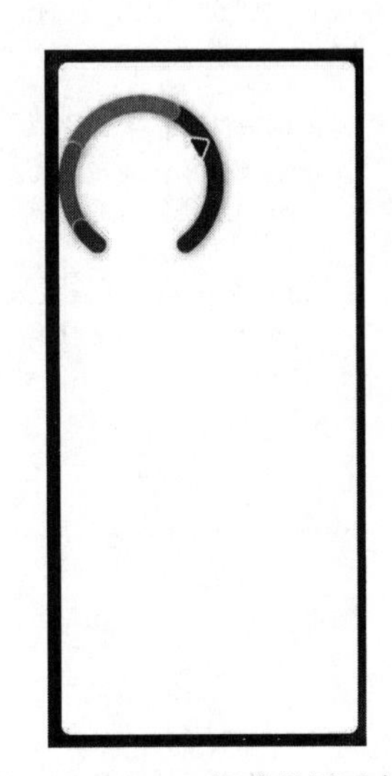

图 4-21　Gauge 组件设置了角度和厚度效果

4.4.9　Image

Image是图片组件，支持本地图片和网络图片的渲染展示。

Image组件使用本地图片的示例如下：

```
// 使用本地图片的示例
// 图片资源在base/media目录下
Image($r('app.media.waylau_181_181'))
    .width(180).height(180)
```

上述示例中，图片资源waylau_181_181.jpg放置在了base/media目录下。界面效果如图4-22所示。

以下展示Image采用网络图片的过程。

首先，需要在module.json5文件中声明使用网络的权限"ohos.permission.INTERNET"，示例如下：

```
{
  "module": {
    // ...
    "requestPermissions": [
      {
```

```
        "name": "ohos.permission.INTERNET"
      }
    ]
  }
```

其次，编写请求网络图片的方法：

```
// HTTP请求网络图片需要导入的包
import http from '@ohos.net.http';
import image from '@ohos.multimedia.image'

@Entry
@Component
struct Index {

  // 先创建一个PixelMap状态变量用于接收网络图片
  @State imagePixelMap: image.PixelMap = null!;

  // 网络图片请求方法
  private httpRequest() {
    let httpRequest = http.createHttp();

    httpRequest.request(
      "https://waylau.com/images/showmethemoney-sm.jpg", // 网络图片地址
      (error, data) => {
        if (error) {
          console.log("error code: " + error.code + ", msg: " + error.message)
        } else {
          let code = data.responseCode
          if (http.ResponseCode.OK == code) {
            let resultArrayBuffer = data.result as ArrayBuffer

            let imageSource = image.createImageSource(resultArrayBuffer);
            let options: image.InitializationOptions =
              { editable: true,
                pixelFormat: 3,
                size:
                { height: 281,
                  width: 207
                }
              }
            imageSource.createPixelMap(options).then((pixelMap) => {
              this.imagePixelMap = pixelMap
            })
          } else {
            console.log("response code: " + code);
          }
        }
      }
    )
  }

  // ...
}
```

上述httpRequest方法需要导入http以及image的包。请求到网络图片资源后，会转为一个PixelMap对象imagePixelMap。

最后，将imagePixelMap复制到Image组件中即可，代码如下：

```
// 使用网络图片的示例
Button("获取网络图片")
    .onClick(() => {
      // 请求网络资源
      this.httpRequest();
    })
Image(this.imagePixelMap).width(207).height(281)
```

上述示例中，通过Button来单击触发httpRequest方法，界面效果如图4-23所示。

图 4-22 Image 组件使用本地图片的效果

图 4-23 Image 组件使用网络图片的效果

注意 示例效果请以真机或者模拟器运行为准，该示例不支持在预览器中预览显示。

4.4.10 ImageAnimator

ImageAnimator提供帧动画组件来实现逐帧播放图片的能力，可以配置需要播放的图片列表，每张图片都可以配置时长。示例如下：

```
// 按钮控制动画的播放和暂停
Button('播放').width(100).padding(5).onClick(() => {
  this.animationStatus = AnimationStatus.Running
}).margin(5)
Button('暂停').width(100).padding(5).onClick(() => {
  this.animationStatus = AnimationStatus.Paused
}).margin(5)

// Images设置图片帧信息集合
// 每一帧的帧信息(ImageFrameInfo)包含图片路径、图片大小、图片位置和图片播放时长信息
ImageAnimator()
  .images([
    {
      src: $r('app.media.book01'),          // 图片路径
      duration: 500,                        // 播放时长
      width: 240,                           // 图片大小
      height: 350,
      top: 0,                               // 图片位置
      left: 0
    },
    {
```

```
        src: $r('app.media.book02'),
        duration: 500,
        width: 240,
        height: 350,
        top: 0,
        left: 170
      },
      {
        src: $r('app.media.book03'),
        duration: 500,
        width: 240,
        height: 350,
        top: 120,
        left: 170
      },
      {
        src: $r('app.media.book04'),
        duration: 500,
        width: 240,
        height: 350,
        top: 120,
        left: 0
      }
    ])
    .state(this.animationStatus)
    .reverse(false)                    // 是否逆序播放
    .fixedSize(false)                  // 是否固定大小
    .iterations(-1)                    // 循环播放次数
    .width(240)
    .height(350)
    .margin({ top: 100 })
```

上述示例中，通过Button来单击触发播放或者暂停方法。界面效果如图4-24~图4-27所示。

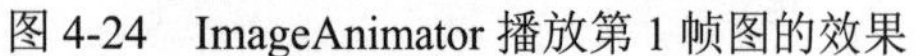
图 4-24 ImageAnimator 播放第 1 帧图的效果

图 4-25 ImageAnimator 播放第 2 帧图的效果

图 4-26　ImageAnimator 播放第 3 帧图的效果

图 4-27　ImageAnimator 播放第 4 帧图的效果

4.4.11　LoadingProgress

LoadingProgress用于显示加载动效的组件。示例如下：

```
// 显示加载动效
LoadingProgress()
  .color(Color.Red) //设置为红色
```

上述示例中，通过color来设置LoadingProgress的颜色为红色，界面效果如图4-28所示。

图 4-28　LoadingProgress 组件效果

4.4.12　Marquee

Marquee是跑马灯组件，用于滚动展示一段单行文本，仅当文本内容宽度超过跑马灯组件宽度时滚动。示例如下：

```
// 文本内容宽度未超过跑马灯组件宽度，不滚动
Marquee({
  start: true,      // 控制跑马灯是否进入播放状态
  step: 12,         // 滚动动画文本滚动步长。默认值为6，单位vp
  loop: -1,         // 循环次数，-1为无限循环
  fromStart: true, // 设置文本从头开始滚动或反向滚动
  src: "HarmonyOS也称为鸿蒙系统"
}).fontSize(20)

// 文本内容宽度超过了跑马灯组件宽度，滚动
Marquee({
  start: true,    // 控制跑马灯是否进入播放状态
  step: 12,       // 滚动动画文本滚动步长。默认值为6，单位vp
  loop: -1,       // 循环次数，-1为无限循环
  fromStart: true,    // 设置文本从头开始滚动或反向滚动
  src: "在传统的单设备系统能力基础上，HarmonyOS提出了基于同一套系统能
力、适配多种终端形态的分布式理念。"
}).fontSize(20)
```

上述示例中，第1个Marquee的文本内容宽度未超过跑马灯组件宽度，因此不滚动；第2个Marquee的文本内容宽度超过了跑马灯组件宽度，因此会滚动，界面效果如图4-29所示。

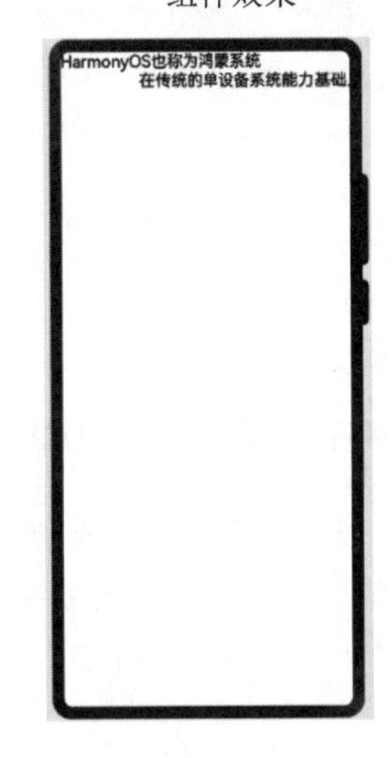

图 4-29　Marquee 组件效果

4.4.13 Navigation

Navigation组件一般作为Page页面的根容器，通过属性设置来展示页面的标题栏、工具栏和菜单栏。示例如下：

```
Navigation() {
    Flex() {
    }
  }
  .toolbarConfiguration(this.toolbarConfig);          // 使用自定义属性
```

上述示例中，通过toolbarConfiguration()来使用自定义的属性toolbarConfig。toolbarConfig定义如下：

```
private tooTmpOne: ToolbarItem = {'value': "首页",
    'icon': $r('app.media.house'),
    'action': ()=> {}
}
private tooTmpTwo: ToolbarItem = {'value': "好友",
  'icon': $r('app.media.person_2'),
  'action': ()=> {}
}
private tooTmpThree: ToolbarItem = {'value': "我的",
  'icon': $r('app.media.gearshape'),
  'action': ()=> {}
}
private toolbarConfig: ToolbarItem[] = [this.tooTmpOne, this.tooTmpTwo,
this.tooTmpThree];
```

界面效果如图4-30所示。

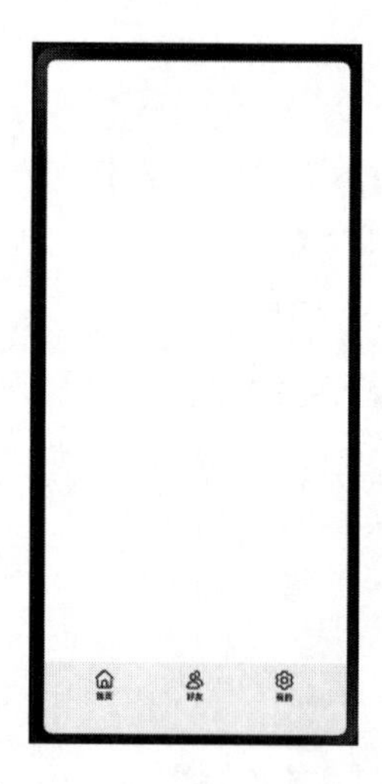

图 4-30　Navigation 组件效果

4.4.14 PatternLock

PatternLock是图案密码锁组件，以九宫格图案的方式输入密码，用于密码验证场景。手指在PatternLock组件区域按下时开始进入输入状态，手指离开屏幕时结束输入状态并完成密码输入。示例如下：

```
PatternLock()
  .sideLength(200)              // 设置组件的宽度和高度（宽度和高度相同）
  .circleRadius(9)              // 设置宫格中圆点的半径
```

```
    .pathStrokeWidth(18)        // 设置连线的宽度。当设置为0或负数等非法值时，连线不显示
    .activeColor('#B0C4DE')     // 设置宫格圆点在“激活”状态的填充颜色
    .selectedColor('#228B22')   // 设置宫格圆点在“选中”状态的填充颜色
    .pathColor('#90EE90')       // 设置连线的颜色
    .backgroundColor('#F5F5F5') // 设置背景颜色
    .autoReset(true)            // 设置在完成密码输入后，再次在组件区域按下时是否重置组件状态
```

上述示例中，通过sideLength、circleRadius等属性来设置PatternLock的样式。初始状态界面效果如图4-31所示。输入密码后界面效果如图4-32所示。

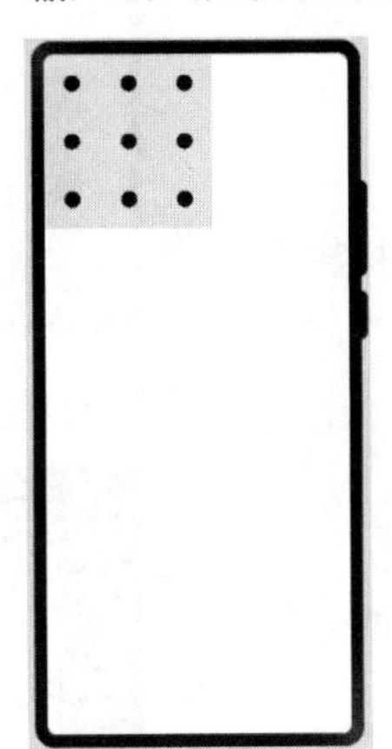

图 4-31　PatternLock 组件的初始状态效果

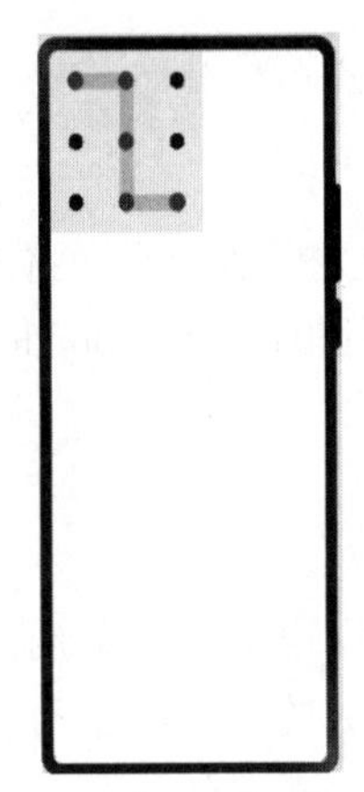

图 4-32　PatternLock 组件输入密码后效果

4.4.15 Progress

Progress进度条组件用于显示内容加载或操作处理等进度。

Progress主要有以下参数：

- value：指定当前进度值。
- total：指定进度总长。
- type：指定进度条类型——ProgressType。

其中，ProgressType主要有以下5种。

- Linear：线性样式。
- Ring：环形无刻度样式，环形圆环逐渐显示至完全填充效果。
- Eclipse：圆形样式，显示类似月圆月缺的进度展示效果，从月牙逐渐变化至满月。
- ScaleRing：环形有刻度样式，显示类似时钟刻度形式的进度展示效果。
- Capsule：胶囊样式，头尾两端圆弧处的进度展示效果与Eclipse相同；中段处的进度展示效果与Linear相同。

以下是5种ProgressType的具体示例：

```
Progress({ value: 20, total: 100, type: ProgressType.Linear })
  .width(150).margin({ top: 10 })
Progress({ value: 20, total: 100, type: ProgressType.Ring })
  .width(150).margin({ top: 10 })
Progress({ value: 20, total: 100, type: ProgressType.Eclipse })
  .width(150).margin({ top: 10 })
Progress({ value: 20, total: 100, type: ProgressType.ScaleRing })
```

```
    .width(150).margin({ top: 10 })
  Progress({ value: 20, total: 100, type: ProgressType.Capsule })
    .width(40).margin({ top: 10 })
```

上述示例的界面效果如图4-33所示。

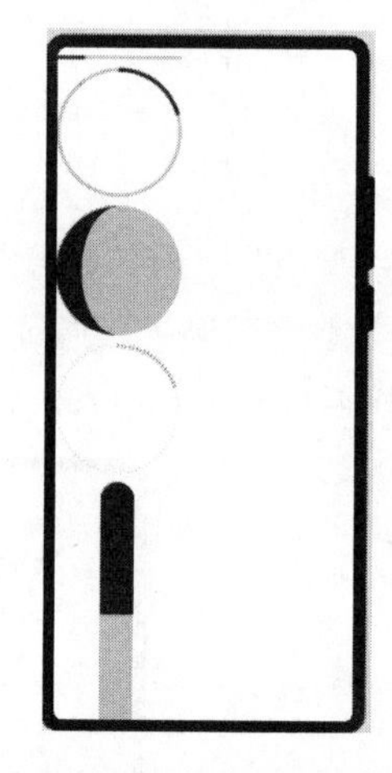

图 4-33　Progress 组件效果

4.4.16　QRCode

QRCode是用于显示单个二维码的组件。以下是赋了黄码的示例：

```
  QRCode("https://waylau.comn")
    .width(360).height(360) // 大小
    .backgroundColor(Color.Orange)// 颜色
```

上述示例中，QRCode会自动将“https://waylau.comn”URL链接转为二维码的图片，并且根据backgroundColor将二维码设置为了黄码。界面效果如图4-34所示。

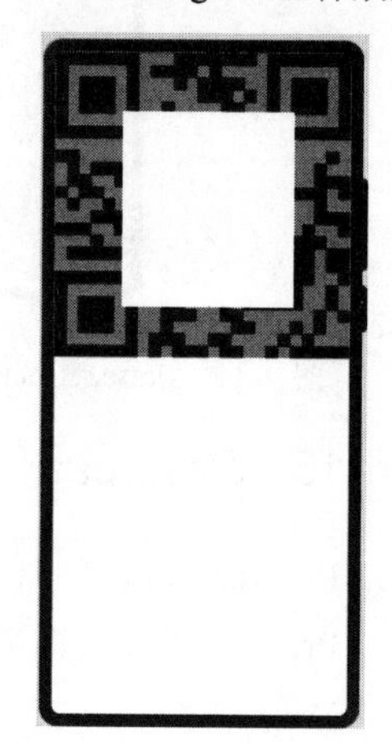

图 4-34　Progress 组件设置黄码效果

4.4.17　Radio

Radio是单选框，提供相应的用户交互选择项。当前单选框的所属群组名称中，相同group的Radio只能有一个被选中。

以下是一组Radio的具体示例：

```
  Radio({ value: 'Radio1', group: 'radioGroup' })
    .checked(false) //默认不选中
    .height(50)
    .width(50)
  Radio({ value: 'Radio2', group: 'radioGroup' })
    .checked(true) //默认选中
    .height(50)
    .width(50)
  Radio({ value: 'Radio2', group: 'radioGroup' })
    .checked(false) //默认不选中
    .height(50)
    .width(50)
```

上述示例中，checked属性用来配置Radio是否会被默认选中。界面效果如图4-35所示。

图 4-35　Radio 组件效果

4.4.18　Rating

Rating是提供在给定范围内选择评分的组件。

以下是一组Rating的具体示例：

```
// 设置初始星数为1，可以操作
Rating({ rating: 1, indicator: false })
  .stars(5)                    // 设置评星总数。默认值为5
  .stepSize(0.5)               // 操作评级的步长。默认值为0.5
  .onChange((value: number) => {
    //...
  })
```

上述示例中，Rating构造函数接收两个参数：rating是初始星数；indicator指示是否仅作为指示器使用，不可操作。属性有stars、stepSize等，还可以通过onChange用来监听Rating选择的星数。界面效果如图4-36所示。

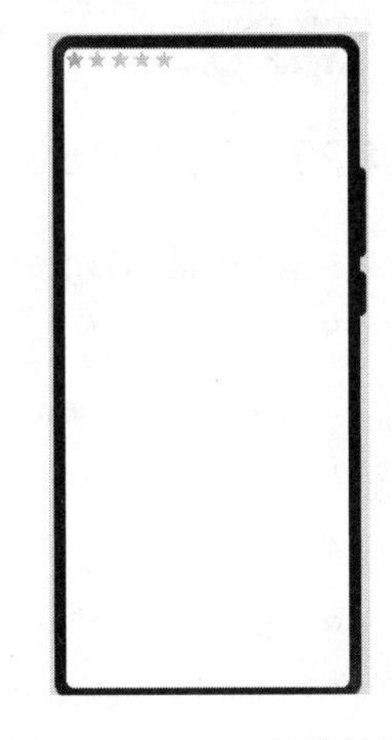

图 4-36　Rating 组件效果

4.4.19　RichText

RichText是富文本组件，可以解析并显示HTML格式文本。示例如下：

```
RichText('<h1 style="text-align: center;">h1标题</h1>' +
  '<h1 style="text-align: center;"><i>h1斜体</i></h1>' +
  '<h1 style="text-align: center;"><u>h1下划线</u></h1>' +
  '<h2 style="text-align: center;">h2标题</h2>' +
  '<h3 style="text-align: center;">h3标题</h3>' +
  '<p style="text-align: center;">p常规</p><hr/>' +
  '<div style="width: 500px;height: 500px;border: 1px solid;margin: 0auto;">' +
  '<p style="font-size: 35px;text-align: center;font-weight: bold; color:
rgb(24,78,228)">' +
    '字体大小35px,行高45px' +
    '</p>' +
  '<p style="background-color: #e5e5e5;line-height: 45px;font-size: 35px;text-indent:
2em;">' +
  '<p>这是一段文字这是一段文字这是一段文字这是一段文字这是一段文字这是一段文字这是一段文字这是一段文字
这是一段文字</p>')
```

上述示例的界面效果如图4-37所示。

图 4-37　RichText 组件效果

注意 示例效果请以真机或者模拟器运行为准，该示例不支持在预览器中预览显示。

4.4.20 ScrollBar

ScrollBar是滚动条组件，用于配合可滚动组件使用，如List、Grid、Scroll等。

ScrollBar实例化构造函数如下：

```
ScrollBar(value: { scroller: Scroller, direction?: ScrollBarDirection, state?: BarState })
```

参数说明：

- Scroller：可滚动组件的控制器。用于与可滚动组件进行绑定。
- ScrollBarDirection：滚动条的方向，控制可滚动组件对应方向的滚动。默认值是ScrollBarDirection.Vertical。
- BarState：滚动条状态。默认值是BarState.Auto。

ScrollBar示例如下：

```
// 可滚动组件的控制器
private scroller: Scroller = new Scroller()

private dataScroller: number[] = [0, 1, 2, 3, 4, 5, 6, 7, 8, 9]

Stack({ alignContent: Alignment.End }) {
  // 定义了可滚动组件Scroll
  Scroll(this.scroller) {
    Flex({ direction: FlexDirection.Column }) {
      ForEach(this.dataScroller, (item: number) => {
        Row() {
          Text(item.toString())
            .width('90%')
            .height(100)
            .backgroundColor('#3366CC')
            .borderRadius(15)
            .fontSize(16)
            .textAlign(TextAlign.Center)
            .margin({ top: 5 })
        }
      } )
    }.margin({ left: 52 })
  }
  .scrollBar(BarState.Off)
  .scrollable(ScrollDirection.Vertical)

  // 定义了滚动条组件ScrollBar
  ScrollBar({ scroller: this.scroller,
    direction: ScrollBarDirection.Vertical,
    state: BarState.Auto }) {
    // 定义Text作为滚动条的样式
    Text()
      .width(30)
      .height(100)
      .borderRadius(10)
      .backgroundColor('#C0C0C0')
  }.width(30).backgroundColor('#ededed')
}
```

上述示例中，定义了可滚动组件Scroll及滚动条组件ScrollBar。在ScrollBar子组件中定义Text作为滚动条的样式。可滚动组件Scroll及滚动条组件ScrollBar通过Scroller进行绑定，且只有当两者方向相同时才能联动，ScrollBar与可滚动组件Scroll仅支持一对一绑定。界面效果如图4-38所示。

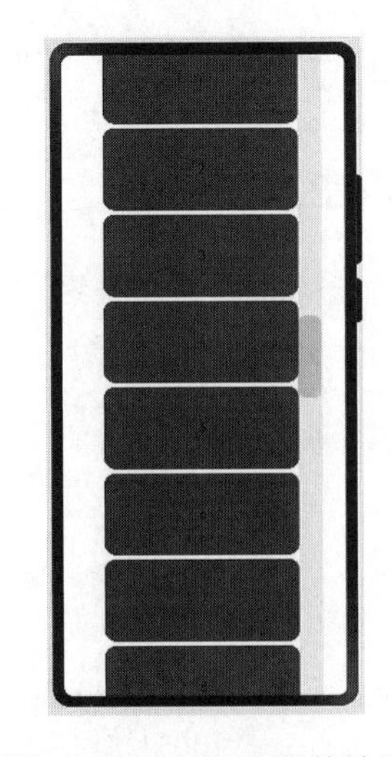

图 4-38　ScrollBar 组件效果

4.4.21　Search

Search是搜索框组件，适用于浏览器的搜索内容输入框等应用场景。Search示例如下：

```
Search({ placeholder: '输入内容...'})
  .searchButton('搜索')                          // 搜索按钮的文字
  .width(300)
  .height(80)
  .placeholderColor(Color.Grey)                  // 提示文本样式
  .placeholderFont({ size: 24, weight: 400 }) //提示文本字体大小
  .textFont({ size: 24, weight: 400 })        // 搜索框文字字体大小
```

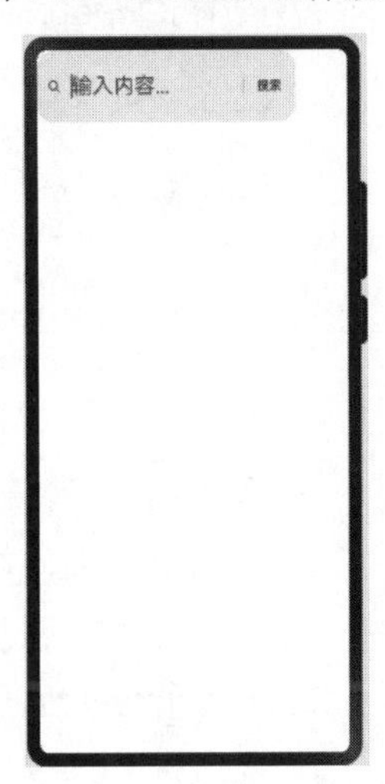

图 4-39　Search 组件效果

上述示例中，定义了Search组件以及搜索按钮的文字、提示文本样式、字体大小等。界面效果如图4-39所示。

Search还支持以下事件：

（1）onSubmit(callback: (value: string) => void)：单击搜索图标、搜索按钮或者按下软键盘搜索按钮时触发该回调。

（2）onChange(callback: (value: string) => void)：输入内容发生变化时，触发该回调。

上述事件中，value是指当前搜索框中输入的文本内容。

4.4.22　Select

Select是提供下拉列表菜单，可以让用户在多个选项之间选择。

Select示例如下：

```
// 设置下拉列表值和图标
Select([{ value: 'Java核心编程', icon: $r('app.media.book01') },
  { value: '轻量级Java EE企业应用开发实战', icon: $r('app.media.book02') },
  { value: '鸿蒙HarmonyOS手机应用开发实战', icon: $r('app.media.book03') },
  { value: 'Node.js+Express+MongoDB+Vue.js全栈开发实战', icon: $r('app.media.book04') }])
  .selected(2)                                      // 选中的下拉列表索引
  .value('老卫作品集')                              // 下拉按钮本身的文本内容
  .font({ size: 16, weight: 500 })                  // 下拉按钮本身的文本样式
  .fontColor('#182431')                             // 下拉按钮本身的文本颜色
  .selectedOptionFont({ size: 16, weight: 400 })    // 下拉列表选中项的文本样式
  .optionFont({ size: 16, weight: 400 })            // 下拉列表项的文本样式
```

上述示例中，定义了Select组件，构造函数是一个SelectOption数组。SelectOption分为value及icon属性，分别用来定义下拉列表的文字及图标。

Select组件还可以设置默认选中的下拉列表索引、下拉按钮本身的文本内容、下拉按钮本身的文本样式、下拉按钮本身的文本颜色、下拉列表选中项的文本样式、下拉列表项的文本样式等。上述示例的界面效果如图4-40所示。

Search还支持事件onSelect(callback: (index: number, value?: string) => void)。其中index是选中项的索引，value是选中项的值。

图 4-40　Select 组件效果

4.4.23　Slider

Slider是滑动条组件，通常用于快速调节设置值，如音量调节、亮度调节等应用场景。

Slider示例如下：

```
// 设置垂直的Slider
Slider({
  value: 40,
  step: 10,
  style: SliderStyle.InSet,          // 滑块在滑轨上
  direction: Axis.Vertical           // 方向
})
  .showSteps(true)                   // 设置显示步长刻度值
  .height('50%')

// 设置水平的Slider
Slider({
  value: 40,
  min: 0,
  max: 100,
  style: SliderStyle.OutSet          // 滑块在滑轨内
})
  .blockColor('#191970')             // 设置滑块的颜色
  .trackColor('#ADD8E6')             // 设置滑轨的背景颜色
  .selectedColor('#4169E1')          // 设置滑轨的已滑动部分颜色
  .showTips(true)                    // 设置气泡提示
  .width('50%')
```

上述示例中，定义了两个Slider组件，一个是垂直的，另一个是水平的，它是由direction参数决定的。参数style用来设置滑块是否在滑轨内。

Slider组件还包括以下属性：

- blockColor：设置滑块的颜色。
- trackColor：设置滑轨的背景颜色。
- selectedColor：设置滑轨的已滑动部分颜色。
- showSteps：设置当前是否显示步长刻度值。
- showTips：设置滑动时是否显示百分比气泡提示。
- trackThickness：设置滑轨的粗细。

上述示例的界面效果如图4-41所示。

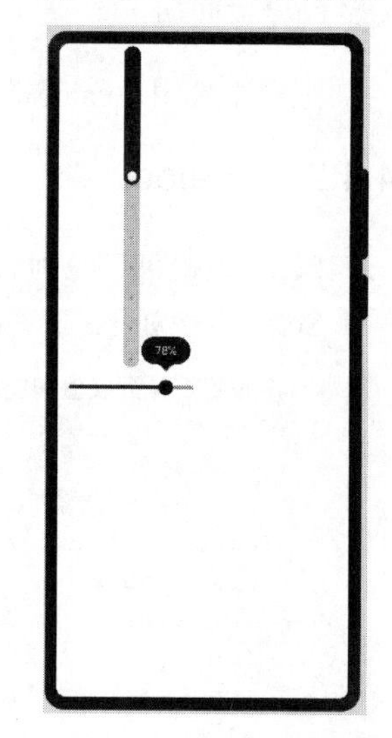

图 4-41　Slider 组件效果

4.4.24　Span

Span作为Text组件的子组件，用于显示行内文本。

Span组件主要包括以下属性：

- decoration：设置文本装饰线样式及其颜色。
- letterSpacing：设置文本字符间距。当取值小于0时，字符聚集重叠；当取值大于0且随着数值变大时，字符间距则会越来越大，形成稀疏分布。
- textCase：设置文本大小写。

Span示例如下：

```
    // 文本添加横线
    Text() {
      Span('文本添加横线').decoration({ type: TextDecorationType.Underline, color: 
Color.Red }).fontSize(24)
    }
    // 文本添加删除线
    Text() {
      Span('文本添加删除线')
        .decoration({ type: TextDecorationType.LineThrough, color: Color.Red })
        .fontSize(24)
    }
    // 文本添加上画线
    Text() {
      Span('文本添加上画线').decoration({ type: TextDecorationType.Overline, color: 
Color.Red }).fontSize(24)
    }
    // 文本字符间距
    Text() {
      Span('文本字符间距')
        .letterSpacing(10)
        .fontSize(24)
    }
    // 文本转换为小写LowerCase
    Text() {
      Span('文本转换为小写LowerCase').fontSize(24)
        .textCase(TextCase.LowerCase)
        .decoration({ type: TextDecorationType.None })
    }
    // 文本转换为大写UpperCase
    Text() {
      Span('文本转换为小写UpperCase').fontSize(24)
        .textCase(TextCase.UpperCase)
        .decoration({ type: TextDecorationType.None })
    }
```

上述示例的界面效果如图4-42所示。

图 4-42　Span 组件效果

4.4.25　Stepper 与 StepperItem

Stepper是步骤导航器组件，适用于引导用户按照步骤完成任务的导航场景。而StepperItem是用作Stepper组件的页面子组件。

Stepper与StepperItem示例如下：

```
Stepper({
  // 设置Stepper当前显示StepperItem的索引值
  index: 0
}) {
  // 第1页
  StepperItem() {
    Text('第1页').fontSize(34)
  }
  .nextLabel('下一页')

  // 第2页
  StepperItem() {
    Text('第2页').fontSize(34)
  }
  .nextLabel('下一页')
  .prevLabel('上一页')

  // 第3页
  StepperItem() {
    Text('第3页').fontSize(34)
  }
  .prevLabel('上一页')
```

上述示例，设置Stepper当前显示StepperItem的索引值为0，即显示第1页的内容。后续定义了3个StepperItem页面。

上述示例第1页界面效果如图4-43所示。

单击“下一页”会切换到第2页界面，效果如图4-44所示。

继续单击“下一页”会切换到第3页界面，效果如图4-45所示。

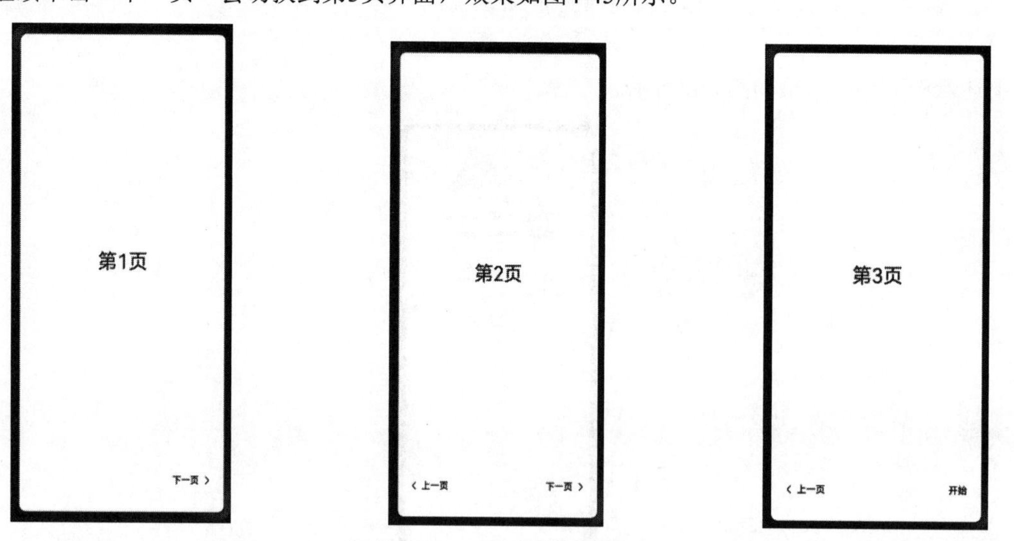

图 4-43　Stepper 组件第 1 页效果　　图 4-44　Stepper 组件第 2 页效果　　图 4-45　Stepper 组件第 3 页效果

4.4.26　Text

Text是显示一段文本的组件，其中包含Span子组件。

Text包含以下属性：

- textAlign：设置文本在水平方向的对齐方式。
- textOverflow：设置文本超长时的显示方式。默认值为TextOverflow.Clip。
- maxLines：设置文本的最大行数。默认值为Infinity。
- lineHeight：设置文本的行高，设置值不大于0时，不限制文本行高，自适应字体大小，Length为number类型时单位为fp。
- decoration：设置文本装饰线样式及其颜色。
- baselineOffset：设置文本基线的偏移量，默认值为0。
- letterSpacing：设置文本字符间距。
- minFontSize：设置文本最小显示字号。需配合maxFontSize以及maxline或布局大小限制使用，单独设置不生效。
- maxFontSize：设置文本最大显示字号。需配合minFontSize以及maxline或布局大小限制使用，单独设置不生效。
- textCase：设置文本大小写。默认值为TextCase.Normal。
- copyOption：组件支持设置文本是否可复制和粘贴。默认值为CopyOptions.None。

Text示例如下：

```
// 单行文本
// 红色单行文本居中
Text('红色单行文本居中').fontSize(24)
  .fontColor(Color.Red)                               // 红色
  .textAlign(TextAlign.Center)                        // 居中
  .width('100%')

// 单行文本左侧对齐
Text('单行文本左侧对齐').fontSize(24)
  .textAlign(TextAlign.Start)                         // 左侧对齐
  .width('100%')

// 单行文本带边框右侧对齐
Text('单行文本带边框右侧对齐')
  .fontSize(24)
  .textAlign(TextAlign.End)                           // 右侧对齐
  .border({ width: 1 })                               // 边宽
  .padding(10)
  .width('100%')

// 多行文本
// 超出maxLines截断内容展示
Text('寒雨连江夜入吴，平明送客楚山孤。洛阳亲友如相问，一片冰心在玉壶。')
  .textOverflow({ overflow: TextOverflow.None })      // 超出截断内容
  .maxLines(2)                                        // 最多显示2行
  .fontSize(24)
  .border({ width: 1 })
  .padding(10)

// 超出maxLines展示省略号
Text('寒雨连江夜入吴，平明送客楚山孤。洛阳亲友如相问，一片冰心在玉壶。')
```

```
    .textOverflow({ overflow: TextOverflow.Ellipsis })    // 超出展示省略号
    .maxLines(2)
    .fontSize(24)
    .border({ width: 1 })
    .padding(10)

  Text('寒雨连江夜入吴，平明送客楚山孤。洛阳亲友如相问，一片冰心在玉壶。')
    .textOverflow({ overflow: TextOverflow.Ellipsis })    // 超出展示省略号
    .maxLines(2)
    .fontSize(24)
    .border({ width: 1 })
    .padding(10)
    .lineHeight(50)                                        // 设置文本的行高
```

上述示例的界面效果如图4-46所示。

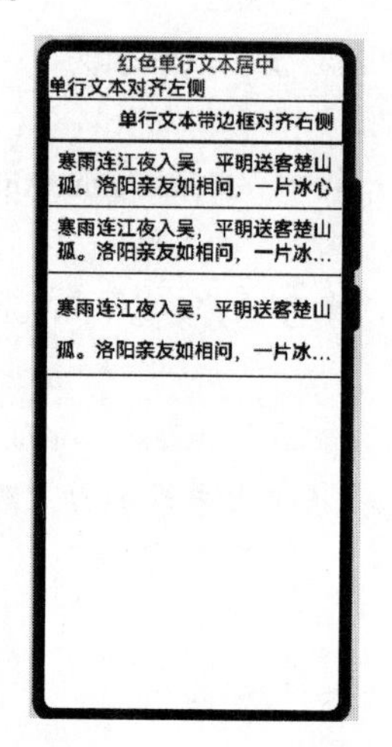

图 4-46　Text 组件效果

4.4.27　TextArea

TextArea是多行文本输入框组件，当输入的文本内容超过组件宽度时则会自动换行显示。TextArea支持以下属性：

- placeholderColor：设置placeholder文本颜色。
- placeholderFont：设置placeholder文本样式。
- textAlign：设置文本在输入框中的水平对齐方式。
- caretColor：设置输入框光标颜色。
- inputFilter：通过正则表达式设置输入过滤器。匹配表达式的输入允许显示，不匹配的输入将被过滤。仅支持单个字符匹配，不支持字符串匹配。
- copyOption：设置输入的文本是否可复制。

TextArea示例如下：

```
TextArea({
  // 设置无输入时的提示文本
  placeholder: '寒雨连江夜入吴，平明送客楚山孤。洛阳亲友如相问，一片冰心在玉壶。'
})
  .placeholderFont({ size: 24, weight: 400 })  // 设置placeholder文本样式
  .width(336)
```

```
    .height(100)
    .margin(20)
    .fontSize(16)
    .fontColor('#182431')
    .backgroundColor('#FFFFFF')
```

上述示例的界面效果如图4-47所示。

图 4-47　TextArea 组件效果

4.4.28　TextClock

TextClock组件通过文本将当前系统时间显示在设备上。支持不同时区的时间显示，最高精度到秒级。

TextClock示例如下：

```
// 普通的TextClock示例
TextClock().margin(20).fontSize(30)

// 带日期格式化的TextClock示例
TextClock().margin(20).fontSize(30)
  .format('yyyyMMdd hh:mm:ss')                    // 日期格式化
```

上述示例中，可以通过format属性设置显示时间格式。界面效果如图4-48所示。

图 4-48　TextClock 组件效果

4.4.29　TextInput

TextInput是单行文本输入框组件。示例如下：

```
// 文本输入框
TextInput({ placeholder: '请输入...'})                    // 设置无输入时的提示文本
  .placeholderColor(Color.Grey)                          // 设置placeholder文本颜色
  .placeholderFont({ size: 14, weight: 400 })            // 设置placeholder文本样式
  .caretColor(Color.Blue)                                // 设置输入框光标颜色
  .width(300)
  .height(40)
  .margin(20)
  .fontSize(24)
  .fontColor(Color.Black)
```

```
// 密码输入框
TextInput({ placeholder: '请输入密码...' })
  .width(300)
  .height(40)
  .margin(20)
  .fontSize(24)
  .type(InputType.Password)          // 密码类型
  .maxLength(9)                      // 设置文本的最大输入字符数
  .showPasswordIcon(true)            // 输入框末尾的图标显示
```

TextInput常见的属性包括：

- type：设置输入框类型。默认值为InputType.Normal。
- placeholderColor：设置placeholder文本颜色。
- placeholderFont：设置placeholder文本样式。
- enterKeyType：设置输入法回车键类型，目前仅支持默认类型显示。
- caretColor：设置输入框光标颜色。
- maxLength：设置文本的最大输入字符数。
- showPasswordIcon：当密码输入模式时，可设置输入框末尾的图标是否显示。默认值是true。

图 4-49　TextInput 组件效果

上述示例的界面效果如图4-49所示。

4.4.30 TextPicker

TextPicker是滑动选择文本内容的组件。示例如下：

```
// 文本输入框
TextPicker({
  // 选择器的数据选择列表
  range: ['Java核心编程', '轻量级Java EE企业应用开发实战', '鸿蒙
HarmonyOS手机应用开发实战', 'Node.js+Express+MongoDB+Vue.js全栈开发
实战'],
  // 设置默认选项在数组中的索引值。默认值为0
  selected: 1
}).defaultPickerItemHeight(30)// 设置Picker各选项的高度
```

从上述示例可以看出，参数range用于设置选择器的数据选择列表，selected用于设置默认选项在数组中的索引值。defaultPickerItemHeight属性用于设置Picker各选项的高度。

图 4-50　TextPicker 组件效果

上述示例的界面效果如图4-50所示。

4.4.31 TextTimer

TextTimer是通过文本显示计时信息并控制其计时器状态的组件。TextTimer组件支持绑定一个控制器TextTimerController用来控制文本计时器。

TextTimer示例如下：

```
// TextTimer组件的控制器
private textTimerController: TextTimerController = new TextTimerController()
```

```
// 定义TextTimer组件
TextTimer({ controller: this.textTimerController,
  isCountDown: true,                    // 是否倒计时。默认值为false
  count: 30000 })                       // 倒计时时间，单位为毫秒
  .format('mm:ss.SS')                   // 格式化
  .fontColor(Color.Black)               // 字体颜色
  .fontSize(50)                         // 字体大小

// 控制按钮
Row() {
  Button("开始").onClick(() => {
    this.textTimerController.start()
  })
  Button("暂停").onClick(() => {
    this.textTimerController.pause()
  })
  Button("重置").onClick(() => {
    this.textTimerController.reset()
  })
}
```

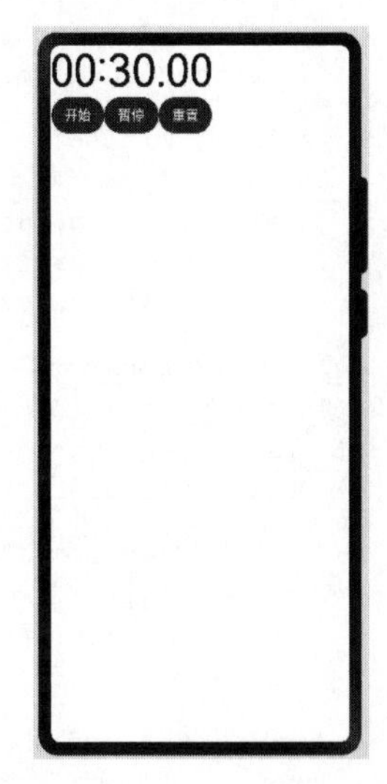

图 4-51 TextTimer 组件效果

从上述示例可以看出，TextTimer绑定一个控制器TextTimerController，设置了倒计时30秒。通过TextTimerController的start()、pause()、reset()实现对计时器状态的控制。

上述示例的界面效果如图4-51所示。

4.4.32 TimePicker

TimePicker是滑动选择时间的组件。

TimePicker示例如下：

```
TimePicker()
  .useMilitaryTime(true) // 设置为24小时制
```

从上述示例可以看出，TimePicker可以从设置useMilitaryTime属性来实现展示时间是否为24小时制。界面效果如图4-52所示。

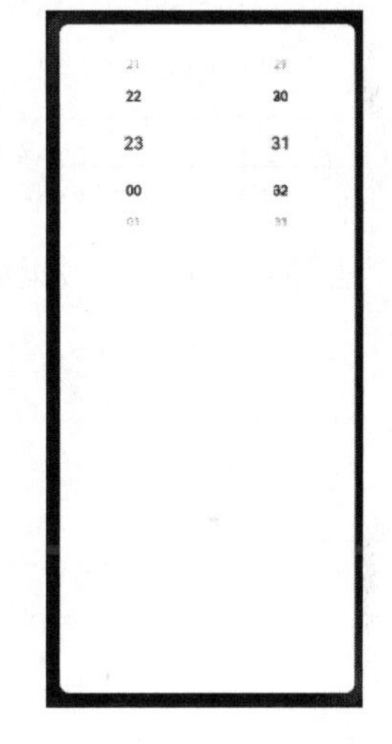

图 4-52 TimePicker 组件效果

4.4.33 Toggle

Toggle组件提供勾选框样式、状态按钮样式及开关样式。仅当ToggleType为Button时可包含子组件。

Toggle组件构造函数参数主要有以下两个：

- typ：开关类型。可以是Checkbox、Button、Switch。
- isOn：开关是否打开。默认值为false。

Toggle组件还可以设置以下属性：

- selectedColor：设置组件打开状态的背景颜色。
- switchPointColor：设置Switch类型的圆形滑块颜色。

Toggle示例如下：

```
// 关闭的Switch类型
Toggle({ type: ToggleType.Switch, isOn: false })
```

```
  .size({ width: 40, height: 40 })             // 设置大小
  .selectedColor('#007DFF')                // 设置组件打开状态的背景颜色
  .switchPointColor('#FFFFFF')             // 设置Switch类型的圆形滑块颜色
// 打开的Switch类型
Toggle({ type: ToggleType.Switch, isOn: true })
  .size({ width: 40, height: 40 })     // 设置大小
  .selectedColor('#007DFF')            // 设置组件打开状态的背景颜色
  .switchPointColor('#FFFFFF')         // 设置Switch类型的圆形滑块颜色
// 关闭的Checkbox类型
Toggle({ type: ToggleType.Checkbox, isOn: false })
  .size({ width: 40, height: 40 })     // 设置大小
  .selectedColor('#007DFF')            // 设置组件打开状态的背景颜色
// 打开的Checkbox类型
Toggle({ type: ToggleType.Checkbox, isOn: true })
  .size({ width: 40, height: 40 })     // 设置大小
  .selectedColor('#007DFF')            // 设置组件打开状态的背景颜色
// 关闭的Button类型
Toggle({ type: ToggleType.Button, isOn: false })
  .size({ width: 40, height: 40 })     // 设置大小
  .selectedColor('#007DFF')            // 设置组件打开状态的背景颜色
// 打开的Button类型
Toggle({ type: ToggleType.Button, isOn: true })
  .size({ width: 40, height: 40 })     // 设置大小
  .selectedColor('#007DFF')            // 设置组件打开状态的背景颜色
```

上述示例的界面效果如图4-53所示。

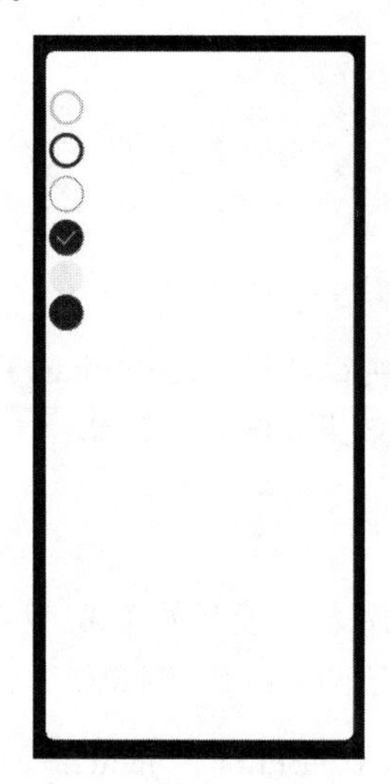

图 4-53　Toggle 组件效果

4.4.34　Web

Web组件是提供具有网页显示能力的组件。需要注意的是，在访问在线网页时需要添加网络权限“ohos.permission.INTERNET”。

Web组件示例如下：

```
// Web组件控制器需要导入的包
import web_webview from '@ohos.web.webview'
```

```
    private webviewController: web_webview.WebviewController = new
web_webview.WebviewController()

    Web({ src: 'https://waylau.com', controller: this.webviewController })
```

上述示例中，显示了来自“https://waylau.com”网页的界面效果，如图4-54所示。

注意　示例效果请以真机或者模拟器运行为准，该示例不支持在预览器中预览显示。

有关Web组件的更多内容，将在第8章中深入探讨。

图 4-54　Web 组件效果

4.4.35　SymbolGlyph

SymbolGlyph是显示图标小符号的组件。

SymbolGlyph示例如下：

```
Row() {
  Column() {
    Text("Light")
    SymbolGlyph($r('sys.symbol.ohos_trash'))
      .fontWeight(FontWeight.Lighter)
      .fontSize(96)
  }

  Column() {
    Text("Normal")
    SymbolGlyph($r('sys.symbol.ohos_trash'))
      .fontWeight(FontWeight.Normal)
      .fontSize(96)
  }

  Column() {
    Text("Bold")
    SymbolGlyph($r('sys.symbol.ohos_trash'))
      .fontWeight(FontWeight.Bold)
      .fontSize(96)
```

```
    }
  }

  Row() {
    Column() {
      Text("单色")
      SymbolGlyph($r('sys.symbol.ohos_folder_badge_plus'))
        .fontSize(96)
        .renderingStrategy(SymbolRenderingStrategy.SINGLE)
        .fontColor([Color.Black, Color.Green, Color.White])
    }

    Column() {
      Text("多色")
      SymbolGlyph($r('sys.symbol.ohos_folder_badge_plus'))
        .fontSize(96)
        .renderingStrategy(SymbolRenderingStrategy.MULTIPLE_COLOR)
        .fontColor([Color.Black, Color.Green, Color.White])
    }

    Column() {
      Text("分层")
      SymbolGlyph($r('sys.symbol.ohos_folder_badge_plus'))
        .fontSize(96)
        .renderingStrategy(SymbolRenderingStrategy.MULTIPLE_OPACITY)
        .fontColor([Color.Black, Color.Green, Color.White])
    }
  }

  Row() {
    Column() {
      Text("无动效")
      SymbolGlyph($r('sys.symbol.ohos_wifi'))
        .fontSize(96)
        .effectStrategy(SymbolEffectStrategy.NONE)
    }

    Column() {
      Text("整体缩放动效")
      SymbolGlyph($r('sys.symbol.ohos_wifi'))
        .fontSize(96)
        .effectStrategy(1)
    }

    Column() {
      Text("层级动效")
      SymbolGlyph($r('sys.symbol.ohos_wifi'))
        .fontSize(96)
        .effectStrategy(2)
    }
  }
```

上述示例中：

- $r('sys.symbol.ohos_wifi')中引用的资源为系统预置，SymbolGlyph仅支持系统预置的symbol资源名，引用非symbol资源将显示异常。
- effectStrategy()用于设置SymbolGlyph组件动效策略。动效策略SymbolEffectStrategy枚举包括NONE无动效（默认值）、SCALE 整体缩放动效和HIERARCHICAL层级动效。

- renderingStrategy()用于设置SymbolGlyph组件渲染策略。渲染策略SymbolRenderingStrategy枚举包括SINGLE 单色模式（默认值）、MULTIPLE_COLOR 多色模式和MULTIPLE_OPACITY分层模式。

界面效果如图4-55所示。

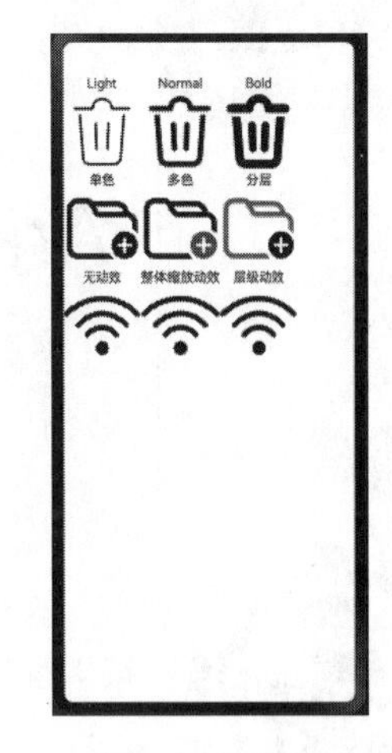

图 4-55　SymbolGlyph 组件效果

4.5　本章小结

本章主要介绍了HarmonyOS中ArkUI基础组件的开发。通过学习这些基础组件的开发，可以帮助开发者快速构建出丰富多样的用户界面。

4.6　上机练习：实现高仿 WeLink 打卡应用

任务要求：根据本章所学的知识，参考图4-56和图4-57编写一个HarmonyOS应用程序，实现高仿WeLink的打卡功能。

如图4-56所示是打卡前的界面效果。

如图4-57所示是打卡后的界面效果。

图 4-56　打卡前的界面效果

图 4-57　打卡后的界面效果

练习步骤：

（1）定义Flex布局，用于放置Image和Text组件。

（2）Image组件实现打卡按钮。

（3）Text组件用于显示打卡时间。

（4）打卡按钮设置单击实现，当单击之后，打卡按钮上的图片进行更换，打卡时间上的文字也进行更换。

代码参考配书资源中的“WeLinkPunchCard”应用。

第5章

ArkUI高级开发

本章将讲述ArkUI高级组件开发的相关知识，主要介绍渲染控制、容器组件、媒体组件、绘制组件、画布组件和常用布局。

5.1 渲染控制

ArkUI通过自定义组件的build()函数和@Builder装饰器中的声明式UI描述语句构建相应的UI。在声明式描述语句中开发者除了使用系统组件外，还可以使用渲染控制语句来辅助UI的构建，这些渲染控制语句包括控制组件是否显示的条件渲染语句，基于数组数据快速生成组件的循环渲染语句，针对大数据量场景的数据懒加载语句，针对混合模式开发的组件渲染语句。

5.1.1 if/else 条件渲染

ArkTS提供了渲染控制的能力。条件渲染可根据应用的不同状态，使用if、else和else if渲染对应状态下的UI内容。

if/else条件渲染使用规则如下：

- 支持if、else和else if语句。
- if、else if后跟随的条件语句可以使用状态变量或者常规变量（状态变量：值的改变可以实时渲染UI；常规变量：值的改变不会实时渲染UI）。
- 允许在容器组件内使用，通过条件渲染语句构建不同的子组件。
- 条件渲染语句在涉及组件的父子关系时是“透明”的，当父组件和子组件之间存在一个或多个if语句时，必须遵守父组件关于子组件使用的规则。
- 每个分支内部的构建函数必须遵循构建函数的规则，并创建一个或多个组件。无法创建组件的空构建函数会产生语法错误。
- 某些容器组件限制子组件的类型或数量，将条件渲染语句用于这些组件内时，这些限制将同样应用于条件渲染语句内创建的组件。例如，Grid容器组件的子组件仅支持GridItem组件，在Grid内使用条件渲染语句时，条件渲染语句内仅允许使用GridItem组件。

以下是一个嵌套if语句的使用示例：

```
@Entry
@Component
```

```
struct CompA {
  @State toggle: boolean = false;
  @State toggleColor: boolean = false;

  build() {
    Column({ space: 20 }) {
      Text('Before')
        .fontSize(15)
      if (this.toggle) {
        Text('Top True, positive 1 top')
          .backgroundColor('#aaffaa').fontSize(20)
        // 内部if语句
        if (this.toggleColor) {
          Text('Top True, Nested True, positive COLOR  Nested ')
            .backgroundColor('#00aaaa').fontSize(15)
        } else {
          Text('Top True, Nested False, Negative COLOR  Nested ')
            .backgroundColor('#aaaaff').fontSize(15)
        }
      } else {
        Text('Top false, negative top level').fontSize(20)
          .backgroundColor('#ffaaaa')
        if (this.toggleColor) {
          Text('positive COLOR  Nested ')
            .backgroundColor('#00aaaa').fontSize(15)
        } else {
          Text('Negative COLOR  Nested ')
            .backgroundColor('#aaaaff').fontSize(15)
        }
      }
      Text('After')
        .fontSize(15)
      Button('Toggle Outer')
        .onClick(() => {
          this.toggle = !this.toggle;
        })
      Button('Toggle Inner')
        .onClick(() => {
          this.toggleColor = !this.toggleColor;
        })
    }
    .width('100%')
    .justifyContent(FlexAlign.Center)
  }
}
```

5.1.2 ForEach 循环渲染

ForEach接口基于数组类型数据来进行循环渲染，需要与容器组件配合使用，且接口返回的组件应当是允许包含在ForEach父容器组件中的子组件。例如，ListItem组件要求ForEach的父容器组件必须为List组件。

在ForEach循环渲染过程中，系统会为每个数组元素生成一个唯一且持久的键值，用于标识对应的组件。当这个键值变化时，ArkUI框架将视为该数组元素已被替换或修改，并会基于新的键值创建一个新的组件。

ForEach提供了一个名为keyGenerator的参数，这是一个函数，开发者可以通过它自定义键值的生成规则。如果开发者没有定义keyGenerator函数，则ArkUI框架会使用默认的键值生成函数，即(item: Object, index: number) => { return index + '__' + JSON.stringify(item); }。

ArkUI框架对于ForEach的键值生成有一套特定的判断规则，这主要与itemGenerator函数的第二个参数index以及keyGenerator函数的第二个参数index有关。ForEach的第二个参数itemGenerator函数会根据键值生成规则为数据源的每个数组项创建组件。组件的创建包括两种情况：ForEach首次渲染和ForEach非首次渲染。

- 首次渲染：在ForEach首次渲染时，会根据前述键值生成规则为数据源的每个数组项生成唯一键值，并创建相应的组件。
- 非首次渲染：在ForEach组件进行非首次渲染时，它会检查新生成的键值是否在上次渲染中已经存在。如果键值不存在，则会创建一个新的组件；如果键值存在，则不会创建新的组件，而是直接渲染该键值所对应的组件。

例如，在以下的代码示例中，通过单击事件修改了数组中的第3个数组项值为“new three”，这将触发 ForEach组件进行非首次渲染。

```
@Entry
@Component
struct Parent {
  @State simpleList: Array<string> = ['one', 'two', 'three'];

  build() {
    Row() {
      Column() {
        Text('单击修改第3个数组项的值')
          .fontSize(24)
          .fontColor(Color.Red)
          .onClick(() => {
            this.simpleList[2] = 'new three';
          })

        ForEach(this.simpleList, (item: string) => {
          ChildItem({ item: item })
            .margin({ top: 20 })
        }, (item: string) => item)
      }
      .justifyContent(FlexAlign.Center)
      .width('100%')
      .height('100%')
    }
    .height('100%')
    .backgroundColor(0xF1F3F5)
  }
}

@Component
struct ChildItem {
  @Prop item: string;

  build() {
    Text(this.item)
      .fontSize(30)
  }
}
```

5.2　容器组件详解

声明式开发范式目前可供选择的容器组件有AlphabetIndexer、Badge、Column、ColumnSplit、Counter、Flex、GridCol、GridRow、Grid、GridItem、List、ListItem、Navigator、Refresh、RelativeContainer、Row、RowSplit、Scroll、SideBarContainer、Stack、Swiper、Tabs、TabContent。

本节演示如何使用这些容器组件。相关示例可以在本书配套资源中的"ArkUIContainerComponents"应用中找到。

5.2.1　Column 和 Row

Column和Row是最常用的容器组件。其中，Column是沿垂直方向布局的容器，Row是沿水平方向布局的容器。

Column和Row的构造函数都有space参数，表示元素间的间距。

Column和Row都包含属性alignItems和justifyContent，用来设置子组件的对齐格式。

所不同的是，针对Column而言，alignItems是设置子组件在水平方向上的对齐格式，默认值是HorizontalAlign.Center；justifyContent是设置子组件在垂直方向上的对齐格式，默认值是FlexAlign.Start。

而Row则相反，alignItems是设置子组件在垂直方向上的对齐格式。默认值是VerticalAlign.Center；而justifyContent是设置子组件在水平方向上的对齐格式，默认值是FlexAlign.Start。

Column和Row示例如下：

```
Column() {
  // 设置子组件水平方向的间距为5
  Row({ space: 5 }) {
    Row().width('30%').height(50).backgroundColor(0xAFEEEE)
    Row().width('30%').height(50).backgroundColor(0x00FFFF)
  }.width('90%').height(107).border({ width: 1 })

  // 设置子元素垂直方向对齐方式
  Row() {
    Row().width('30%').height(50).backgroundColor(0xAFEEEE)
    Row().width('30%').height(50).backgroundColor(0x00FFFF)
  }.width('90%').alignItems(VerticalAlign.Bottom).height('15%').border({ width: 1 })

  Row() {
    Row().width('30%').height(50).backgroundColor(0xAFEEEE)
    Row().width('30%').height(50).backgroundColor(0x00FFFF)
  }.width('90%').alignItems(VerticalAlign.Center).height('15%').border({ width: 1 })

  // 设置子元素水平方向对齐方式
  Row() {
    Row().width('30%').height(50).backgroundColor(0xAFEEEE)
    Row().width('30%').height(50).backgroundColor(0x00FFFF)
  }.width('90%').border({ width: 1 }).justifyContent(FlexAlign.End)

  Row() {
    Row().width('30%').height(50).backgroundColor(0xAFEEEE)
    Row().width('30%').height(50).backgroundColor(0x00FFFF)
  }.width('90%').border({ width: 1 }).justifyContent(FlexAlign.Center)
}
```

上述示例的界面效果如图5-1所示。

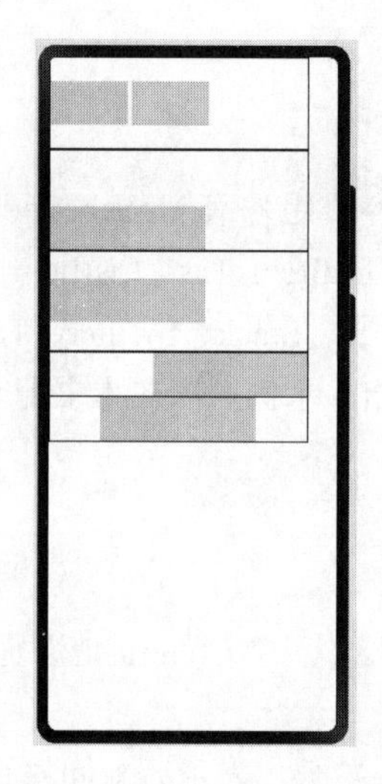

图 5-1　Column 和 Row 组件效果

5.2.2　ColumnSplit 和 RowSplit

ColumnSplit和RowSplit是在每个子组件之间插入一根分割线。其中ColumnSplit是横向的分割线，RowSplit是纵向的分割线。

ColumnSplit和RowSplit示例如下：

```
    // 纵向的分割线
    RowSplit() {
      Text('1').width('10%').height(400).backgroundColor(0xF5DEB3).
textAlign(TextAlign.Center)
      Text('2').width('10%').height(400).backgroundColor(0xD2B48C).
textAlign(TextAlign.Center)
      Text('3').width('10%').height(400).backgroundColor(0xF5DEB3).
textAlign(TextAlign.Center)
      Text('4').width('10%').height(400).backgroundColor(0xD2B48C).
textAlign(TextAlign.Center)
      Text('5').width('10%').height(400).backgroundColor(0xF5DEB3).
textAlign(TextAlign.Center)
    }
    .resizeable(true) // 可拖动
    .width('90%').height(400)

    // 横向的分割线
    ColumnSplit() {
      Text('1').width('100%').height(50).backgroundColor(0xF5DEB3).textAlign(TextAlign.Center)
      Text('2').width('100%').height(50).backgroundColor(0xD2B48C).textAlign(TextAlign.Center)
      Text('3').width('100%').height(50).backgroundColor(0xF5DEB3).textAlign(TextAlign.Center)
      Text('4').width('100%').height(50).backgroundColor(0xD2B48C).textAlign(TextAlign.Center)
      Text('5').width('100%').height(50).backgroundColor(0xF5DEB3).textAlign(TextAlign.Center)
    }
    .resizeable(true) // 可拖动
    .width('90%').height('60%')
```

ColumnSplit和RowSplit还可以设置resizeable属性，用来表示分割线是否可以拖动。界面效果如图5-2所示。

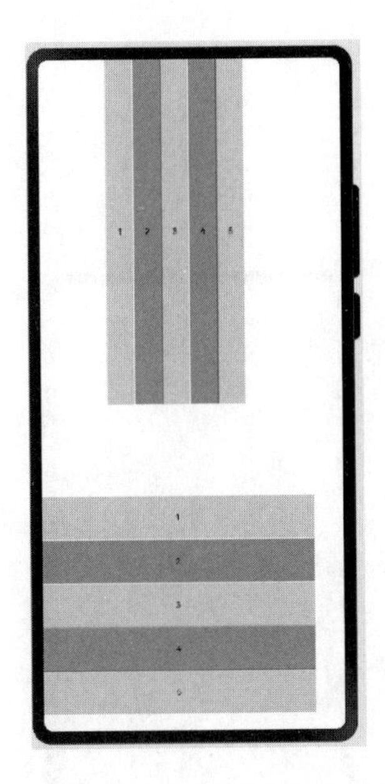

图 5-2　ColumnSplit 和 RowSplit 组件效果

5.2.3　Flex

Flex是以弹性方式布局子组件的容器组件。

标准Flex布局容器包含以下参数：

- direction：子组件在Flex容器上排列的方向，即主轴的方向。
- wrap：Flex容器是单行/单列还是多行/多列排列。
- justifyContent：子组件在Flex容器主轴上的对齐方式。
- alignItems：子组件在Flex容器交叉轴上的对齐方式。
- alignContent：交叉轴中有额外的空间时，多行内容的对齐方式。仅在wrap为Wrap或WrapReverse下才生效。

Flex示例如下：

```
// 主轴方向为FlexDirection.Row
Flex({ direction: FlexDirection.Row }) {
  Text('1').width('20%').height(50).backgroundColor(0xF5DEB3)
  Text('2').width('20%').height(50).backgroundColor(0xD2B48C)
  Text('3').width('20%').height(50).backgroundColor(0xF5DEB3)
  Text('4').width('20%').height(50).backgroundColor(0xD2B48C)
}
.height('40%')
.width('90%')
.padding(10)
.backgroundColor(0xAFEEEE)

// 主轴方向为FlexDirection.Column
Flex({ direction: FlexDirection.Column }) {
  Text('1').width('20%').height(50).backgroundColor(0xF5DEB3)
  Text('2').width('20%').height(50).backgroundColor(0xD2B48C)
  Text('3').width('20%').height(50).backgroundColor(0xF5DEB3)
  Text('4').width('20%').height(50).backgroundColor(0xD2B48C)
}
```

```
  .height('40%')
  .width('90%')
  .padding(10)
  .backgroundColor(0xAFEEEE)
```

上述示例的界面效果如图5-3所示。

图 5-3 Flex 组件效果

5.2.4 Grid 和 GridItem

Grid为网格容器，由“行”和“列”分割的单元格所组成，通过指定GridItem所在的单元格做出各种各样的布局。

Grid和GridItem示例如下：

```
private numberArray: String[] = ['0', '1', '2', '3', '4']

Grid() {
  ForEach(this.numberArray, (day: string) => {
    ForEach(this.numberArray, (day: string) => {
      GridItem() {
        Text(day)
          .fontSize(16)
          .backgroundColor(0xF9CF93)
          .width('100%')
          .height('100%')
          .textAlign(TextAlign.Center)
      }
    }, (day:number) => day + '')
  }, (day:number) => day + '')
}
.columnsTemplate('1fr 1fr 1fr 1fr 1fr')          // 设置当前网格布局列的数量
.rowsTemplate('1fr 1fr 1fr 1fr 1fr')             // 设置当前网格布局行的数量
.columnsGap(10)                                  // 设置列与列的间距
.rowsGap(10)                                     // 设置行与行的间距
.width('90%')
.backgroundColor(0xFAEEE0)
.height(300)
```

上述示例中，columnsTemplate是用来设置当前网格布局列的数量，不设置时默认1列。例如，'1fr 1fr 2fr'是将父组件分为3列，将父组件允许的宽度分为4等份，第一列占1份，第二列占1份，第三列占2份。同理，rowsTemplate是用来设置当前网格布局行的数量，不设置时默认1行。例如，'1fr 1fr 2fr'是将父组件分为三行，将父组件允许的高度分为4等份，第一行占1份，第二行占1份，第三行占2份。

上述示例的界面效果如图5-4所示。

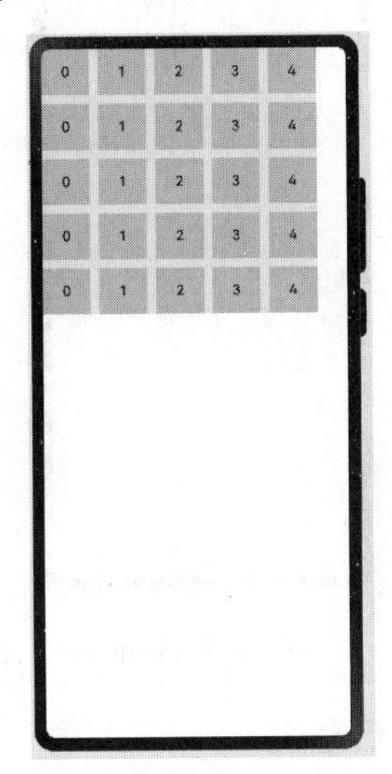

图 5-4　Grid 和 GridItem 组件效果

5.2.5　GridRow 和 GridCol

GridRow为栅格容器组件，仅可以和栅格子组件GridCol在栅格布局场景中使用。

GridRow和GridCol示例如下：

```
    private bgColors: Color[] = [Color.Red, Color.Orange, Color.Yellow, Color.Green,
Color.Pink, Color.Grey, Color.Blue, Color.Brown]


    GridRow({
      columns: 5,                        // 设置布局列数
      gutter: { x: 5, y: 20 },           // 栅格布局间距，x表示水平方向，y表示垂直方向
      breakpoints: { value: ["400vp", "600vp", "800vp"],     // 断点发生变化时，触发回调
        reference: BreakpointsReference.WindowSize },
      direction: GridRowDirection.Row                         // 栅格布局排列方向
    }) {
      ForEach(this.bgColors, (color: Color) => {
        GridCol({ span: { xs: 1, sm: 2, md: 3, lg: 4 } }) {
          Row().width("100%").height("80vp")
        }.borderColor(color).borderWidth(2)
      })
    }.width("100%").height("100%")
```

GridRow参数如下：

- gutter：栅格布局间距，x表示水平方向。
- columns：设置布局列数。
- breakpoints：设置断点值的断点数列以及基于窗口或容器尺寸的相应参照。

- direction：栅格布局排列方向。

上述示例的界面效果如图5-5所示。

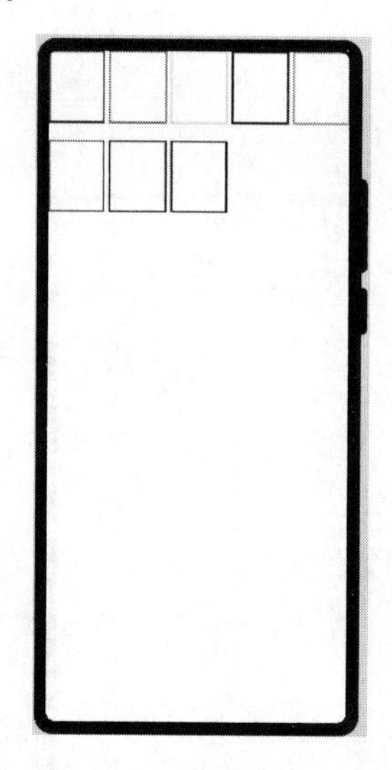

图 5-5　GridRow 和 GridCol 组件效果

5.2.6　List、ListItem 和 ListItemGroup

List是列表，包含一系列相同宽度的列表项。适合连续、多行呈现同类数据，例如图片和文本。

List可以包含ListItem、ListItemGroup子组件。ListItem用来展示列表具体item，必须配合List来使用。ListItemGroup组件用来展示列表item分组，宽度默认充满List组件，必须配合List组件来使用。

List、ListItem和ListItemGroup的示例如下：

```
class Timetable {
  title: string = '';
  projects: String[] = [];
}

private timetableListItemGroup: Timetable[] = [
  {
    title:'星期一',
    projects:['语文', '数学', '英语']
  },
  {
    title:'星期二',
    projects:['物理', '化学', '生物']
  },
  {
    title:'星期三',
    projects:['历史', '地理', '政治']
  },
  {
    title:'星期四',
    projects:['美术', '音乐', '体育']
  }
]

List({ space: 2 }) {
  ForEach(this.timetableListItemGroup, (item: Timetable) => {
```

```
        ListItemGroup() {
          ForEach(item.projects, (project: string) => {
            ListItem() {
              Text(project)
                .width("100%").height(30).fontSize(20)
                .textAlign(TextAlign.Center)
            }
          }, (item: Timetable) => JSON.stringify(item))
        }
        .borderRadius(20)
        .divider({ strokeWidth: 2, color: 0xDCDCDC })          // 每行之间的分隔线
      })
    }
    .width('100%')
```

上述示例的界面效果如图5-6所示。

图 5-6　List、ListItem 和 ListItemGroup 组件效果

5.2.7 AlphabetIndexer

AlphabetIndexer是可以与容器组件联动用于按逻辑结构快速定位容器显示区域的组件。

AlphabetIndexer构造函数接受以下两个参数：

- arrayValue：字母索引字符串数组，不可设置为空。
- selected：初始选中项索引值，若超出索引值范围，则取默认值0。

AlphabetIndexer的示例如下：

```
  private alphabetIndexerArrayA: string[] = ['安']
  private alphabetIndexerArrayB: string[] = ['卜', '白', '包', '毕', '丙']
  private alphabetIndexerArrayC: string[] = ['曹', '成', '陈', '催']
  private alphabetIndexerArrayL: string[] = ['刘', '李', '楼', '梁', '雷', '吕', '柳', '
卢']
  private alphabetIndexerArrayValue: string[] = ['#', 'A', 'B', 'C', 'D', 'E', 'F', 'G',
    'H', 'I', 'J', 'K', 'L', 'M', 'N',
    'O', 'P', 'Q', 'R', 'S', 'T', 'U',
    'V', 'W', 'X', 'Y', 'Z']

  Row() {
```

```
      List({ space: 10, initialIndex: 0 }) {
        ForEach(this.alphabetIndexerArrayA, (item: string) => {
          ListItem() {
            Text(item)
              .width('80%')
              .height('5%')
              .fontSize(20)
              .textAlign(TextAlign.Center)
          }
        }, (item: string) => item)

        ForEach(this.alphabetIndexerArrayB, (item: string) => {
          ListItem() {
            Text(item)
              .width('80%')
              .height('5%')
              .fontSize(20)
              .textAlign(TextAlign.Center)
          }
        }, (item: string) => item)

        ForEach(this.alphabetIndexerArrayC, (item: string) => {
          ListItem() {
            Text(item)
              .width('80%')
              .height('5%')
              .fontSize(20)
              .textAlign(TextAlign.Center)
          }
        }, (item: string) => item)

        ForEach(this.alphabetIndexerArrayL, (item: string) => {
          ListItem() {
            Text(item)
              .width('80%')
              .height('5%')
              .fontSize(20)
              .textAlign(TextAlign.Center)
          }
        }, (item: string) => item)
      }
      .width('50%')
      .height('100%')

      AlphabetIndexer({ arrayValue: this.alphabetIndexerArrayValue, selected: 0 })
        .selectedColor(0xFFFFFF)                                    // 选中项文本颜色
        .popupColor(0xFFFAF0)                                       // 弹出框文本颜色
        .selectedBackgroundColor(0xCCCCCC)                          // 选中项背景颜色
        .popupBackground(0xD2B48C)                                  // 弹出框背景颜色
        .usingPopup(true)                                           // 是否显示弹出框
        .selectedFont({ size: 16, weight: FontWeight.Bolder })      // 选中项字体样式
        .popupFont({ size: 30, weight: FontWeight.Bolder })         // 弹出框内容的字体样式
        .itemSize(28)                                               // 每一项的尺寸大小
        .alignStyle(IndexerAlign.Left)                              // 弹出框在索引条右侧弹出
        .onRequestPopupData((index: number) => {
          if (this.alphabetIndexerArrayValue[index] == 'A') {
            return this.alphabetIndexerArrayA    // 当选中A时，弹出框里面的提示文本列表显示A对应的
列表arrayA，选中B、C、L时也同样
          } else if (this.alphabetIndexerArrayValue[index] == 'B') {
```

```
        return this.alphabetIndexerArrayB
      } else if (this.alphabetIndexerArrayValue[index] == 'C') {
        return this.alphabetIndexerArrayC
      } else if (this.alphabetIndexerArrayValue[index] == 'L') {
        return this.alphabetIndexerArrayL
      } else {
        return []                                   // 选中其余字母时，提示文本列表为空
      }
    })
  }
```

上述示例的界面效果如图5-7所示。

图 5-7　AlphabetIndexer 组件效果

5.2.8　Badge

Badge是可以附加在单个组件上用于信息标记的容器组件。

Badge构造函数主要由以下4个参数组成：

- count：设置提醒消息数。
- position：设置提示点显示位置。
- maxCount：最大消息数，超过最大消息时仅显示maxCount。
- style：Badge组件可设置样式，支持设置文本颜色、尺寸、圆点颜色。

其中，position可以设置3种点显示位置：

- RightTop：圆点显示在右上角。
- Right：圆点显示在右侧纵向居中。
- Left：圆点显示在左侧纵向居中。

Badge的示例如下：

```
// 如果不设置position，则默认是在右上显示红点
Badge({
  value: '',
  style: { badgeSize: 16, badgeColor: '#FA2A2D' }
}) {
```

```
  Image($r('app.media.portrait'))
    .width(40)
    .height(40)
}
.width(40)
.height(40)

// 在右侧显示"New"
Badge({
  value: 'New',
  position: BadgePosition.Right,
  style: { badgeSize: 16, badgeColor: '#FA2A2D' }
}) {
  Text('我的消息').width(170).height(40).fontSize(40).fontColor('#182431')
}.width(170).height(40)

// 在右侧显示"数字"
Badge({
  value: '1',
  position: BadgePosition.Right,
  style: { badgeSize: 16, badgeColor: '#FA2A2D' }
}) {
  Text('我的消息').width(170).height(40).fontSize(40).fontColor('#182431')
}.width(170).height(40)
```

上述示例的界面效果如图5-8所示。

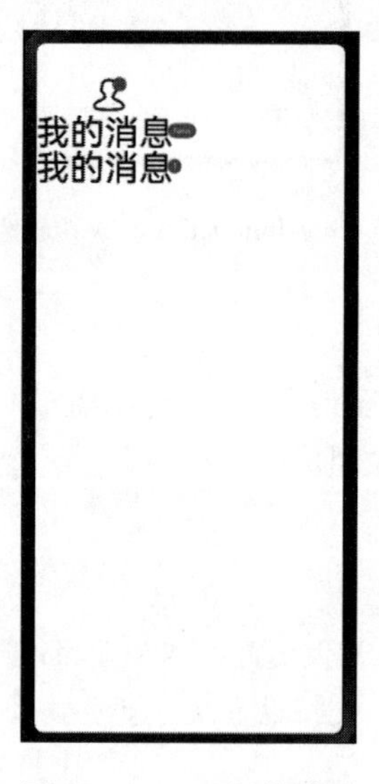

图 5-8　Badge 组件效果

5.2.9 Counter

Counter是计数器组件，提供相应的增加或者减少的计数操作。

Counter的示例如下：

```
@State counterValue: number = 0;

Counter() {
  Text(this.counterValue.toString())
}.margin(100)
// 监听计数增加事件
```

```
.onInc(() => {
  this.counterValue++
})
// 监听计数减少事件
.onDec(() => {
  this.counterValue--
})
```

上述示例界面效果如图5-9所示。

图 5-9　Counter 组件效果

5.2.10　Navigator

Navigator是路由容器组件，提供路由跳转功能。

Navigator的构造函数参数主要有以下两个：

- target：指定跳转目标页面的路径。
- type：指定路由方式。默认值是NavigationType.Push。

其中路由方式主要有三类：

- Push：跳转到应用内的指定页面。
- Replace：用应用内的某个页面替换当前页面，并销毁被替换的页面。
- Back：返回上一页面或指定的页面。

以下是Navigator示例。假设有NavigatorExample.ets、DetailExample.ets、BackExample.ets三个文件。

NavigatorExample.ets文件如下：

```
@Entry
@Component
struct NavigatorExample {
  @State active: boolean = false
  @State name: NameObject = { name: 'news' }

  build() {
    Flex({ direction: FlexDirection.Column, alignItems: ItemAlign.Start, justifyContent:
FlexAlign.SpaceBetween }) {
      Navigator({ target: 'pages/container/navigator/Detail', type:
NavigationType.Push }) {
        Text('Go to ' + this.name.name + ' page')
          .width('100%').textAlign(TextAlign.Center)
      }.params(new TextObject(this.name))       // 将参数传到Detail页面

      Navigator() {
        Text('Back to previous page').width('100%').textAlign(TextAlign.Center)
      }.active(this.active)
      .onClick(() => {
        this.active = true
      })
    }.height(150).width(350).padding(35)
  }
}

interface NameObject {
  name: string;
}
```

```
class TextObject {
  text: NameObject;

  constructor(text: NameObject) {
    this.text = text;
  }
}
```

DetailExample.ets文件如下：

```
import { router } from '@kit.ArkUI'

@Entry
@Component
struct DetailExample {
  // 接收Navigator.ets的传参
  params: Record<string, NameObject> = router.getParams() as Record<string, NameObject>
  @State name: NameObject = this.params.text

  build() {
    Flex({ direction: FlexDirection.Column, alignItems: ItemAlign.Start, justifyContent:
FlexAlign.SpaceBetween }) {
      Navigator({ target: 'pages/container/navigator/Back', type: NavigationType.Push }) {
        Text('Go to back page').width('100%').height(20)
      }

      Text('This is ' + this.name.name + ' page')
        .width('100%').textAlign(TextAlign.Center)
    }
    .width('100%').height(200).padding({ left: 35, right: 35, top: 35 })
  }
}

interface NameObject {
  name: string;
}
```

BackExample.ets文件如下：

```
@Entry
@Component
struct BackExample {
  build() {
    Column() {
      Navigator({ target: 'pages/container/navigator/Navigator', type:
NavigationType.Back }) {
        Text('Return to Navigator Page').width('100%').textAlign(TextAlign.Center)
      }
    }.width('100%').height(200).padding({ left: 35, right: 35, top: 35 })
  }
}
```

目标页面需加入main_pages.json文件中：

```
{
  "src": [
    "pages/Index",
    "pages/NavigatorExample",
    "pages/BackExample",
    "pages/DetailExample"
  ]
}
```

通过单击页面上的文本，实现三个页面之间的切换，如图5-10、图5-11和图5-12所示。

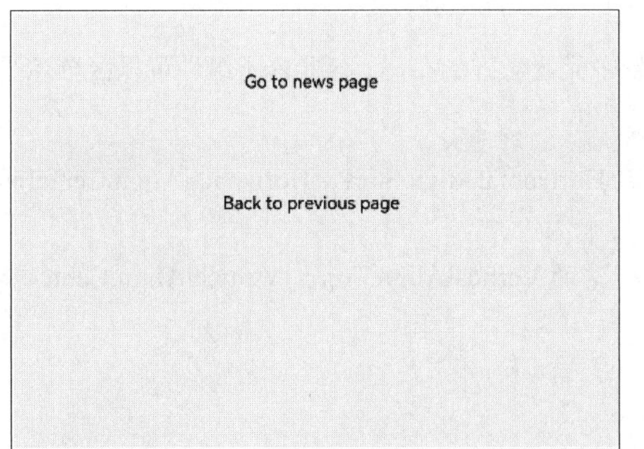

图 5-10　NavigatorExample.ets 页面效果

图 5-11　DetailExample.ets 页面效果

图 5-12　BackExample.ets 页面效果

5.2.11　Refresh

Refresh是可以进行页面下拉操作并显示刷新动效的容器组件，主要包含以下参数：

- refreshing：当前组件是否正在刷新。该参数支持$$双向绑定变量。
- offset：刷新组件静止时距离父组件顶部的距离。默认值是16，单位为vp。
- friction：下拉摩擦系数，取值范围为0到100。默认值是62。

Refresh示例如下：

```
Refresh({ refreshing: true,    // 当前组件是否正在刷新
  offset: 120,                 // 新组件静止时距离父组件顶部的距离
  friction: 100 }) {  // 下拉摩擦系数，取值范围为0到100。默认值是62
  Text('下拉刷新 ')
    .fontSize(30)
    .margin(10)
}
```

上述示例的界面效果如图5-13所示。

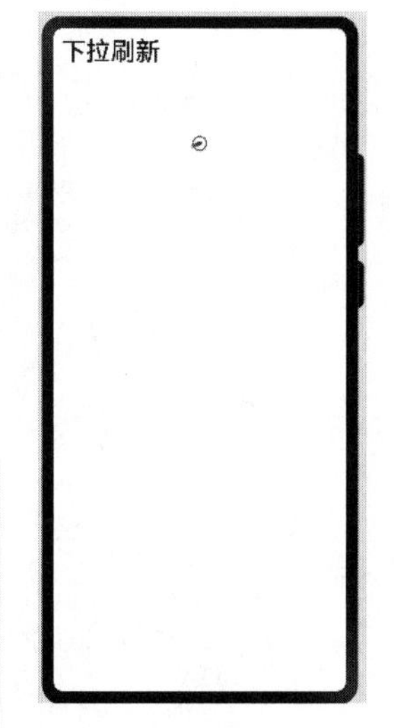

图 5-13　Refresh 组件效果

5.2.12 RelativeContainer

RelativeContainer是相对布局组件，用于复杂场景中元素对齐的布局。容器内子组件可以区分水平方向和垂直方向：

- 水平方向为left、middle和right，对应容器的HorizontalAlign.Start、HorizontalAlign.Center和HorizontalAlign.End。
- 垂直方向为top、center和bottom，对应容器的VerticalAlign.Top、VerticalAlign.Center和VerticalAlign.Bottom。

RelativeContainer示例如下：

```
RelativeContainer() {
  Row()
    .width(100)
    .height(100)
    .backgroundColor('#FF3333')
    .alignRules({
      top: { anchor: '__container__', align: VerticalAlign.Top },  //以父容器为锚点，竖直方
向顶头对齐
      middle: { anchor: '__container__', align: HorizontalAlign.Center }  //以父容器为锚
点，水平方向居中对齐
    })
    .id('row1')  //设置锚点为row1

  Row() {
    Image($r('app.media.startIcon'))
  }
  .height(100).width(100)
  .alignRules({
    top: { anchor: 'row1', align: VerticalAlign.Bottom },  //以row1组件为锚点，竖直方向底
端对齐
    left: { anchor: 'row1', align: HorizontalAlign.Start }  //以row1组件为锚点，水平方向开
头对齐
  })
  .id('row2')  //设置锚点为row2

  Row()
    .width(100)
    .height(100)
    .backgroundColor('#FFCC00')
    .alignRules({
      top: { anchor: 'row2', align: VerticalAlign.Top }
    })
    .id('row3')  //设置锚点为row3

  Row()
    .width(100)
    .height(100)
    .backgroundColor('#FF9966')
    .alignRules({
      top: { anchor: 'row2', align: VerticalAlign.Top },
      left: { anchor: 'row2', align: HorizontalAlign.End },
    })
    .id('row4')  //设置锚点为row4

  Row()
    .width(100)
```

```
    .height(100)
    .backgroundColor('#FF66FF')
    .alignRules({
      top: { anchor: 'row2', align: VerticalAlign.Bottom },
      middle: { anchor: 'row2', align: HorizontalAlign.Center }
    })
    .id('row5')  //设置锚点为row5
}
.width(300).height(300)
.border({ width: 2, color: '#6699FF' })
```

在上述示例中，子组件可以将容器或者其他子组件设为锚点，参与相对布局的容器内组件必须设置id，不设置id的组件不显示，容器id固定为“__container__”。界面效果如图5-14所示。

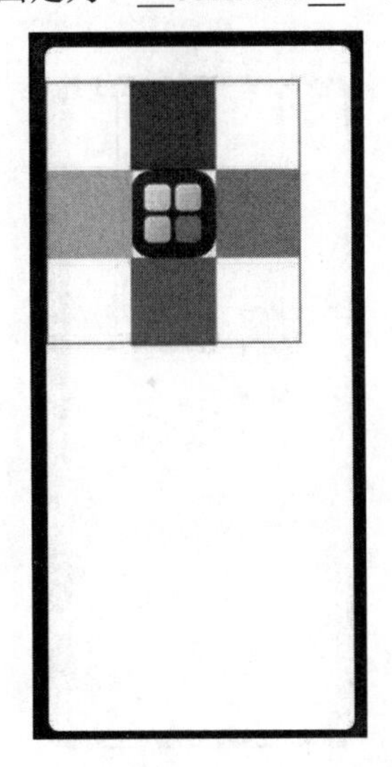

图 5-14　RelativeContainer 组件效果

5.2.13　Scroll

Scroll是可滚动的容器组件，当子组件的布局尺寸超过父组件的尺寸时，内容可以滚动。

Scroll示例如下：

```
// 与Scroller绑定
Scroll(new Scroller()) {
  Column() {
    ForEach(this.numberArray, (item: string) => {
      Text(item.toString())
        .width('90%')
        .height(250)
        .backgroundColor(0xFFFFFF)
        .borderRadius(15)
        .fontSize(26)
        .textAlign(TextAlign.Center)
        .margin({ top: 10 })
    }, (item: string) => item)
  }.width('100%')
}
.scrollable(ScrollDirection.Vertical)                    // 滚动方向为纵向
.scrollBar(BarState.On)                                  // 滚动条常驻显示
.scrollBarColor(Color.Gray)                              // 滚动条颜色
```

```
  .scrollBarWidth(40)                                  // 滚动条宽度
  .edgeEffect(EdgeEffect.None)
  .onWillScroll((xOffset: number, yOffset: number) => {
   console.info(xOffset + ' ' + yOffset)
  })
  .onScrollEdge((side: Edge) => {
   console.info('To the edge')
  })
  .onScrollStop(() => {
   console.info('Scroll Stop')
  }).backgroundColor(0xDCDCDC)
```

上述示例中，Scroll与Scroller进行了绑定，然后通过它控制容器组件的滚动。界面效果如图5-15所示。

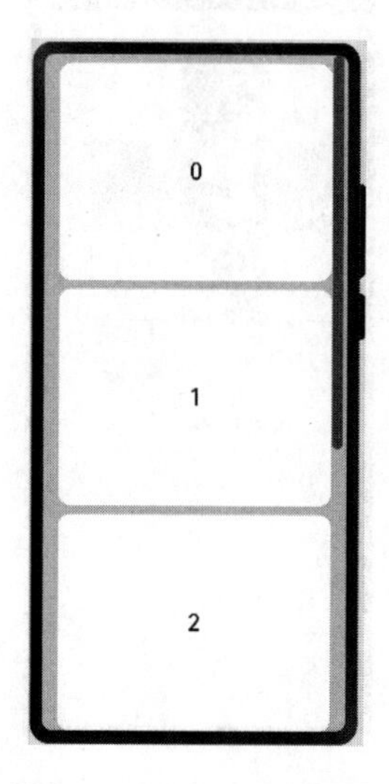

图 5-15　Scroll 组件效果

5.2.14　SideBarContainer

SideBarContainer是提供侧边栏可以显示和隐藏的侧边栏容器，通过子组件定义侧边栏和内容区，第一个子组件表示侧边栏，第二个子组件表示内容区。

SideBarContainer示例如下：

```
SideBarContainer(SideBarContainerType.Embed) {
  Column() {
    Text('菜单1').fontSize(25)
    Text('菜单2').fontSize(25)
  }.width('100%')
  .justifyContent(FlexAlign.SpaceEvenly)
  .backgroundColor('#19000000')

  Column() {
    Text('内容1').fontSize(25)
    Text('内容2').fontSize(25)
  }
}
```

上述示例的界面效果如图5-16所示。

单击左上角菜单就可以显示侧边栏，界面效果如图5-17所示。

图 5-16　SideBarContainer 组件效果

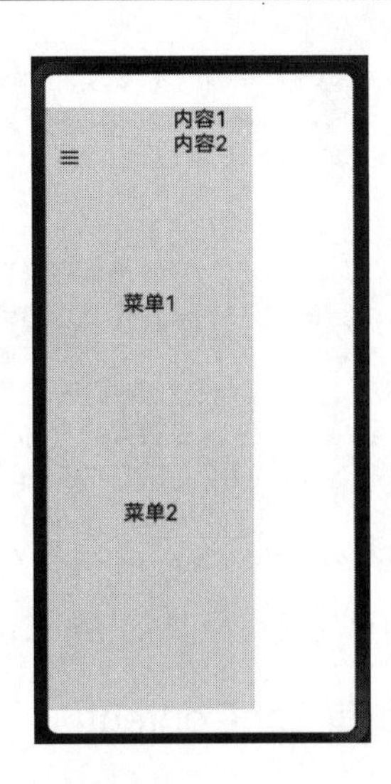

图 5-17　SideBarContainer 显示侧边栏效果

5.2.15　Stack

Stack是堆叠容器，子组件按照顺序依次入栈，后一个子组件覆盖前一个子组件。

Stack示例如下：

```
Stack({ alignContent: Alignment.Bottom }) {
  // 第一层组件
  Text('第一层')
    .width('90%')
    .height('100%')
    .backgroundColor(Color.Grey)
    .align(Alignment.Top)
    .fontSize(40)

  // 第二层组件
  Text('第二层')
    .width('70%')
    .height('60%')
    .backgroundColor(Color.Orange)
    .align(Alignment.Top)
    .fontSize(40)
}.width('100%').height(400).margin({ top: 5 })
```

图 5-18　Stack 组件效果

上述示例中，第二层组件盖在了第一层组件上面，界面效果如图5-18所示。

5.2.16　Swiper

Swiper是滑块视图容器，提供子组件滑动轮播显示功能。

Swiper示例如下：

```
Swiper() {
  Image($r('app.media.book01'))
    .width(280).height(380)
  Image($r('app.media.book02'))
    .width(280).height(380)
  Image($r('app.media.book03'))
```

```
    .width(280).height(380)
  Image($r('app.media.book04'))
    .width(280).height(380)
}
.cachedCount(2)   // 设置预加载子组件个数
.index(1)         // 设置当前在容器中显示的子组件的索引值
.autoPlay(true)   // 子组件是否自动播放，自动播放状态下，导航点不可操作
.interval(4000)   // 使用自动播放时，播放的时间间隔，单位为毫秒
.indicator(true)  // 是否启用导航点指示器
.loop(true)       // 是否开启循环
.duration(1000)   // 子组件切换的动画时长，单位为毫秒
.itemSpace(0)     // 设置子组件与子组件之间间隙
.curve(Curve.Linear)              // 设置Swiper的动画曲线
```

图 5-19　Swiper 组件效果

上述示例的界面效果如图5-19所示，可以看到图片可以自动播放。

5.2.17　Tabs 和 TabContent

Tabs是通过页签进行内容视图切换的容器组件，每个页签对应一个内容视图——TabContent。

Tabs主要包括以下3个参数：

- barPosition：设置Tabs的页签位置。默认值是BarPosition.Start。
- index：设置初始页签索引。默认值是0。
- controller：设置Tabs控制器。

Tabs示例如下：

```
Tabs({ barPosition: BarPosition.Start,          //设置Tabs的页签位置
  controller: new TabsController()              //设置Tabs控制器
}) {
  TabContent() {
    Column().width('100%').height('100%').backgroundColor(Color.Orange)
  }.tabBar('首页')

  TabContent() {
    Column().width('100%').height('100%').backgroundColor(Color.Blue)
  }.tabBar('商城')

  TabContent() {
    Column().width('100%').height('100%').backgroundColor(Color.Red)
  }.tabBar('直播')
}
.vertical(false)                 // 设置为false，表示横向Tabs；设置为true，表示纵向Tabs
.barMode(BarMode.Fixed)          // TabBar布局模式
.barWidth(360)                   // TabBar的宽度值
.barHeight(56)                   // TabBar的高度值
.animationDuration(400)          // TabContent滑动动画时长
.width(360)
.height(296)
.margin({ top: 52 })
```

上述示例的界面效果如图5-20所示。

图 5-20　Tabs 和 TabContent 组件效果

5.3　媒体组件详解

声明式开发范式目前可供选择的媒体组件只有Video。本节演示如何使用Video组件。相关示例可以在本书配套资源中的“ArkUIMediaComponents”应用中找到。

Video是用于播放视频文件并控制其播放状态的组件。如果是使用网络视频，则需要申请ohos.permission.INTERNET权限。

Video的参数主要有以下几个：

- src：视频播放源的路径，支持本地视频路径和网络路径。支持在resources下的video或rawfile文件夹中放置媒体资源。支持dataability://的路径前缀，用于访问通过Data Ability提供的视频路径。视频支持的格式为mp4、mkv、webm和TS。
- currentProgressRate：视频播放倍速。取值仅支持0.75、1.0、1.25、1.75和2.0。
- previewUri：视频未播放时的预览图片路径。
- controller：设置视频控制器。

Video示例如下：

```
@Entry
@Component
struct Index {
  private currentVideoSrc: string = 'video_01.mp4'
  private currentPreviewUri: string = 'app.media.video_cover_01'
  @State videoSrc: Resource = $rawfile(this.currentVideoSrc)
  @State previewUri: Resource = $r(this.currentPreviewUri)
  @State curRate: PlaybackSpeed = PlaybackSpeed.Speed_Forward_1_00_X
  @State isAutoPlay: boolean = false
  @State showControls: boolean = true
  controller: VideoController = new VideoController()

  build() {
    Column() {
      Video({
        src: this.videoSrc,
        previewUri: this.previewUri,
```

```
      currentProgressRate: this.curRate,
      controller: this.controller
    })
      .width('100%')
      .height(600)
      .autoPlay(this.isAutoPlay)
      .controls(this.showControls)
      .onStart(() => {
        console.info('onStart')
      })
      .onPause(() => {
        console.info('onPause')
      })
      .onFinish(() => {
        console.info('onFinish')
      })
      .onError(() => {
        console.info('onError')
      })
      .onStop(() => {
        console.info('onStop')
      })
      .onPrepared((e?: DurationObject) => {
        if (e != undefined) {
          console.info('onPrepared is ' + e.duration)
        }
      })
      .onSeeking((e?: TimeObject) => {
        if (e != undefined) {
          console.info('onSeeking is ' + e.time)
        }
      })
      .onSeeked((e?: TimeObject) => {
        if (e != undefined) {
          console.info('onSeeked is ' + e.time)
        }
      })
      .onUpdate((e?: TimeObject) => {
        if (e != undefined) {
          console.info('onUpdate is ' + e.time)
        }
      })

    Row() {
      Button('src').onClick(() => {
        if (this.currentVideoSrc === 'video_01.mp4') {
          this.currentVideoSrc = 'video_00.mp4'
          this.currentPreviewUri = 'app.media.video_cover_00'
        } else {
          this.currentVideoSrc = 'video_01.mp4'
          this.currentPreviewUri = 'app.media.video_cover_01'
        }

        this.videoSrc = $rawfile(this.currentVideoSrc)          // 切换视频源
        this.previewUri = $r(this.currentPreviewUri)            // 切换视频预览海报
      }).margin(5)

      Button('controls').onClick(() => {
        this.showControls = !this.showControls        // 切换是否显示视频控制栏
      }).margin(5)
```

```
      }

      Row() {
        Button('start').onClick(() => {
          this.controller.start()                    // 开始播放
        }).margin(2)
        Button('pause').onClick(() => {
          this.controller.pause()                    // 暂停播放
        }).margin(2)
        Button('stop').onClick(() => {
          this.controller.stop()                     // 结束播放
        }).margin(2)
        Button('reset').onClick(() => {
          this.controller.reset()                    // 重置AVPlayer
        }).margin(2)
        Button('setTime').onClick(() => {
          this.controller.setCurrentTime(10, SeekMode.Accurate) // 精准跳转到视频的10s位置
        }).margin(2)
      }

      Row() {
        Button('rate 0.75').onClick(() => {
          this.curRate = PlaybackSpeed.Speed_Forward_0_75_X    // 0.75倍速播放
        }).margin(5)
        Button('rate 1').onClick(() => {
          this.curRate = PlaybackSpeed.Speed_Forward_1_00_X    // 原倍速播放
        }).margin(5)
        Button('rate 2').onClick(() => {
          this.curRate = PlaybackSpeed.Speed_Forward_2_00_X    // 2倍速播放
        }).margin(5)
      }
    }
  }
}

interface DurationObject {
  duration: number;
}

interface TimeObject {
  time: number;
}
```

上述示例的界面效果如图5-21所示。

图 5-21　Video 组件效果

5.4 绘制组件详解

声明式开发范式目前可供选择的绘制组件有Circle、Ellipse、Line、Polyline、Polygon、Path、Rect、Shape等。

本节演示如何使用绘制组件。相关示例可以在本书配套资源中的“ArkUIDrawingComponents”应用中找到。

5.4.1 Circle 和 Ellipse

Circle和Ellipse是分别用于绘制圆形和椭圆形的组件。

Circle和Ellipse的参数有：

- width：表示宽度。
- height：表示高度。

Circle和Ellipse的参数属性有：

- fill：设置填充区域颜色。默认值是Color.Black。
- fillOpacity：设置填充区域透明度。默认值是1。
- stroke：设置边框颜色，当不设置时，则默认没有边框。
- strokeDashArray：设置边框间隙。默认值是[]。
- strokeDashOffset：边框绘制起点的偏移量。默认值是0。
- strokeLineCap：设置边框端点绘制样式。默认值是LineCapStyle.Butt。
- strokeLineJoin：设置边框拐角绘制样式。默认值是LineJoinStyle.Miter。
- strokeMiterLimit：设置斜接长度与边框宽度比值的极限值。默认值是4。
- strokeOpacity：设置边框透明度。默认值是1。
- strokeWidth：设置边框宽度。默认值是1。
- antiAlias：设置是否开启抗锯齿效果。默认值是true。

Circle和Ellipse示例如下：

```
// 绘制一个直径为150的圆形
Circle({ width: 150, height: 150 })

// 绘制一个直径为150、线条为红色虚线的圆环（宽度和高度设置不一致时，以短边为直径）
Circle()
  .width(150)
  .height(200)
  .fillOpacity(0)                    // 设置填充区域透明度
  .strokeWidth(3)                    // 设置边框宽度
  .stroke(Color.Red)                 // 设置边框颜色
  .strokeDashArray([1, 2])           // 设置边框间隙

// 绘制一个 150 * 80 的椭圆形
Ellipse({ width: 150, height: 50 })

// 绘制一个 150 * 100、线条为蓝色的椭圆环
Ellipse()
  .width(150)
```

```
    .height(50)
    .fillOpacity(0)                    // 设置填充区域透明度
    .strokeWidth(3)                    // 设置边框宽度
    .stroke(Color.Red)                 // 设置边框颜色
    .strokeDashArray([1, 2])           // 设置边框间隙
```

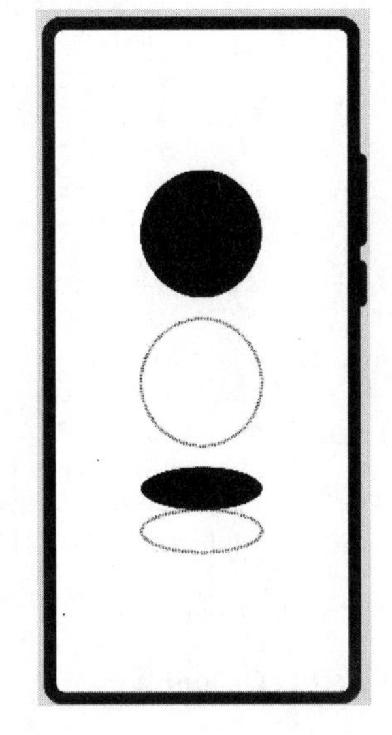

图 5-22　Circle 和 Ellipse 组件效果

上述示例的界面效果如图5-22所示。

Circle和Ellipse最为重要的区别在于，即便Circle的width、height设置的不一样，仍然会以两者最短的边为直径。

5.4.2　Line

Line是用于绘制直线的组件。

Line的参数有：

- width：表示宽度。
- height：表示高度。

Line的参数属性有：

- startPoint：直线起点坐标点（相对坐标），单位为vp。
- endPoint：直线终点坐标点（相对坐标），单位为vp。
- fill：设置填充区域颜色。默认值是Color.Black。
- fillOpacity：设置填充区域透明度。默认值是1。
- stroke：设置边框颜色，不设置时，默认没有边框。
- strokeDashArray：设置边框间隙。默认值是[]。
- strokeDashOffset：边框绘制起点的偏移量。默认值是0。
- strokeLineCap：设置边框端点绘制样式。默认值是LineCapStyle.Butt。
- strokeLineJoin：设置边框拐角绘制样式。默认值是LineJoinStyle.Miter。
- strokeMiterLimit：设置斜接长度与边框宽度比值的极限值。默认值是4。
- strokeOpacity：设置边框透明度。默认值是1。
- strokeWidth：设置边框宽度。默认值是1。
- antiAlias：设置是否开启抗锯齿效果。默认值是true。

Line示例如下：

```
// 线条绘制的起止点坐标均是相对于Line组件本身绘制区域的坐标
Line()
  .startPoint([0, 0])
  .endPoint([50, 100])
  .backgroundColor('#F5F5F5')
Line()
  .width(200)
  .height(200)
  .startPoint([50, 50])
  .endPoint([150, 150])
  .strokeWidth(5)
  .stroke(Color.Orange)
  .strokeOpacity(0.5)
  .backgroundColor('#F5F5F5')
```

```
// 当坐标点设置的值超出Line组件的宽高范围时，线条会绘制出组件绘制区域
Line({ width: 50, height: 50 })
  .startPoint([0, 0])
  .endPoint([100, 100])
  .strokeWidth(3)
  .strokeDashArray([10, 3])
  .backgroundColor('#F5F5F5')
// strokeDashOffset用于定义关联虚线strokeDashArray数组渲染时的偏移
Line({ width: 50, height: 50 })
  .startPoint([0, 0])
  .endPoint([100, 100])
  .strokeWidth(3)
  .strokeDashArray([10, 3])
  .strokeDashOffset(5)
  .backgroundColor('#F5F5F5')
```

上述示例的界面效果如图5-23所示。

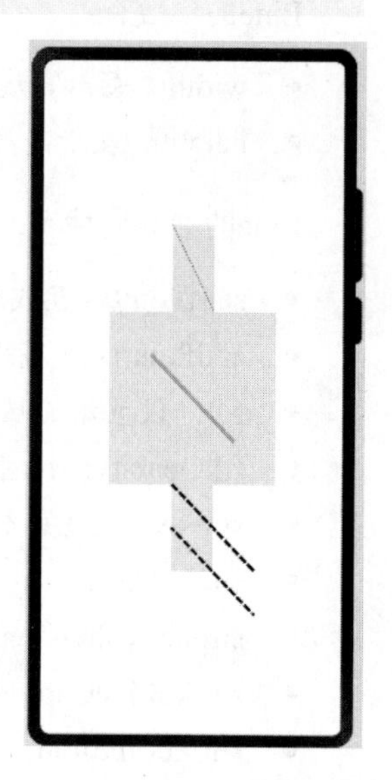

图 5-23 Line 组件效果

5.4.3 Polyline

Polyline是用于绘制折线直线的组件。

Polyline的参数有：

- width：表示宽度。
- height：表示高度。

Polyline的参数属性有：

- points：折线经过坐标点列表。
- fill：设置填充区域颜色。默认值是Color.Black。
- fillOpacity：设置填充区域透明度。默认值是1。
- stroke：设置边框颜色，当不设置时，则默认没有边框。
- strokeDashArray：设置边框间隙。默认值是[]。
- strokeDashOffset：边框绘制起点的偏移量。默认值是0。
- strokeLineCap：设置边框端点绘制样式。默认值是LineCapStyle.Butt。
- strokeLineJoin：设置边框拐角绘制样式。默认值是LineJoinStyle.Miter。
- strokeMiterLimit：设置斜接长度与边框宽度比值的极限值。默认值是4。
- strokeOpacity：设置边框透明度。默认值是1。
- strokeWidth：设置边框宽度。默认值是1。
- antiAlias：设置是否开启抗锯齿效果。默认值是true。

Polyline示例如下：

```
// 在 100 * 100 的矩形框中绘制一段折线，起点(0, 0)，经过(20,60)，终点(100, 100)
Polyline({ width: 100, height: 100 })
  .points([[0, 0], [20, 60], [100, 100]])
  .fillOpacity(0)
  .stroke(Color.Blue)
  .strokeWidth(3)
// 在 100 * 100 的矩形框中绘制一段折线，起点(20, 0)，经过(0,100)，终点(100, 90)
Polyline()
```

```
    .width(100)
    .height(100)
    .fillOpacity(0)
    .stroke(Color.Red)
    .strokeWidth(8)
    .points([[20, 0], [0, 100], [100, 90]])
      // 设置折线拐角处为圆弧
    .strokeLineJoin(LineJoinStyle.Round)
      // 设置折线两端为半圆
    .strokeLineCap(LineCapStyle.Round)
```

上述示例的界面效果如图5-24所示。

图 5-24　Polyline 组件效果

5.4.4　Polygon

Polygon是用于绘制多边形的组件。

Polygon的参数有：

- width：表示宽度。
- height：表示高度。

Polygon的参数属性有：

- points：折线经过坐标点列表。
- fill：设置填充区域颜色。默认值是Color.Black。
- fillOpacity：设置填充区域透明度。默认值是1。
- stroke：设置边框颜色，当不设置时，则默认没有边框。
- strokeDashArray：设置边框间隙。默认值是[]。
- strokeDashOffset：边框绘制起点的偏移量。默认值是0。
- strokeLineCap：设置边框端点绘制样式。默认值是LineCapStyle.Butt。
- strokeLineJoin：设置边框拐角绘制样式。默认值是LineJoinStyle.Miter。
- strokeMiterLimit：设置斜接长度与边框宽度比值的极限值。默认值是4。
- strokeOpacity：设置边框透明度。默认值是1。
- strokeWidth：设置边框宽度。默认值是1。
- antiAlias：设置是否开启抗锯齿效果。默认值是true。

Polygon示例如下：

```
// 在 100 * 100 的矩形框中绘制一个三角形，起点(0, 0)，经过(50, 100)，终点(100, 0)
Polygon({ width: 100, height: 100 })
  .points([[0, 0], [50, 100], [100, 0]])
  .fill(Color.Green)
  .stroke(Color.Transparent)

// 在 100 * 100 的矩形框中绘制一个四边形，起点(0, 0)，经过(0, 100)和(100, 100)，终点(100, 0)
Polygon()
  .width(100)
  .height(100)
  .points([[0, 0], [0, 100], [100, 100], [100, 0]])
  .fillOpacity(0)
  .strokeWidth(5)
  .stroke(Color.Blue)
```

```
// 在 100 * 100 的矩形框中绘制一个五边形，起点(50, 0)，依次经过(0, 50)、(20, 100)和(80, 100)，
终点(100, 50)
    Polygon()
      .width(100)
      .height(100)
      .points([[50, 0], [0, 50], [20, 100], [80, 100], [100, 50]])
      .fill(Color.Red)
      .fillOpacity(0.6)
      .stroke(Color.Transparent)
```

上述示例的界面效果如图5-25所示。

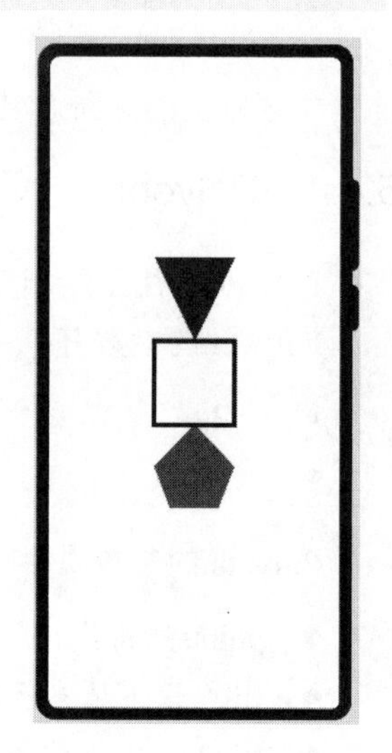

图 5-25　Polygon 组件效果

5.4.5　Path

Path是根据绘制路径生成封闭的自定义形状的组件。

Path的参数有：

- width：表示宽度。
- height：表示高度。
- commands：表示路径绘制的命令字符串。默认值是''。

Path的参数属性有：

- commands：路径绘制的命令字符串，单位为px。
- fill：设置填充区域颜色。默认值是Color.Black。
- fillOpacity：设置填充区域透明度。默认值是1。
- stroke：设置边框颜色，当不设置时，则默认没有边框。
- strokeDashArray：设置边框间隙。默认值是[]。
- strokeDashOffset：边框绘制起点的偏移量。默认值是0。
- strokeLineCap：设置边框端点绘制样式。默认值是LineCapStyle.Butt。
- strokeLineJoin：设置边框拐角绘制样式。默认值是LineJoinStyle.Miter。
- strokeMiterLimit：设置斜接长度与边框宽度比值的极限值。默认值是4。
- strokeOpacity：设置边框透明度。默认值是1。
- strokeWidth：设置边框宽度。默认值是1。
- antiAlias：设置是否开启抗锯齿效果。默认值是true。

commands支持的绘制命令如下：

- M：在给定的（x, y）坐标处开始一个新的子路径。例如，M 0 0表示将（0, 0）点作为新子路径的起始点。
- L：从当前点到给定的（x, y）坐标画一条线，该坐标成为新的当前点。例如，L 50 50表示绘制当前点到（50, 50）点的直线，并将（50, 50）点作为新子路径的起始点。
- H：从当前点绘制一条水平线，相当于将y坐标指定为0的L命令。例如，H 50表示绘制当前点到（50, 0）点的直线，并将（50, 0）点作为新子路径的起始点。
- V：从当前点绘制一条垂直线，相当于将x坐标指定为0的L命令。例如，V 50表示绘制当前点到（0, 50）点的直线，并将（0, 50）点作为新子路径的起始点。

- C：使用（x1, y1）作为曲线起点的控制点，（x2, y2）作为曲线终点的控制点，从当前点到（x, y）绘制三次贝塞尔曲线。例如，C100 100 250 100 250 200 表示绘制当前点到（250, 200）点的三次贝塞尔曲线，并将（250, 200）点作为新子路径的起始点。
- S：（x2, y2）作为曲线终点的控制点，绘制从当前点到（x, y）绘制三次贝塞尔曲线。若前一个命令是C或S，则起点控制点是上一个命令的终点控制点相对于起点的映射。例如，C100 100 250 100 250 200 S400 300 400 200第二段贝塞尔曲线的起始点控制点为（250, 300）。如果没有前一个命令或者前一个命令不是C或S，则第一个控制点与当前点重合。
- Q：使用（x1, y1）作为控制点，从当前点到（x, y）绘制二次贝塞尔曲线。例如，Q400 50 600 300表示绘制当前点到（600, 300）点的二次贝塞尔曲线，并将（600, 300）点作为新子路径的起始点。
- T：绘制从当前点到（x, y）的二次贝塞尔曲线。若前一个命令是Q或T，则控制点是上一个命令的终点控制点相对于起始点的映射。例如，Q400 50 600 300 T1000 300第二段贝塞尔曲线的控制点为（800, 350）。如果没有前一个命令或者前一个命令不是Q或T，则第一个控制点与当前点重合。
- A：从当前点到(x, y)绘制一条椭圆弧。椭圆的大小和方向由两个半径(rx, ry)和x-axis-rotation定义，指示整个椭圆相对于当前坐标系如何旋转（以度为单位）。large-arc-flag和sweep-flag用于确定弧的绘制方式。
- Z：通过将当前路径连接回当前子路径的初始点来关闭当前子路径。

Path示例如下：

```
// 绘制一条长900px、宽3vp的直线
Path()
  .height(10)
  .commands('M0 0 L600 0')
  .stroke(Color.Black)
  .strokeWidth(3)
// 绘制直线图形
Path()
  .commands('M100 0 L200 240 L0 240 Z')
  .fillOpacity(0)
  .stroke(Color.Black)
  .strokeWidth(3)
Path()
  .commands('M0 0 H200 V200 H0 Z')
  .fillOpacity(0)
  .stroke(Color.Black)
  .strokeWidth(3)
Path()
  .commands('M100 0 L0 100 L50 200 L150 200 L200 100 Z')
  .fillOpacity(0)
  .stroke(Color.Black)
  .strokeWidth(3)

// 绘制弧线图形
Path()
  .commands("M0 300 S100 0 240 300 Z")
  .fillOpacity(0)
  .stroke(Color.Black)
  .strokeWidth(3)
Path()
```

```
    .commands('M0 150 C0 100 140 0 200 150 L100 300 Z')
    .fillOpacity(0)
    .stroke(Color.Black)
    .strokeWidth(3)
  Path()
    .commands('M0 100 A30 20 20 0 0 200 100 Z')
    .fillOpacity(0)
    .stroke(Color.Black)
    .strokeWidth(3)
```

上述示例的界面效果如图5-26所示。

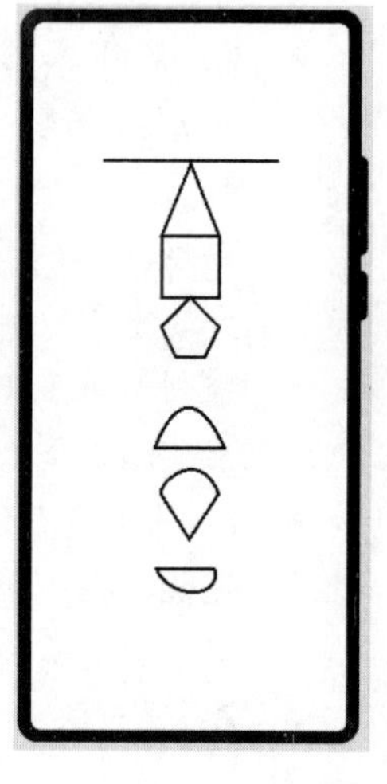

图 5-26　Path 组件效果

5.4.6　Rect

Rect是绘制矩形的组件。

Rect的参数有：

- width：表示宽度。
- height：表示高度。
- radius：表示圆角半径，支持分别设置4个角的圆角度数。
- radiusWidth：表示圆角宽度。
- radiusHeight：表示圆角高度。

Rect的参数属性有：

- radiusWidth：圆角的宽度，仅设置宽度时，宽高一致。
- radiusHeight：圆角的高度，仅设置高度时，宽高度一致。
- radius：圆角半径大小。
- fill：设置填充区域颜色。默认值是Color.Black。
- fillOpacity：设置填充区域透明度。默认值是1。
- stroke：设置边框颜色，当不设置时，默认没有边框。
- strokeDashArray：设置边框间隙。默认值是[]。
- strokeDashOffset：边框绘制起点的偏移量。默认值是0。
- strokeLineCap：设置边框端点绘制样式。默认值是LineCapStyle.Butt。
- strokeLineJoin：设置边框拐角绘制样式。默认值是LineJoinStyle.Miter。
- strokeMiterLimit：设置斜接长度与边框宽度比值的极限值。默认值是4。
- strokeOpacity：设置边框透明度。默认值是1。
- strokeWidth：设置边框宽度。默认值是1。
- antiAlias：设置是否开启抗锯齿效果。默认值是true。

Rect示例如下：

```
// 绘制90% * 50矩形
Rect({ width: '90%', height: 50 })
  .fill(Color.Pink)
  .stroke(Color.Transparent)
// 绘制90% * 50的矩形框
Rect()
  .width('90%')
```

```
      .height(50)
      .fillOpacity(0)
      .stroke(Color.Red)
      .strokeWidth(3)
    // 绘制90% * 80的矩形，圆角宽高分别为40、20
    Rect({ width: '90%', height: 80 })
      .radiusHeight(20)
      .radiusWidth(40)
      .fill(Color.Pink)
      .stroke(Color.Transparent)
    // 绘制90% * 80的矩形，圆角宽高为20
    Rect({ width: '90%', height: 80 })
      .radius(20)
      .fill(Color.Pink)
      .stroke(Color.Transparent)
    // 绘制90% * 50矩形，左上圆角宽高40，右上圆角宽高20，右下圆角宽高40，左下圆角宽高20
    Rect({ width: '90%', height: 80 })
      .radius([[40, 40], [20, 20], [40, 40], [20, 20]])
      .fill(Color.Pink)
      .stroke(Color.Transparent)
```

上述示例的界面效果如图5-27所示。

图 5-27 Rect 组件效果

5.4.7 Shape

Shape是绘制组件的父组件，父组件中会描述所有绘制组件均支持的通用属性。

- 绘制组件使用Shape作为父组件，实现类似SVG的效果。
- 绘制组件单独使用，用于在页面上绘制指定的图形。

Shape的参数有value，可将图形绘制在指定的PixelMap对象中，若未设置，则在当前绘制目标中进行绘制。

Shape的参数属性有：

- viewPort：形状的视口。
- fill：设置填充区域颜色。默认值是Color.Black。
- fillOpacity：设置填充区域透明度。默认值是1。
- stroke：设置边框颜色，当不设置时，则默认没有边框。
- strokeDashArray：设置边框间隙。默认值是[]。
- strokeDashOffset：边框绘制起点的偏移量。默认值是0。
- strokeLineCap：设置边框端点绘制样式。默认值是LineCapStyle.Butt。
- strokeLineJoin：设置边框拐角绘制样式。默认值是LineJoinStyle.Miter。
- strokeMiterLimit：设置斜接长度与边框宽度比值的极限值。默认值是4。
- strokeOpacity：设置边框透明度。默认值是1。
- strokeWidth：设置边框宽度。默认值是1。
- antiAlias：设置是否开启抗锯齿效果。默认值是true。
- mesh：设置mesh效果。第一个参数为长度(column + 1)*(row + 1)* 2的数组，它记录了扭曲后的位图各个顶点位置，第二个参数为mesh矩阵列数column，第三个参数为mesh矩阵行数row。

Shape示例如下：

```
// 在Shape的(-2, 118)点绘制一个 300 * 10的直线路径，颜色为0x317AF7，边框颜色为黑色，宽度为4，间隙为20，向左偏移10，线条两端样式为半圆，拐角样式圆角，抗锯齿(默认开启)
Shape() {
  Rect().width(300).height(50)
  Ellipse().width(300).height(50).offset({ x: 0, y: 60 })
  Path().width(300).height(10).commands('M0 0 L900 0').offset({ x: 0, y: 120 })
}
.viewPort({ x: -2, y: -2, width: 304, height: 130 })
.fill(0x317AF7)
.stroke(Color.Black)
.strokeWidth(4)
.strokeDashArray([20])
.strokeDashOffset(10)
.strokeLineCap(LineCapStyle.Round)
.strokeLineJoin(LineJoinStyle.Round)
.antiAlias(true)
// 分别在Shape的(0, 0)、(-5, -5)点绘制一个 300 * 50带边框的矩形，可以看出，之所以将视口的起始位置坐标设置为负值，是因为绘制的起点默认为线宽的中点位置，因此要让边框完全显示，则需要让视口偏移半个线宽
Shape() {
  Rect().width(300).height(50)
}
.viewPort({ x: 0, y: 0, width: 320, height: 70 })
.fill(0x317AF7)
.stroke(Color.Black)
.strokeWidth(10)
// 在Shape的(0, -5)点绘制一条直线路径，颜色为0xEE8443，线条宽度为10，线条间隙为20
Shape() {
  Path().width(300).height(10).commands('M0 0 L900 0')
}
.viewPort({ x: 0, y: -5, width: 300, height: 20 })
.stroke(0xEE8443)
.strokeWidth(10)
.strokeDashArray([20])
// 在Shape的(0, -5)点绘制一条直线路径，颜色为0xEE8443，线条宽度为10，线条间隙为20，向左偏移10
Shape() {
  Path().width(300).height(10).commands('M0 0 L900 0')
}
.viewPort({ x: 0, y: -5, width: 300, height: 20 })
.stroke(0xEE8443)
.strokeWidth(10)
.strokeDashArray([20])
.strokeDashOffset(10)
// 在Shape的(0, -5)点绘制一条直线路径。颜色为0xEE8443，线条宽度为10，透明度为0.5
Shape() {
  Path().width(300).height(10).commands('M0 0 L900 0')
}
.viewPort({ x: 0, y: -5, width: 300, height: 20 })
.stroke(0xEE8443)
.strokeWidth(10)
.strokeOpacity(0.5)

// 在Shape的(0, -5)点绘制一条直线路径，颜色为0xEE8443，线条宽度为10，线条间隙为20，线条两端样式为半圆
Shape() {
  Path().width(300).height(10).commands('M0 0 L900 0')
```

```
    }
    .viewPort({ x: 0, y: -5, width: 300, height: 20 })
    .stroke(0xEE8443)
    .strokeWidth(10)
    .strokeDashArray([20])
    .strokeLineCap(LineCapStyle.Round)

    // 在Shape的(-80, -5)点绘制一个封闭路径，颜色为0x317AF7，线条宽度为10，边框颜色为0xEE8443，拐角样式为锐角（默认值）
    Shape() {
      Path().width(200).height(60).commands('M0 0 L400 0 L400 150 Z')
    }
    .viewPort({ x: -80, y: -5, width: 310, height: 90 })
    .fill(0x317AF7)
    .stroke(0xEE8443)
    .strokeWidth(10)
    .strokeLineJoin(LineJoinStyle.Miter)
    .strokeMiterLimit(5)
```

上述示例的界面效果如图5-28所示。

图 5-28　Shape 组件效果

5.5　画布组件详解

声明式开发范式目前可供选择的画布组件有Canvas。与Canvas配合使用的还有CanvasRenderingContext2D、CanvasGradient、ImageBitmap、ImageData、OffscreenCanvasRenderingContext2D、Path2D等对象。

Canvas示例如下：

```
    private renderingContextSettings: RenderingContextSettings = new RenderingContextSettings(true)
    //使用RenderingContext在Canvas组件上进行绘制，绘制对象可以是矩形、文本、图片等
    private canvasRenderingContext2D: CanvasRenderingContext2D = new CanvasRenderingContext2D(this.renderingContextSettings)

    Canvas(this.canvasRenderingContext2D)
      .width('100%')
```

```
    .height('100%')
    // onReady是Canvas组件初始化完成时的事件回调，有该事件之后，Canvas组件宽高确定才可获取
    .onReady(() => {
      // 绘制矩形
      this.canvasRenderingContext2D.fillRect(0, 30, 100, 100)
    })
```

上述示例中，通过CanvasRenderingContext2D来实例化一个Canvas，而后通过CanvasRenderingContext2D的fillRect来绘制矩形。

上述示例的界面效果如图5-29所示。

以下是Canvas绘制贝塞尔曲线示例：

```
// 绘制贝塞尔曲线
this.canvasRenderingContext2D.beginPath()
this.canvasRenderingContext2D.moveTo(170, 10)
this.canvasRenderingContext2D.bezierCurveTo(20, 100, 200, 100, 200, 20)
this.canvasRenderingContext2D.stroke()
```

上述示例中，通过CanvasRenderingContext2D来绘制贝塞尔曲线，界面效果如图5-30所示。

以下是Canvas绘制渐变对象示例：

```
// 绘制渐变对象
let grad = this.canvasRenderingContext2D.createLinearGradient(150, 0, 300, 100)
grad.addColorStop(0.0, 'red')
grad.addColorStop(0.5, 'white')
grad.addColorStop(1.0, 'green')
this.canvasRenderingContext2D.fillStyle = grad
this.canvasRenderingContext2D.fillRect(200, 0, 100, 100)
```

上述示例中，通过CanvasRenderingContext2D来绘制渐变对象，界面效果如图5-31所示。

本节示例可以在本书配套资源中的“ArkUICanvasComponents”应用中找到。

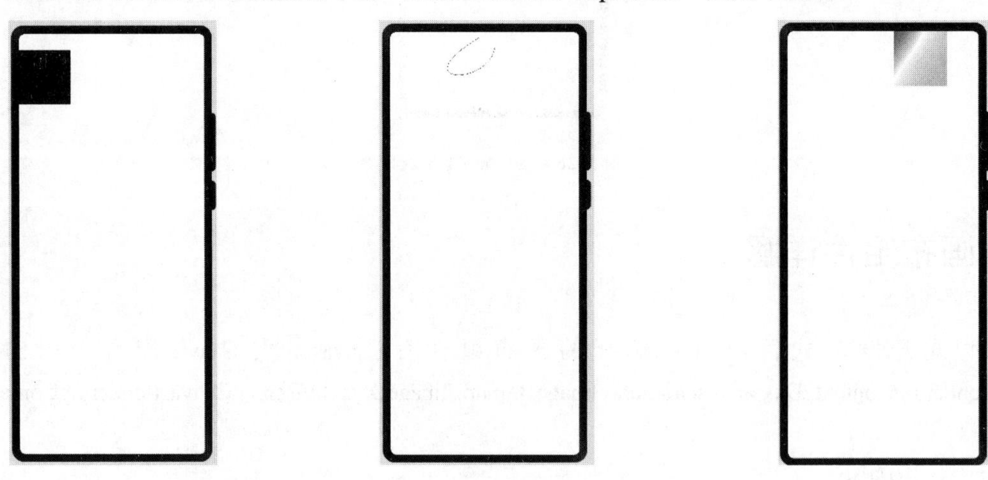

图5-29　Canvas绘制矩形效果　图5-30　Canvas绘制贝塞尔曲线效果　图5-31　Canvas绘制渐变对象效果

5.6　常用布局

ArkUI常用布局主要分为两大类：自适应布局和响应式布局。

5.6.1 自适应布局

自适应布局包含以下4类。

1. 线性布局（LinearLayout）

线性布局是开发中最常用的布局。线性布局的子组件在线性方向上（水平方向和垂直方向）依次排列。

通过线性容器Row和Column实现线性布局。Column容器内子组件按照垂直方向排列，Row容器内子组件则按照水平方向排列。

线性布局的排列方向由所选容器组件决定。根据不同的排列方向，选择使用Row或Column容器创建线性布局，通过调整space、alignItems、justifyContent属性可以调整子组件的间距，水平和垂直方向的对齐方式。

- 通过space参数设置主轴（排列方向）上子组件的间距，达到各子组件在排列方向上的等间距效果。
- 通过alignItems属性设置子组件在交叉轴（排列方向的垂直方向）的对齐方式，且在各类尺寸屏幕中表现一致。其中，交叉轴为垂直方向时，取值为VerticalAlign类型；交叉轴为水平方向时，取值为HorizontalAlign类型。
- 通过justifyContent属性设置子组件在主轴（排列方向）上的对齐方式，从而实现布局的自适应均分能力。取值为FlexAlign类型。

2. 层叠布局（StackLayout）

层叠布局用于在屏幕上预留一块区域来显示组件中的元素，提供元素可以重叠的布局。通过层叠容器Stack实现，容器中的子元素依次入栈，后一个子元素覆盖前一个子元素显示。

层叠布局可以设置子元素在容器内的对齐方式。支持TopStart（左上）、Top（上中）、TopEnd（右上）、Start（左）、Center（中）、End（右）、BottomStart（左下）、Bottom（中下）、BottomEnd（右下）9种对齐方式。

3. 弹性布局（Flex布局）

弹性布局是自适应布局中使用最为灵活的布局。弹性布局提供一种更加有效的方式来对容器中的子组件进行排列、对齐和分配空白空间。弹性布局包括以下概念：

- 容器：Flex组件作为Flex布局的容器，用于设置布局相关属性。
- 子组件：Flex组件内的子组件自动成为布局的子组件。
- 主轴：Flex组件布局方向的轴线，子组件默认沿着主轴排列。主轴开始的位置称为主轴起始端，结束位置称为主轴终点端。
- 交叉轴：垂直于主轴方向的轴线。交叉轴起始的位置称为主轴首部，结束位置称为交叉轴尾部。

弹性布局的示意图如图5-32所示。

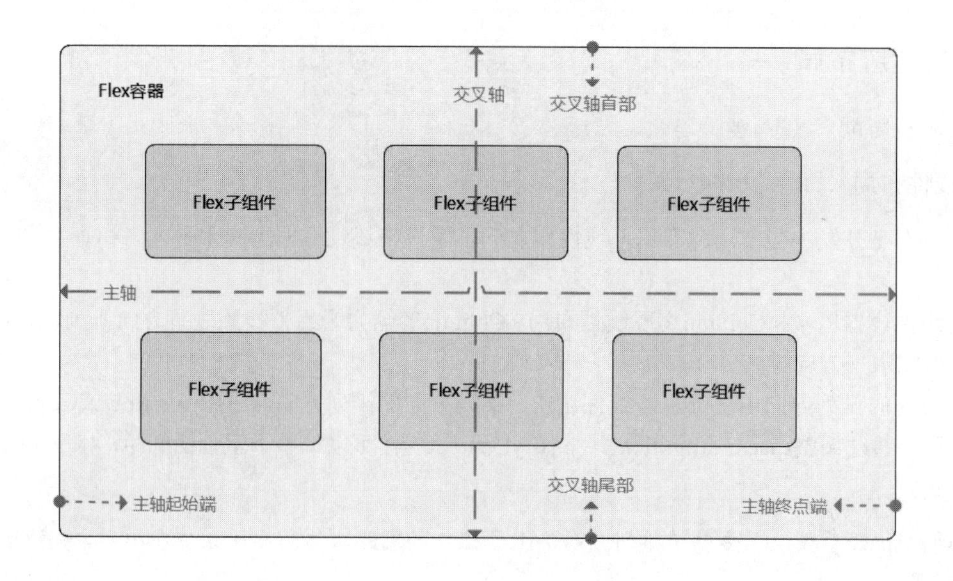

图 5-32　弹性布局示意图

4. 网格布局（GridLayout）

网格布局是自适应布局中一种重要的布局，具备较强的页面均分能力，子组件占比控制能力。通过Grid容器组件和子组件GridItem实现，Grid用于设置网格布局相关参数，GridItem则可定义子组件相关特征。

5.6.2　响应式布局

响应式布局包含以下两类。

1. 栅格布局

栅格系统作为一种辅助布局的定位工具，在平面设计和网站设计中都起到了很好的作用，对移动设备的界面设计有较好的借鉴作用。

栅格组件GridRow和GridCol提供了灵活、更全面的栅格系统实现方案。GridRow为栅格容器组件，只与栅格子组件GridCol在栅格布局场景中使用。

2. 媒体查询（Media Query）

媒体查询作为响应式设计的核心，在移动设备上应用十分广泛。它根据不同设备类型或同设备不同状态修改应用的样式。

5.7　实战：使用 ArkUI 实现“登录”界面

本节主要介绍在App应用中常见的“登录”页面的实现。本示例“登录”页面使用Column容器组件布局，由Image、TextInput、Button、Text等基础组件构成。最终的界面效果如图5-33所示。

图 5-33　登录界面效果图

打开DevEco Studio，选择一个Empty Ability工程模板，创建一个名为“ArkUILogin”的工程为演示示例。

5.7.1　使用 Column 容器实现整体布局

“登录”页面的子组件都按照垂直方向排列，因此使用Column容器。代码如下：

```
@Entry
@Component
struct Index {
  build() {
    // 子组件都按照垂直方向排列
    Column() {
    }
    .width('100%')
  }
}
```

上述代码中，width('100%')设置了容器的宽度为100%。

5.7.2　使用 Image 组件实现标志展示

“登录”页面的标志是图片，因此使用Image组件来实现。代码如下：

```
// 子组件都按照垂直方向排列
Column() {
    // 头像
    Image($r('app.media.waylau_181_181'))
      .height(108)
      .width(108)
}
.width('100%')
```

上述代码中，Image设置了宽、高及白边，Image所引用的图片资源waylau_181_181.jpg放置在src/main/resources/base/media目录下。

5.7.3　使用 TextInput 组件实现账号和密码的输入

“登录”页面在标志的下方增加两个TextInput组件，分别实现账号和密码的输入。代码如下：

```
// 账号输入框
TextInput({ placeholder: '请输入账号' })
  .width(320)
  .height(50)
  .borderRadius(8)
  .backgroundColor('#f9f9f9')
  .margin({ top: '10' })
  .fontSize(27)
  .type(InputType.Normal) // 输入框类型：平常

// 密码输入框
TextInput({ placeholder: '请输入密码' })
  .width(320)
  .height(50)
  .borderRadius(8)
  .backgroundColor('#f9f9f9')
  .margin({ top: '10' })
```

```
  .fontSize(27)
  .type(InputType.Password) // 输入框类型：密码
```

上述代码中，type方法用于指定输入框的类型。其中InputType.Normal可用输入平常的字符，而InputType.Password专门用于输入密码。

5.7.4　使用 Button 组件实现“登录”按钮

“登录”页面在输入框的下方增加一个Button组件，以实现“登录”按钮。代码如下：

```
// 登录按钮
Button('登录', { type: ButtonType.Normal })
  .width('320')
  .height('50')
  .borderRadius(8)
  .backgroundColor('#ffd0da')
  .margin({ top: '10' })
  .fontSize(24)
```

上述代码中，type方法用于指定登录按钮的样式，本例ButtonType.Normal为平常样式。

5.7.5　使用 Text 组件实现“注册”按钮

在“登录”按钮的下方增加一个Text组件，以实现“注册”按钮。代码如下：

```
// 注册按钮
Text('注册')
  .fontColor(Color.Black)
  .margin({ top: '10' })
  .fontSize(24)
```

上述代码中，fontColor方法用于指定字体颜色，本例Color.Black为黑色样式。

5.7.6　完整代码

最终，整个例子的完整示例如下：

```
@Entry
@Component
struct Index {

  build() {
    Row() {
      // 子组件都按照垂直方向排列
      Column() {
        // 头像
        Image($r('app.media.waylau_181_181'))
          .height(108)
          .width(108)

        // 账号输入框
        TextInput({ placeholder: '请输入账号' })
          .width(320)
          .height(50)
          .borderRadius(8)
          .backgroundColor('#f9f9f9')
          .margin({ top: '10' })
          .fontSize(27)
```

```
        .type(InputType.Normal) // 输入框类型：平常

      // 密码输入框
      TextInput({ placeholder: '请输入密码' })
        .width(320)
        .height(50)
        .borderRadius(8)
        .backgroundColor('#f9f9f9')
        .margin({ top: '10' })
        .fontSize(27)
        .type(InputType.Password) // 输入框类型：密码

      // 登录按钮
      Button('登录', { type: ButtonType.Normal })
        .width('320')
        .height('50')
        .borderRadius(8)
        .backgroundColor('#ffd0da')
        .margin({ top: '10' })
        .fontSize(24)

      // 注册按钮
      Text('注册')
        .fontColor(Color.Black)
        .margin({ top: '10' })
        .fontSize(24)
    }
    .width('100%')
  }
  .height('100%')
 }
}
```

5.8　实战：使用 ArkUI 实现“计算器”应用

本节主要介绍如何使用ArkUI实现一个“计算器”应用。内容涉及UI布局、事件响应、状态管理、自定义组件等，相当于是对ArkUI的一个综合的应用。计算器最终的界面效果如图5-34所示。

图 5-34　计算器效果图

打开DevEco Studio，选择一个Empty Ability工程模板，创建一个名为“ArkUICalculator”的工程为演示示例。

5.8.1　新增 Calculator.ets 的文件

在src→main→ets目录中创建一个名为Calculator.ets的文件。该文件主要实现“计算器”的核心计算逻辑。代码如下：

```
/**
 * 计算器计算逻辑
 */
export class Calculator {

}
```

5.8.2　实现递归运算

在该文件中，添加recursiveCompute方法，代码如下：

```
/**
 * 计算器计算逻辑
 */
export class Calculator {

  /**
   * 递归计算直至完成，一次计算一对数，从左往右，乘除法优先于加减法
   * @param split
   * 例：split = ['1.1', '-', '0.1', '+', '2', '×', '3', '÷', '4']
   * 第1次：split = ['1.1', '-', '0.1', '+', '6', '÷', '4']
   * 第2次：split = ['1.1', '-', '0.1', '+', '1.5']
   * 第3次：split = ['1', '+', '1.5']
   * 第4次：split = ['2.5']
   */
  private static recursiveCompute(split: string[]): string[] {
    let symbolIndex:number = -1 // 符号索引
    // 先寻找乘除符号
    for (let i = 0;i < split.length; i++) {
      if (split[i].match(RegExp('^(×|÷)$')) != null) {
        symbolIndex = i
        break
      }
    }
    // 若没找到乘除符号，则寻找加减符号
    if (symbolIndex == -1) {
      for (let j = 0;j < split.length; j++) {
        if (split[j].match(RegExp('^(\\+|-)$')) != null) {
          symbolIndex = j
          break
        }
      }
    }
    if (symbolIndex == -1) { // 若没找到运算符号，表明计算结束，返回结果
      return split
    } else { // 若找到运算符号，运算后继续寻找运算
      let num1 = +parseInt(split[symbolIndex-1])
      let symbol: string = split[symbolIndex]
      let num2 = +parseInt(split[symbolIndex+1])
      let result = 0
      switch (symbol) {
        case '+':
          result = num1 + num2
          break
        case '-':
          result = num1 - num2
          break
        case '×':
          result = num1 * num2
          break
        case '÷':
          result = num1 / num2
          break
      }
```

```
        split = split.slice(0, symbolIndex -
1).concat('${result}').concat(split.slice(symbolIndex + 2))
        return Calculator.recursiveCompute(split)
      }
    }
  }
```

recursiveCompute方法是一个递归计算的方法，主要是实现算式的递归运算。比如，输入如下的字符串数组。

```
['1.1', '-', '0.1', '+', '2', '×', '3', '÷', '4']
```

根据四则运算的法则，会先计算“乘除”再计算“加减”，因此，第一次会先执行“'2', '×', '3'”，运算结果如下：

```
['1.1', '-', '0.1', '+', '6', '÷', '4']
```

同理，第二次的运算结果如下：

```
['1.1', '-', '0.1', '+', '1.5']
```

第三次的运算结果如下：

```
['1', '+', '1.5']
```

第四次的运算结果如下：

```
['2.5']
```

至此，递归运算结束。

5.8.3　实现输入字符串转为字符串数组

在该Calculator.ets文件中添加calculate方法，用以实现输入字符串转为字符串数组。代码如下：

```
  /**
   * 计算
   * @param input  例：input = '1.1-10%+2×3÷4'
   */
  public static calculate(input: string): string {
    // 先将百分数转换为小数
    input = input.replace(RegExp('(((\\d*\\.\\d*)|(\\d+))%)', 'g'), s =>
String(Number(s.replace(/%/, '')) / 100)) // input = '1.1-0.1+2×3÷4'
    // 要将input分割为数与运算符，分割节点的索引存储在splitIndex中
    let splitIndex = [0]
    for (let i = 1;i < input.length; i++) {
      if (input[i].match(RegExp('(\\+|-|×|÷)')) != null) {
        splitIndex.push(i)
        splitIndex.push(i + 1)
        i++
      }
    }
    splitIndex.push(input.length) // splitIndex = [0, 3, 4, 7, 8, 9, 10, 11, 12, 13]
    // 分割input为数与运算符，存储在split中
    let split: string[]= []
    for (let j = 0;j < splitIndex.length - 1; j++) {
      split.push(input.substring(splitIndex[j], splitIndex[j+1]))
    }
    // split = ['1.1', '-', '0.1', '+', '2', '×', '3', '÷', '4']
```

```
    return Calculator.recursiveCompute(split)[0] // 递归计算直至完成
  }
```

5.8.4　新增 CalculatorButtonInfo.ets 文件

在src→main→ets目录中创建一个名为CalculatorButtonInfo.ets的文件。该文件主要表示“计算器”的按钮样式信息。代码如下：

```
// 按钮样式信息
export class CalculatorButtonInfo {
  text: string                    // 按钮上的文字
  textColor: number               // 文字的颜色
  bgColor: number                 // 按钮背景颜色

  constructor(text: string, textColor: number = Color.Black, bgColor: number = Color.White)
{
    this.text = text
    this.textColor = textColor
    this.bgColor = bgColor
  }
}
```

其中，text是按钮上的文字；textColor是文字的颜色；bgColor是按钮背景颜色。

5.8.5　实现 CalculatorButton 组件

修改Index.ets文件，增加计算器按钮CalculatorButton组件的实现方式。代码如下：

```
// 导入CalculatorButtonInfo
import { CalculatorButtonInfo } from '../CalculatorButtonInfo';


// 构造计算器按钮
@Builder CalculatorButton(btnInfo: CalculatorButtonInfo) {   // 计算器按钮组件
  GridItem() {
    Text(btnInfo.text)                                       // 文本
      .fontSize(50)
      .fontWeight(FontWeight.Bold)
      .width('100%')
      .height('100%')
      .textAlign(TextAlign.Center)
      .borderRadius(100)                                // 圆角
      .fontColor(btnInfo.textColor)                     // 字体颜色
      .backgroundColor(btnInfo.bgColor)                 // 背景颜色
  }
  .onClick(() => this.onClickBtn(btnInfo.text))
  .rowStart(btnInfo.text == '=' ? 4 : null)
  .rowEnd(btnInfo.text == '=' ? 5 : null)               // 等于按钮占两格，其他按钮默认
}
```

上述代码中，CalculatorButton组件的实现主要是对GridItem做了封装。通过传入的CalculatorButtonInfo来实现计算器按钮的显示样式的个性化显示。

同时，CalculatorButton也设置了单击事件，以触发onClickBtn方法。onClickBtn方法代码如下：

```
// 导入Calculator
import { Calculator } from '../Calculator';

@State input: string = ''                          // 输入内容
```

```
// 单击“计算器”按钮
onClickBtn = (text: string) => {
  switch (text) {
    case 'C':                                    // 清空所有输入
      this.input = ''
      break
    case '←':                                    // 删除输入的最后一个字符
      if (this.input.length > 0) {
        this.input = this.input.substring(0, this.input.length - 1)
      }
      break
    case '=':                                    // 计算结果
      this.input = Calculator.calculate(this.input)
      break
    default:                                     // 输入内容
      this.input += text
      break
  }
}
```

上述onClickBtn方法会将计算器按钮所单击的对应文字进行拼接，并最终调用Calculator.calculate来执行计算。

5.8.6　构造整体页面

现在将CalculatorButton组件进行组装，成为一个完整的计算器界面。代码如下：

```
@Entry
@Component
struct Index {
  private BTN_INFO_ARRAY: CalculatorButtonInfo[] = [ // 所有按钮样式信息
    new CalculatorButtonInfo('C', Color.Blue),
    new CalculatorButtonInfo('÷', Color.Blue),
    new CalculatorButtonInfo('×', Color.Blue),
    new CalculatorButtonInfo('←', Color.Blue),
    new CalculatorButtonInfo('7'),
    new CalculatorButtonInfo('8'),
    new CalculatorButtonInfo('9'),
    new CalculatorButtonInfo('-', Color.Blue),
    new CalculatorButtonInfo('4'),
    new CalculatorButtonInfo('5'),
    new CalculatorButtonInfo('6'),
    new CalculatorButtonInfo('+', Color.Blue),
    new CalculatorButtonInfo('1'),
    new CalculatorButtonInfo('2'),
    new CalculatorButtonInfo('3'),
    new CalculatorButtonInfo('=', Color.White, Color.Blue),
    new CalculatorButtonInfo('%'),
    new CalculatorButtonInfo('0'),
    new CalculatorButtonInfo('.')
  ]

  build() {
    Stack({ alignContent: Alignment.Bottom }) {
      Column() {
        Text(this.input.length == 0 ? '0' : this.input)  // 输入内容，若没有内容，则显示0
          .width('100%')
```

```
            .padding(10)
            .textAlign(TextAlign.End)
            .fontSize(46)
          Grid() {
            // 遍历生成按钮
            ForEach(this.BTN_INFO_ARRAY, (btnInfo:CalculatorButtonInfo) =>
this.CalculatorButton(btnInfo))
          }
          .columnsTemplate('1fr 1fr 1fr 1fr')       // 按钮比重分配
          .rowsTemplate('1fr 1fr 1fr 1fr 1fr')
          .columnsGap(2)                             // 按钮间隙
          .rowsGap(2)
          .width('100%')
          .aspectRatio(1)                            // 长宽比
        }
      }.width('100%').height('100%').backgroundColor(Color.Gray)
    }

    // ...
  }
```

整体的计算器界面分为了上、下两部分。上部分为输入显示区，主要是采用Text实现；下部分为按键区，主要是通过Grid结合CalculatorButtonInfo来实现按键格子。每个CalculatorButtonInfo就是一个按键，所有按键的样式定义在BTN_INFO_ARRAY数组中。

5.8.7 运行

可以在预览器中直接运行该应用，界面效果如图5-35所示。

最终计算结果的界面效果如图5-36所示。

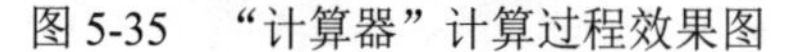

图 5-35 “计算器”计算过程效果图

图 5-36 “计算器”计算结果效果图

5.9 本章小结

本章详细阐述了ArkUI高级组件的开发过程，包括渲染控制、容器组件、媒体组件、绘制组件、画布组件以及常用布局等关键技术。通过学习这些高级组件的开发，可以帮助开发者更好地掌握复杂界面的构建技巧，提升用户体验。

5.10　上机练习：实现图片轮播播放器应用

任务要求：根据本章所学的知识，参考图5-37和图5-38编写一个HarmonyOS应用程序——图片轮播播放器。图片轮播播放器是指循环播放图片的软件程序。

图 5-37　图片轮播界面 1 效果

图 5-38　图片轮播界面 2 效果

练习步骤：

（1）定义ImageData类代表图片数据模型，具有以下属性：

- id：图片唯一标识。
- img：图片资源。
- name：图片名称。

（2）定义initializeImageData()函数用于初始化图片的数据源。

（3）在Index页面中定义一个Swiper组件。

（4）Swiper组件的ForEach用于遍历initializeImageData方法所初始化的图片数据资源。

（5）图片资源赋值给Swiper组件的imageSrc属性。

（6）Swiper设置组件的autoPlay为true。

代码参考配书资源中的“ArkUISwiper”应用。

第 6 章

公共事件

HarmonyOS中的应用程序事件主要分为进程间通信和线程间通信两大类。进程间通信主要是通过公共事件服务为应用程序提供订阅、发布、退订公共事件的能力，而线程间通信则是通过Emitter发送和处理事件的能力。

本章将介绍应用程序事件的相关概念和开发方法。

6.1 公共事件概述

在应用程序中，经常会有各种事件发生。例如，当朋友给我的手机发送一条信息时，未读信息会在手机的通知栏显示。

6.1.1 公共事件的分类

公共事件服务（Common Event Service，简称CES）为应用程序提供了强大的事件处理能力，包括订阅、发布和退订公共事件，如图6-1所示。这一机制允许开发者灵活地管理和响应应用中的各种事件。

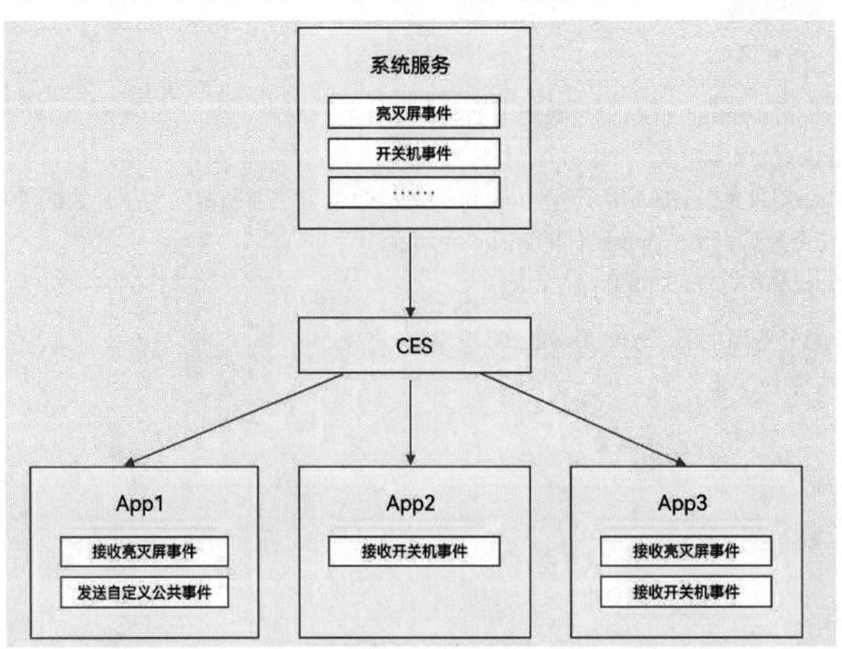

图 6-1 公共事件

公共事件从系统角度可分为系统公共事件和自定义公共事件。

- 系统公共事件：CES内部定义的公共事件，当前仅支持系统应用和系统服务发布，例如HAP安装、更新、卸载等公共事件。
- 自定义公共事件：应用定义的公共事件，可用于实现跨进程的事件通信能力。

公共事件按发送方式可分为无序公共事件、有序公共事件和粘性公共事件。

- 无序公共事件：CES在转发公共事件时，不考虑订阅者是否接收到该事件，也不保证订阅者接收到该事件的顺序与其订阅顺序一致。
- 有序公共事件：CES在转发公共事件时，根据订阅者设置的优先级等级，优先将公共事件发送给优先级较高的订阅者，等待其成功接收该公共事件之后再将事件发送给优先级较低的订阅者。如果有多个订阅者具有相同的优先级，则他们将随机接收到公共事件。
- 粘性公共事件：能够让订阅者收到在订阅前已经发送的公共事件就是粘性公共事件。普通的公共事件只能在订阅后发送才能收到，而粘性公共事件的特殊性就是可以先发送后订阅，同时也支持先订阅后发送。发送粘性事件必须是系统应用或系统服务，粘性事件发送后会一直存储在系统中，且发送者需要申请ohos.permission.COMMONEVENT_STICKY权限，配置方式请参见声明权限。

每个应用都可以按需订阅公共事件，订阅成功且公共事件发布，系统会把其发送给应用。这些公共事件可能来自系统、其他应用和应用自身。

6.1.2　公共事件的开发

公共事件的开发主要涉及3部分，即公共事件订阅开发、公共事件发布开发、公共事件取消订阅开发。

1. 公共事件订阅开发

当需要订阅某个公共事件，获取某个公共事件传递的参数时，可以创建一个订阅者对象，用于作为订阅公共事件的载体，订阅公共事件并获取公共事件传递而来的参数。订阅部分系统公共事件需要先申请权限，详见“第9章 安全管理”。

公共事件订阅开发接口如下：

- 创建订阅者对象(callback): createSubscriber(subscribeInfo: CommonEventSubscribeInfo, callback: AsyncCallback)。
- 创建订阅者对象(promise): createSubscriber(subscribeInfo: CommonEventSubscribeInfo)。
- 订阅公共事件：subscribe(subscriber: CommonEventSubscriber, callback: AsyncCallback)。

2. 公共事件发布开发

当需要发布某个自定义公共事件时，可以通过此方法发布事件。发布的公共事件可以携带数据，供订阅者解析并进行下一步处理。

公共事件发布开发接口如下：

- 发布公共事件：publish(event: string, callback: AsyncCallback)。
- 指定发布信息并发布公共事件：publish(event: string, options: CommonEventPublishData, callback: AsyncCallback)。

3. 公共事件取消订阅开发

订阅者需要取消已订阅的某个公共事件时，可以通过此方法取消订阅事件。

公共事件取消订阅开发接口如下：

- 取消订阅公共事件：unsubscribe(subscriber: CommonEventSubscriber, callback?: AsyncCallback)。

6.2 实战：订阅、发布、取消公共事件

本节主要演示如何实现公共事件的订阅、发布和取消操作。

打开DevEco Studio，选择一个Empty Ability工程模板，创建一个名为“ArkTSCommonEventService”的工程为演示示例。

6.2.1 添加按钮

在Index.ets的Text组件下，添加4个按钮，代码如下：

```
// 创建订阅者
Button(('创建订阅者'), { type: ButtonType.Capsule })
    .fontSize(40)
    .fontWeight(FontWeight.Medium)
    .margin({ top: 10, bottom: 10 })
    .onClick(() => {
    this.createSubscriber()
    })
// 订阅事件
Button(('订阅事件'), { type: ButtonType.Capsule })
    .fontSize(40)
    .fontWeight(FontWeight.Medium)
    .margin({ top: 10, bottom: 10 })
    .onClick(() => {
    this.subscriberCommonEvent()
    })
// 发送事件
Button(('发送事件'), { type: ButtonType.Capsule })
    .fontSize(40)
    .fontWeight(FontWeight.Medium)
    .margin({ top: 10, bottom: 10 })
    .onClick(() => {
    this.publishCommonEvent()
    })
// 取消订阅
Button(('取消订阅'), { type: ButtonType.Capsule })
    .fontSize(40)
    .fontWeight(FontWeight.Medium)
    .margin({ top: 10, bottom: 10 })
    .onClick(() => {
    this.unsubscribeCommonEvent()
    })
```

其中4个按钮分别设置了onClick单击事件，分别用来触发创建订阅者、订阅事件、发送事件以及取消订阅的操作。

界面效果如图6-2所示。

图 6-2　界面效果

6.2.2　添加 Text 组件显示接收的事件

为了能显示接收到的事件的信息，在4个按钮下面添加一个Text组件，代码如下：

```
//用于接收事件数据
@State eventData: string = ''
// ...
// 接收到的事件数据
Text(this.eventData)
    .fontSize(50)
    .fontWeight(FontWeight.Bold)
```

Text组件的显示内容，通过@State绑定了eventData变量。当eventData变量变化时，Text的显示内容也会实时更新。

6.2.3　设置按钮的单击事件方法

4个按钮的单击事件方法如下：

```
// 用于保存创建成功的订阅者对象，后续使用其完成订阅及取消订阅的操作
private subscriber: commonEventManager.CommonEventSubscriber | null = null;
//...
private createSubscriber() {
if (this.subscriber) {
    this.message = "subscriber already created";
} else {
    commonEvent.createSubscriber({                // 创建订阅者
    events: ["testEvent"]                         // 指定订阅的事件名称
    }, (err, subscriber) => {                     // 创建结果的回调
    if (err) {
        this.message = "create subscriber failure"
    } else {
        this.subscriber = subscriber;             // 创建订阅成功
        this.message = "create subscriber success";
    }
    })
}
}

private subscriberCommonEvent() {
if (this.subscriber) {
    // 根据创建的subscriber开始订阅事件
    commonEvent.subscribe(this.subscriber, (err, data) => {
    if (err) {
        // 异常处理
        this.eventData = "subscribe event failure: " + err;
    } else {
        // 接收到事件
        this.eventData = "subscribe event success: " + JSON.stringify(data);
    }
    })
} else {
```

```
        this.message = "please create subscriber";
    }
    }

    private publishCommonEvent() {
    //发布公共事件
    commonEvent.publish("testEvent", (err) => {                        // 结果回调
        if (err) {
        this.message = "publish event error: " + err;
        } else {
        this.message = "publish event with data success";
        }
    })
    }

    private unsubscribeCommonEvent() {
    if (this.subscriber) {
        commonEvent.unsubscribe(this.subscriber, (err) => {  // 取消订阅事件
        if (err) {
            this.message = "unsubscribe event failure: " + err;
        } else {
            this.subscriber = null;
            this.message = "unsubscribe event success";
        }
        })
    } else {
        this.message = "already subscribed";
    }
    }
```

subscriber是作为订阅者的变量。createSubscriber()方法用于创建订阅者。subscriberCommonEvent()方法用于订阅事件。publishCommonEvent()方法用于发布公共事件。unsubscribeCommonEvent()方法用于取消订阅。

6.2.4 运行

创建订阅者界面效果如图6-3所示。

单击“订阅事件”以及“发送事件”按钮后，界面效果如图6-4所示。

图 6-3　创建订阅者

图 6-4　发送事件

由图中可以看到，订阅者已经能够正确接收事件，并将事件的信息显示在页面上了。

注意　示例效果请以真机或者模拟器运行为准，该示例不支持在预览器中预览显示。

6.3 Emitter 概述

Emitter提供了在同一进程不同线程间或同一进程同一线程内，发送和处理事件的能力，包括持续订阅事件、单次订阅事件、取消订阅事件，以及发送事件到事件队列的能力。

使用Emitter需要先导入以下模块：

```
import { emitter } from '@kit.BasicServicesKit';
```

Emitter主要提供订阅、取消订阅、发送事件3项操作。

6.3.1 订阅

订阅操作包括以下接口：

- on(event: InnerEvent, callback: Callback<EventData>)：持续订阅指定的事件，并在接收到该事件时，执行对应的回调处理函数。
- on(eventId: string, callback: Callback<EventData>)：持续订阅指定事件，并在接收到该事件时，执行对应的回调处理函数。
- on<T>(eventId: string, callback: Callback<GenericEventData<T>>)：持续订阅指定事件，并在接收到该事件时，执行对应的回调处理函数。
- once(event: InnerEvent, callback: Callback<EventData>)：单次订阅指定的事件，并在接收到该事件并执行完相应的回调函数后，自动取消订阅。
- once(eventId: string, callback: Callback<EventData>)：单次订阅指定事件，并在接收到该事件并执行完相应的回调函数后，自动取消订阅。
- once<T>(eventId: string, callback: Callback<GenericEventData<T>>)：单次订阅指定事件，并在接收到该事件并执行完相应的回调函数后，自动取消订阅。

6.3.2 取消订阅

取消订阅操作包括以下接口：

- off(eventId: number)：取消针对该事件ID的订阅。
- off(eventId: string)：取消订阅指定事件。
- off(eventId: number, callback: Callback<EventData>)：取消针对该事件ID的订阅，传入可选参数callback，并且该callback已经通过on或者once接口订阅，则取消该订阅；否则，不做任何处理。
- off(eventId: string, callback: Callback<EventData>)：取消针对该事件ID的订阅，传入可选参数callback，并且该callback已经通过on或者once接口订阅，则取消该订阅；否则，不做任何处理。
- off<T>(eventId: string, callback: Callback<GenericEventData<T>>)：取消针对该事件ID的订阅，传入可选参数callback，如果该callback已经通过on或者once接口订阅，则取消该订阅；否则，不做任何处理。

6.3.3　发送事件

发送事件操作包括以下接口：

- emit(event: InnerEvent, data?: EventData)：发送指定的事件。
- emit(eventId: string, data?: EventData)：发送指定的事件。
- emit<T>(eventId: string, data?: GenericEventData<T>)：发送指定的事件。
- emit(eventId: string, options: Options, data?: EventData)：发送指定优先级事件。
- emit<T>(eventId: string, options: Options, data?: GenericEventData<T>)：发送指定优先级事件。

6.4　实战：使用 Emitter 进行线程间通信

本节主要演示如何实现使用Emitter来订阅、发送事件。

打开DevEco Studio，选择一个Empty Ability工程模板，创建一个名为“ArkTSEmitter”的工程为演示示例。

6.4.1　添加按钮

在Index.ets的Text组件下，添加2个按钮，代码如下：

```
// 订阅事件
Button(('订阅事件'), { type: ButtonType.Capsule })
  .fontSize(40)
  .fontWeight(FontWeight.Medium)
  .margin({ top: 10, bottom: 10 })
  .onClick(() => {
    this.subscriberEvent()
  })

// 发送事件
Button(('发送事件'), { type: ButtonType.Capsule })
  .fontSize(40)
  .fontWeight(FontWeight.Medium)
  .margin({ top: 10, bottom: 10 })
  .onClick(() => {
    this.emitEvent()
  })
```

这些按钮都设置了onClick单击事件，分别来触发订阅事件和发送事件的操作。

界面效果如图6-5所示。

图 6-5　界面效果

6.4.2　添加 Text 组件显示接收的事件

为了能显示接收到的事件的信息，在2个按钮下面添加一个Text组件，代码如下：

```
//用于接收事件数据
@State eventData: string = ''
// ...
```

```
// 接收到的事件数据
Text(this.eventData)
  .fontSize(50)
  .fontWeight(FontWeight.Bold)
```

Text组件的显示内容，通过@State绑定了eventData变量。当eventData变量变化时，Text的显示内容也会实时更新。

6.4.3　设置按钮的单击事件方法

2个按钮的单击事件方法如下：

```
// 导入Emitter
import { emitter } from '@kit.BasicServicesKit';

// 定义一个eventId为1的事件
private event: emitter.InnerEvent = {
  eventId: 1
};

//...

private subscriberEvent() {
  // 收到eventId为1的事件后执行该回调
  let callback = (eventData: emitter.EventData): void => {
    // 接收到事件
    this.eventData = "subscribe event success: " + JSON.stringify(eventData);
  };
  // 订阅eventId为1的事件
  emitter.on(this.event, callback);

  this.message = "subscriber already created";
}

private emitEvent() {
  let eventData: emitter.EventData = {
    data: {
      content: 'waylau.com',
      id: 1,
      isEmpty: false
    }
  };
  // 发送eventId为1的事件，事件内容为eventData
  emitter.emit(this.event, eventData);
}
```

其中，subscriberEvent()方法用于订阅事件，emitEvent()方法用于发送事件。

6.4.4　运行

单击“订阅事件”界面后效果如图6-6所示。

单击“发送事件”按钮后界面效果如图6-7所示。

可以看到，Emitter已经能够正确接收事件，并将事件的信息显示在页面上了。

注意 示例效果请以真机或者模拟器运行为准，该示例不支持在预览器中预览显示。

图 6-6　订阅事件

图 6-7　发送事件

6.5　本章小结

本章详细介绍了HarmonyOS中公共事件的概念及其应用方法，并通过实例展示了如何进行事件的订阅、发布和取消操作。此外，还探讨了通过Emitter实现线程间通信的方法，即发送和处理事件的能力。

6.6　上机练习：实现购物车应用

任务要求：根据本章所学的知识，参考图6-8和图6-9编写一个HarmonyOS应用程序，实现购物车功能。当选中物品时就添加到购物车，取消物品时，就从购物车里面删除。

图 6-8　购物车（1）

图 6-9　购物车（2）

练习步骤：

（1）使用Checkbox定义物品清单。选中代表要放入购物车，取消选中则代表从购物车中删除。
（2）物品放入购物车时，发送一个addEvent事件；取消选中发送一个deleteEvent事件。
（3）在Index页面中定义一个Swiper组件。
（4）使用数据结构HashMap来实现购物车物品的存储。
（5）在界面使用Text记录当前购物车的操作，并显示购物车中的物品清单。
（6）在页面初始化时，在aboutToAppear()生命周期函数中监听事件。

代码参考配书资源中的“ArkTSShoppingCart”应用。

第 7 章 窗口管理

HarmonyOS通过窗口模块实现在同一块物理屏幕上提供多个应用界面显示和交互。本章将介绍窗口管理的相关概念及开发方法。

7.1 窗口开发概述

HarmonyOS通过窗口模块实现窗口管理，包括：

- 针对应用开发者，提供了界面显示和交互能力。
- 针对终端用户而言，提供了控制应用界面的方式。
- 针对整个操作系统而言，提供了不同应用界面的组织管理逻辑。

7.1.1 窗口的分类

HarmonyOS的窗口模块将窗口界面分为系统窗口、应用窗口两种基本类型。

（1）系统窗口是指完成系统特定功能的窗口。如音量条、壁纸、通知栏、状态栏、导航栏等。

（2）应用窗口是指与应用显示相关的窗口。根据显示内容的不同，应用窗口又分为应用主窗口和应用子窗口两种类型。

- 应用主窗口：用于显示应用界面，可在“任务管理界面”显示。
- 应用子窗口：用于显示应用的弹窗、悬浮窗等辅助窗口，不会在“任务管理界面”显示。

7.1.2 窗口模块的用途

窗口模块提供管理窗口的一些基础能力，包括对当前窗口的创建、销毁、各属性的设置，以及对各窗口间的管理调度。该模块提供以下窗口相关的常用功能：

- Window：当前窗口实例，窗口管理器管理的基本单元。
- WindowStage：窗口管理器，用于管理各个基本窗口单元。

在HarmonyOS中，窗口模块主要负责以下职责：

- 提供应用和系统界面的窗口对象。应用开发者通过窗口加载UI界面，实现界面显示功能。

- 组织不同窗口的显示关系，即维护不同窗口间的叠加层次和位置属性。应用和系统的窗口具有多种类型，不同类型的窗口具有不同的默认位置和叠加层次（Z轴高度）。同时，用户操作也可以在一定范围内对窗口的位置和叠加层次进行调整。
- 提供窗口装饰。窗口装饰指窗口标题栏和窗口边框。窗口标题栏通常包括窗口最大化、最小化及关闭按钮等界面元素，具有默认的单击行为，方便用户进行操作；窗口边框则方便用户对窗口进行拖动、缩放等行为。窗口装饰是系统的默认行为，开发者可选择启用/禁用，无须关注UI代码层面的实现。
- 提供窗口动效。在窗口显示、隐藏及窗口间切换时，窗口模块通常会添加动画效果，以使各个交互过程更加连贯流畅。在HarmonyOS中，应用窗口的动效为默认行为，不需要开发者进行设置或者修改。
- 指导输入事件分发。即根据当前窗口的状态或焦点，进行事件的分发。触摸和鼠标事件根据窗口的位置和尺寸进行分发，而键盘事件会被分发至焦点窗口。应用开发者可以通过窗口模块提供的接口来设置窗口是否可以触摸和是否可以获焦。

7.1.3　窗口沉浸式能力

窗口沉浸式能力是指对状态栏、导航栏等系统窗口进行控制，减少状态栏、导航栏等系统界面的突兀感，从而使用户获得最佳体验感。

沉浸式能力只在应用主窗口作为全屏窗口时生效。通常情况下，应用子窗口（弹窗、悬浮窗口等辅助窗口）和处于自由窗口下的应用主窗口无法使用沉浸式能力。

7.1.4　应用窗口模式

应用窗口模式是应用主窗口启动时的显示方式。HarmonyOS目前支持全屏、分屏、自由窗口3种应用窗口模式。这种对多种应用窗口模式的支持能力，也称为操作系统的“多窗口能力”。

- 全屏：应用主窗口启动时铺满整个屏幕。
- 分屏：应用主窗口启动时占据屏幕的某个部分，当前支持二分屏。两个分屏窗口之间具有分界线，可通过拖动分界线调整两个部分的窗口尺寸。
- 自由窗口：其大小和位置可自由改变。同一个屏幕上可同时显示多个自由窗口，这些自由窗口按照打开或者获取焦点的顺序在Z轴排列。当自由窗口被单击或触摸时，将导致其Z轴高度提升，并获取焦点。

图7-1展示了3种应用窗口模式。

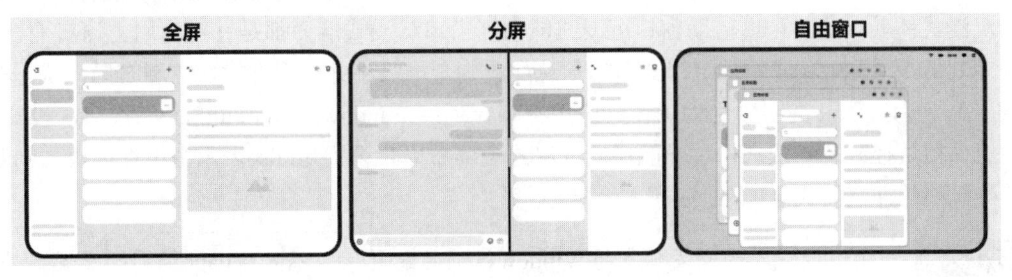

图 7-1　3 种应用窗口模式

7.2 窗口管理

在Stage模型下，管理应用窗口的典型场景有：

- 设置应用主窗口属性及目标页面。
- 设置应用子窗口属性及目标页面。
- 体验窗口沉浸式能力。
- 设置悬浮窗口。
- 监听窗口不可交互与可交互事件。

7.2.1 设置应用主窗口属性及目标页面

在Stage模型下，应用主窗口由UIAbility创建并维护生命周期。在UIAbility的onWindowStageCreate回调中，通过WindowStage获取应用主窗口，即可对其进行属性设置等操作。还可以在应用配置文件中设置应用主窗口的属性，如最大窗口宽度maxWindowWidth等。

常用API如下：

- getMainWindow(callback: AsyncCallback<Window>)：获取WindowStage实例下的主窗口。
- loadContent(path: string, callback: AsyncCallback<void>)：为当前WindowStage的主窗口加载具体页面。
- setBrightness(brightness: number, callback: AsyncCallback<void>)：设置屏幕亮度值。
- setTouchable(isTouchable: boolean, callback: AsyncCallback<void>)：设置窗口是否为可触状态。

7.2.2 设置应用子窗口属性及目标页面

开发者可以按需创建应用子窗口，如弹窗等，并对其进行属性设置。

常用API如下：

- createSubWindow(name: string, callback: AsyncCallback<Window>)：创建子窗口。
- loadContent(path: string, callback: AsyncCallback<void>)：为当前窗口加载具体页面。
- show(callback: AsyncCallback<void>)：显示当前窗口。

7.2.3 体验窗口沉浸式能力

在看视频、玩游戏等场景下，用户往往希望隐藏状态栏、导航栏等不必要的系统窗口，从而获得更佳的沉浸式体验。此时可以借助窗口沉浸式能力（窗口沉浸式能力都是针对应用主窗口而言的），达到预期效果。从API 10开始，沉浸式窗口默认配置为全屏大小并由组件模块控制布局，状态栏、导航栏背景颜色为透明，文字颜色为黑色；应用窗口调用setWindowLayoutFullScreen接口，设置为true表示由组件模块控制忽略状态栏、导航栏的沉浸式全屏布局，设置为false表示由组件模块控制避让状态栏、导航栏的非沉浸式全屏布局。

注意　当前沉浸式界面开发仅支持Window级别的配置，暂不支持Page级别的配置。若有Page级别切换的需要，可以在页面生命周期开始，例如onPageShow中设置沉浸模式，然后在页面退出，例如在onPageHide中恢复默认设置来实现。

实现沉浸式效果有以下两种方式：

- 应用主窗口为全屏窗口时，调用setWindowSystemBarEnable接口，并设置导航栏、状态栏不显示，从而达到沉浸式效果。
- 调用 setWindowLayoutFullScreen 接口，设置应用主窗口为全屏布局；然后调用setWindowSystemBarProperties接口，并设置导航栏、状态栏的透明度、背景颜色、文字颜色以及高亮图标等属性，使之保持与主窗口显示协调一致，从而达到沉浸式效果。

7.2.4　设置悬浮窗

悬浮窗可以在已有的任务基础上创建一个始终在前台显示的窗口。即使创建悬浮窗的任务退至后台，悬浮窗仍然可以在前台显示。通常悬浮窗位于所有应用窗口之上，开发者可以创建悬浮窗，并对悬浮窗进行属性设置等操作。

创建WindowType.TYPE_FLOAT即悬浮窗类型的窗口，需要申请ohos.permission.SYSTEM_FLOAT_WINDOW权限，该权限为受控开放权限，仅符合指定场景的在2in1设备上的应用可申请该权限。

悬浮窗的开发步骤如下：

（1）创建悬浮窗。通过window.createWindow接口创建悬浮窗类型的窗口。

（2）对悬浮窗进行属性设置。悬浮窗窗口创建成功后，可以改变其大小、位置等，还可以根据应用需要设置悬浮窗背景色、亮度等属性。

（3）加载显示悬浮窗的具体内容。通过setUIContent和showWindow接口加载显示悬浮窗的具体内容。

（4）销毁悬浮窗。当不再需要悬浮窗时，可根据具体实现逻辑，使用destroyWindow接口销毁悬浮窗。

7.2.5　监听窗口不可交互与可交互事件

应用在前台显示过程中可能会进入某些不可交互的场景，比较典型的是进入多任务界面。此时，对于一些应用可能需要选择暂停某个与用户正在交互的业务，如视频类应用暂停正在播放的视频或者相机暂停预览流等。而当该应用从多任务又切换回前台时，又变成了可交互的状态，此时需要恢复被暂停中断的业务，如恢复视频播放或相机预览流等。

在创建WindowStage对象后可通过监听“windowStageEvent”事件类型，监听到窗口进入前台、后台、前台可交互、前台不可交互等事件，应用可根据这些上报的事件状态进行相应的业务处理。

7.3　实战：实现窗口沉浸式效果

本节演示窗口管理的常用操作，包括应用主窗口的操作以及窗口沉浸式能力的使用。

打开DevEco Studio，选择一个Empty Ability工程模板，创建一个名为“ArkTSWindowLayoutFullScreen”的工程为演示示例。

7.3.1　获取应用主窗口

可通过getMainWindow接口获取应用主窗口。

修改EntryAbility.ets的onWindowStageCreate方法，在windowStage.loadContent方法之前添加如下内容：

```
// 1.获取应用主窗口
let windowClass: window.Window | null = null;
windowStage.getMainWindow((err: BusinessError, data) => {
    let errCode: number = err.code;
    if (errCode) {
    console.error('Failed to obtain the main window. Cause: ' + JSON.stringify(err));
    return;
    }
    windowClass = data;
    console.info('Succeeded in obtaining the main window. Data: ' + JSON.stringify(data));

    // 2.实现沉浸式效果
    // ...
})
```

上述代码中，windowStage.getMainWindow方法获取到了应用主窗口windowClass。

接下来就可以对windowClass进行设置，以实现沉浸式效果。

7.3.2　实现沉浸式效果

实现沉浸式效果有以下两种方式。

1. 方式一

方式一是当应用主窗口为全屏窗口时，调用setWindowSystemBarEnable接口，设置导航栏、状态栏不显示，从而达到沉浸式效果。代码如下：

```
// 2.实现沉浸式效果。方式一：设置导航栏、状态栏不显示
let names: Array<'status' | 'navigation'> = [];
windowClass.setWindowSystemBarEnable(names)
.then(() => {
    console.info('Succeeded in setting the system bar to be visible.');
})
.catch((err: BusinessError) => {
    console.error('Failed to set the system bar to be visible. Cause:' +
JSON.stringify(err));
});
```

2. 方式二

方式二是首先调用setWindowLayoutFullScreen接口，设置应用主窗口为全屏布局；然后调用setWindowSystemBarProperties接口，设置导航栏、状态栏的透明度、背景颜色、文字颜色以及高亮图标等属性，使其与主窗口显示保持协调一致，从而达到沉浸式效果。代码如下：

```
// 2.实现沉浸式效果。方式二：设置窗口为全屏布局，配合设置导航栏、状态栏的透明度、背景颜色、文字颜色及
高亮图标等属性，与主窗口显示保持协调一致
let isLayoutFullScreen = true;
windowClass.setWindowLayoutFullScreen(isLayoutFullScreen)
.then(() => {
    console.info('Succeeded in setting the window layout to full-screen mode.');
})
.catch((err: BusinessError) => {
    console.error('Failed to set the window layout to full-screen mode. Cause:' +
JSON.stringify(err));
```

```
    });
    let sysBarProps: window.SystemBarProperties = {
    statusBarColor: '#ff00ff',
    navigationBarColor: '#00ff00',
    // 以下两个属性从API 8开始支持
    statusBarContentColor: '#ffffff',
    navigationBarContentColor: '#ffffff'
    };
    windowClass.setWindowSystemBarProperties(sysBarProps)
    .then(() => {
       console.info('Succeeded in setting the system bar properties.');
    })
    .catch((err: BusinessError) => {
       console.error('Failed to set the system bar properties. Cause: ' +
JSON.stringify(err));
    });
```

7.3.3　运行

未设置沉浸式效果的界面效果如图7-2所示。

已设置沉浸式效果的界面效果如图7-3所示。

图 7-2　未设置沉浸式效果

图 7-3　已设置沉浸式效果

可以看到已设置沉浸式效果的界面隐藏了状态栏。

7.4　智慧多窗

智慧多窗是一种多任务处理解决方案，它允许用户在同一时间、同一屏幕上以悬浮窗或分屏的方式同时运行多个应用窗口。在智慧多窗的显示模式下，用户可以根据自己的需求，合理安排应用窗口的位置和大小。

7.4.1　悬浮窗

悬浮窗是一种在设备屏幕上悬浮的、非全屏的应用窗口。一般用于在已有全屏任务运行的基础上，临时处理另一个任务，或短时间多任务并行使用。如浏览网页的同时回复消息。

针对手机，一个屏幕内最多支持显示一个悬浮窗；在折叠屏手机展开态、平板电脑类设备上，一个屏幕内最多支持显示两个悬浮窗。在超出悬浮窗显示最大个数限制时，打开新的悬浮窗会替换最近久未操作的悬浮窗。

1. 悬浮窗的类型

悬浮窗的常见类型主要分为如下两种：

- 竖向悬浮窗：一般用于新闻资讯、社交以及购物类应用等场景，如图7-4所示。

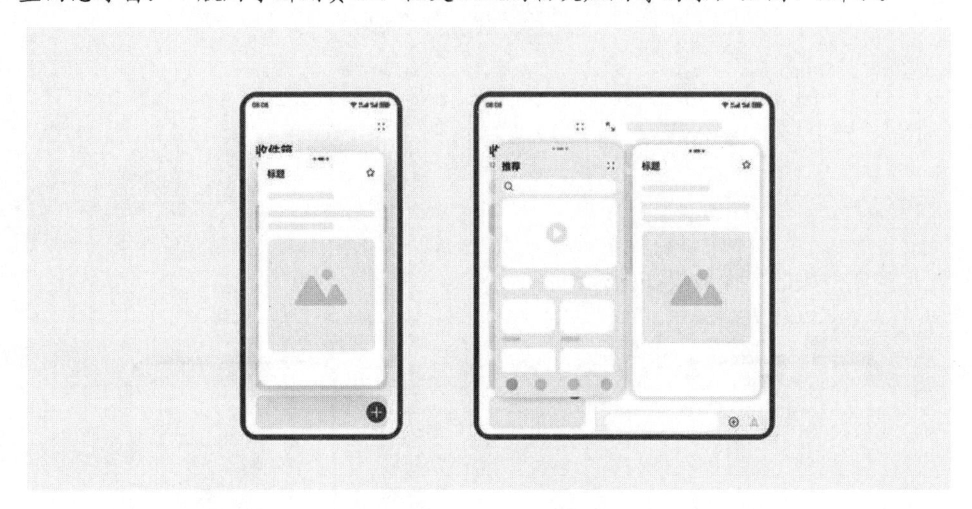

图 7-4　竖向悬浮窗

- 横向悬浮窗：主要用于横向游戏和视频全屏播放的场景，如图7-5所示。

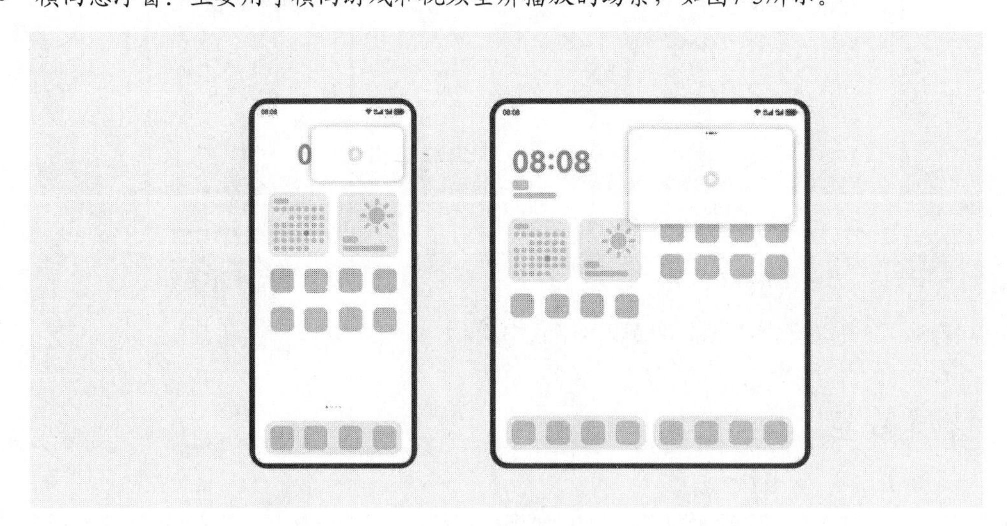

图 7-5　横向悬浮窗

2. 悬浮窗的触发及恢复方式

悬浮窗的触发方式有以下两种：

- 手势触发：应用全屏时从屏幕底部向上滑至右上方热区，松开手后可开启悬浮窗模式，如图7-6所示。

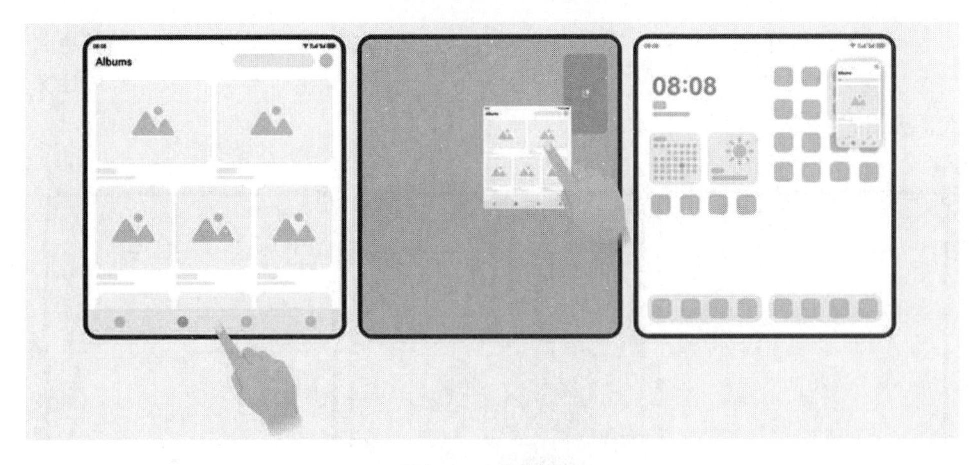

图 7-6　手势触发

- 通知消息下拉触发：在系统接收到通知消息未收起时，可直接下拉此通知消息开启悬浮窗模式，如图7-7所示。

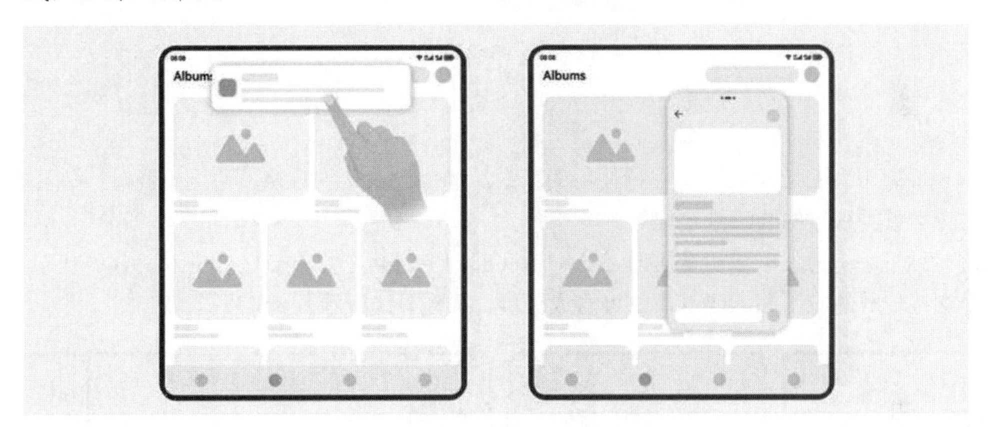

图 7-7　通知消息下拉触发

悬浮窗的恢复方式主要有以下两种：

- 多任务中心中恢复：对于已开启悬浮窗模式的应用，在进入多任务中心时，悬浮窗应用同全屏应用一起显示在多任务中心，用户选择单击悬浮窗应用卡片时可恢复悬浮窗模式，如图7-8所示。

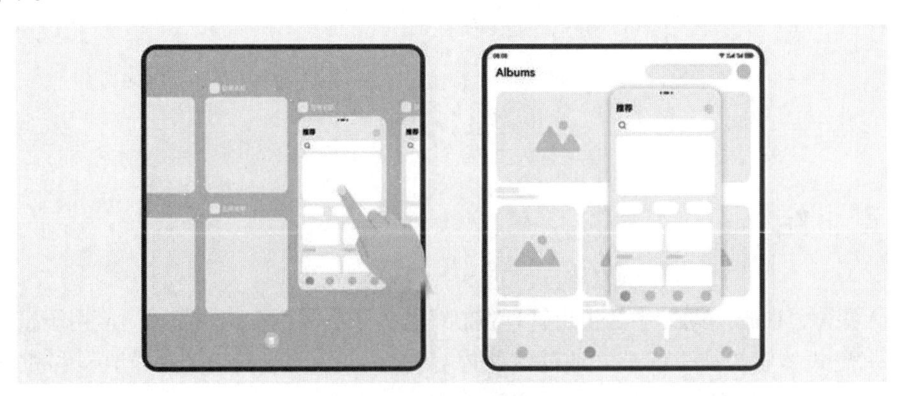

图 7-8　多任务中心中恢复

- 侧边栏恢复：对于已开启悬浮窗模式的应用，其最小化后会暂存在屏幕上的侧边栏中，单击或者长按侧边栏可展开任务选择界面，选择点击侧边栏中悬浮窗应用卡片时可恢复悬浮窗模式，如图7-9所示。

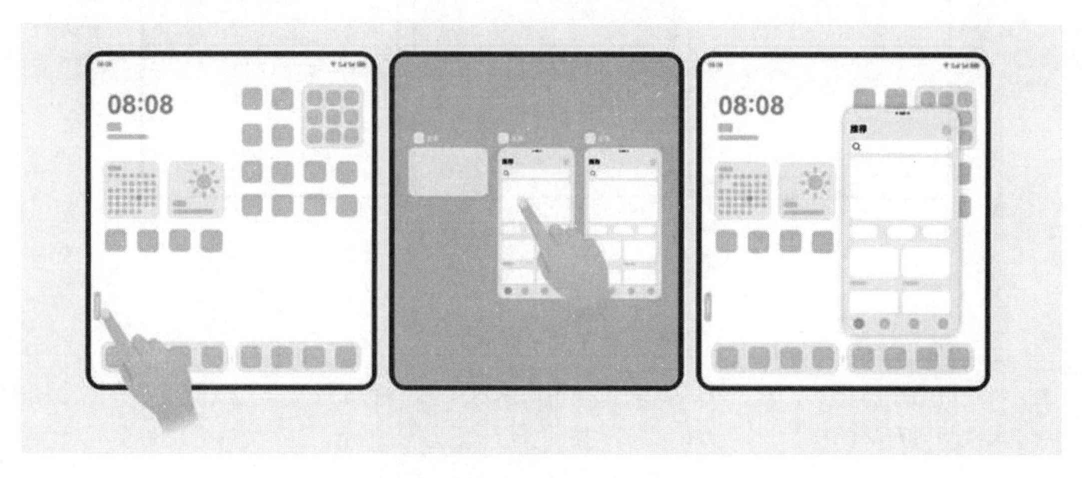

图 7-9　侧边栏恢复

7.4.2　分屏

分屏一般用于两个应用长时间并行使用的场景。例如边看购物攻略、边浏览商品；边看视频、边玩游戏；看学习类视频的同时做笔记等。

分屏是通过手势触发。应用全屏时，从屏幕底部向上滑至左上方热区，进入待分屏状态，单击桌面另一个支持分屏的应用图标或卡片，可形成分屏，如图7-10所示。

图 7-10　分屏

7.5　本章小结

本章深入探讨了HarmonyOS中的窗口管理机制，涵盖了应用主窗口的管理、应用子窗口的管理以及实现窗口沉浸式体验的技术细节。通过这些内容的学习，开发者可以更好地理解和掌握如何在HarmonyOS中高效地进行窗口管理和交互设计。

7.6　上机练习：创建子窗口

任务要求：根据本章所学的知识，参考图7-11和图7-12编写一个HarmonyOS应用程序，实现创建子窗口功能。当单击“创建子窗口”按钮时就创建子窗口，当单击“销毁子窗口”按钮时就将子窗口销毁。

图 7-11　主页

图 7-12　创建子窗口

练习步骤：

（1）创建页面SubWindowPage.ets，作为子窗口页面。

（2）自创给Index页面传递windowStage。

（3）通过“创建子窗口”按钮触发创建子窗口。

（4）通过“销毁子窗口”按钮触发销毁子窗口。

代码参考配书资源中的“ArkTSSubWindow”应用。

第 8 章

网络编程

本章介绍HarmonyOS的网络编程，内容包括HTTP数据请求以及Web组件的使用。

8.1 HTTP 数据请求概述

HTTP（Hyper Text Transfer Protocol，超文本传输协议）是一种用于在网络上传输超文本的协议，它基于请求–响应模式，并且通常建立在传输控制协议（TCP）之上。HTTP定义了客户端与服务器之间通信的消息格式，包括客户端可以发送的请求类型以及服务器应返回的响应内容。这种简洁的通信模型是推动现代网络发展和技术繁荣的关键因素。

HarmonyOS的http模块支持发起HTTP请求，从服务端获取数据。例如，新闻应用可以从新闻服务器中获取最新的热点新闻，从而给用户打造更加丰富、更加实用的体验。我们按照以下方式来导入http模块：

```
// 导入http模块
import { http } from '@kit.NetworkKit';
```

8.1.1 HTTP 请求方法

根据HTTP标准，HTTP请求可以使用多种请求方法。常用的请求方法如下：

- GET：请求指定的页面信息，并返回实体主体。
- HEAD：类似于GET请求，只不过返回的响应中没有具体的内容，用于获取报头。
- POST：向指定资源提交数据进行处理请求（例如提交表单或者上传文件）。数据被包含在请求体中。POST请求可能会导致新的资源的建立或将已有资源进行修改。
- PUT：从客户端向服务器传送的数据可以取代指定的文档的内容。
- DELETE：请求服务器删除指定的页面。
- CONNECT：HTTP 1.1协议中预留给能够将连接改为管道方式的代理服务器。
- OPTIONS：允许客户端查看服务器的性能。
- TRACE：回显服务器收到的请求，主要用于测试或诊断。
- PATCH：表示对PUT方法的补充，可用来对已知资源进行局部更新。

8.1.2　HTTP 状态码

当浏览者访问一个网页时，浏览者的浏览器会向网页所在的服务器发出请求。当浏览器接收并显示网页时，此网页所在的服务器会返回一个包含HTTP状态码的信息头用以响应浏览器的请求。

下面是常见的HTTP状态码：

- 200：请求成功。
- 301：资源（网页等）被永久转移到其他URL。
- 404：请求的资源（网页等）不存在。
- 500：内部服务器错误。

8.2　实战：通过 HTTP 请求数据

本节演示如何通过HTTP来向Web服务请求数据。为了演示该功能，创建一个名为“ArkTSHttp”的应用。在应用的界面上，通过单击按钮来触发HTTP请求的操作。

8.2.1　准备一个 HTTP 服务接口

HTTP服务接口地址为：https://waylau.com/data/people.json，通过调用该接口，可以返回如下JSON格式的数据：

```
[{"name": "Michael"},
{"name": "Andy Huang","age": 25,"homePage": "https://waylau.com/books"},
{"name": "Justin","age": 19},
{"name": "Way Lau","age": 35,"homePage": "https://waylau.com"}]
```

8.2.2　添加使用 Button 组件来触发单击

在初始化的Text组件的下方增加一个Button组件，以实现“请求”按钮。代码如下：

```
build() {
Row() {
    Column() {
    Text(this.message)
        .fontSize(38)
        .fontWeight(FontWeight.Bold)

    // 请求
    Button(('请求'), { type: ButtonType.Capsule })
        .width(140)
        .fontSize(40)
        .fontWeight(FontWeight.Medium)
        .margin({ top: 20, bottom: 20 })
        .onClick(() => {
            this.httpReq()
        })
    }
    .width('100%')
}
.height('100%')
}
```

当触发onClick事件时，会执行httpReq方法。

8.2.3　发起 HTTP 请求

httpReq方法实现如下：

```
// 导入http模块
import { http } from '@kit.NetworkKit';
import { BusinessError } from '@kit.BasicServicesKit';

//...

private httpReq() {
    // 创建httpRequest对象
    let httpRequest = http.createHttp();

    let url = "https://waylau.com/data/people.json";
    let promise = httpRequest.request(
      // 请求url地址
      url,
      {
        // 请求方式
        method: http.RequestMethod.GET,
        // 可选，默认为60s
        connectTimeout: 60000,
        // 可选，默认为60s
        readTimeout: 60000,
        // 开发者根据自身业务需要添加header字段
        header: {
          'Content-Type': 'application/json'
        }
      });

    // 处理响应结果
    promise.then((data) => {
      if (data.responseCode === http.ResponseCode.OK) {
        console.info('Result:' + data.result);
        console.info('code:' + data.responseCode);
        this.message = JSON.stringify(data.result);
      }
    }).catch((err:BusinessError) => {
      console.info('error:' + JSON.stringify(err));
    });
}
```

上述代码中，演示了发起HTTP请求的基本流程：

（1）导入http模块。

（2）创建httpRequest对象。需要注意的是，每一个httpRequest对象对应一个http请求任务，不可复用。

（3）通过httpRequest对象发起HTTP请求。

（4）处理HTTP请求返回的结果，赋值给message变量。

（5）界面重新渲染显示了最新的message变量值。

8.2.4　增加权限

要访问网络资源，需要在module.json5文件中声明使用网络的权限“ohos.permission.INTERNET”，示例如下：

```
{
  "module": {
    // ...
    "requestPermissions": [
      {
        "name": "ohos.permission.INTERNET"
      }
    ]
}
```

8.2.5 运行

运行应用显示的界面效果如图8-1所示。

单击“请求”按钮后发起HTTP请求，返回的结果显示在界面上，效果如图8-2所示。

图 8-1　运行应用显示的界面效果

图 8-2　发起 HTTP 请求

8.3 Web 组件概述

ArkWeb（方舟Web）为我们提供了使用Web组件来加载网页，借助它我们就相当于在自己的应用程序里嵌入一个浏览器，从而非常轻松地展示各种各样的网页。

8.3.1 加载本地网页

使用Web组件来加载本地网页非常简单，只需要创建一个Web组件，并传入两个参数就可以了。其中src指定引用的网页路径，controller为组件的控制器，通过controller绑定Web组件，用于实现对Web组件的控制。

比如在main/resources/rawfile目录下有一个HTML文件index.html，那么可以通过$rawfile引用本地网页资源，示例如下：

```
import { webview } from '@kit.ArkWeb';

@Entry
@Component
struct WebComponent {
  controller: webview.WebviewController = new webview.WebviewController();
```

```
  build() {
    Column() {
      Web({ src: $rawfile('index.html'), controller: this.controller })
    }
  }
}
```

8.3.2 加载在线网页

下面示例是使用Web组件加载在线网页的代码：

```
import { webview } from '@kit.ArkWeb';

@Entry
@Component
struct WebComponent {
  controller: webview.WebviewController = new webview.WebviewController();

  build() {
    Column() {
      Web({ src: 'https://waylau.com/', controller: this.controller })
    }
  }
}
```

访问在线网页时还需要在module.json5文件中声明网络访问权限——ohos.permission.INTERNET。

8.3.3 隐私模式加载在线网页

下面示例是使用Web组件的隐私模式加载在线网页的代码：

```
import { webview } from '@kit.ArkWeb';

@Entry
@Component
struct WebComponent {
  controller: webview.WebviewController = new webview.WebviewController();

  build() {
    Column() {
      Web({ src: 'https://waylau.com/', controller: this.controller, incognitoMode:
true })
    }
  }
}
```

8.3.4 网页缩放

有的网页可能不适配手机屏幕，需要对其缩放才能有更好的效果，开发者可以根据需要给Web组件设置zoomAccess属性，zoomAccess用于设置是否支持手势进行缩放，默认允许执行缩放。Web组件默认支持手势进行缩放。代码如下：

```
Web({ src:'https://waylau.com/', controller:this.controller })
  .zoomAccess(true)
```

还可以使用zoom(factor: number)方法用于设置网站的缩放比例。其中factor表示缩放倍数，当单击一次按钮时，页面放大为原来的1.5倍，示例如下：

```
import { webview } from '@kit.ArkWeb';
import { BusinessError } from '@kit.BasicServicesKit';

@Entry
@Component
struct WebComponent {
  controller: webview.WebviewController = new webview.WebviewController();
  @State factor: number = 1.5;

  build() {
    Column() {
      Button('zoom')
        .onClick(() => {
          try {
            this.controller.zoom(this.factor);
          } catch (error) {
            console.error(`ErrorCode: ${(error as BusinessError).code},  Message:
${(error as BusinessError).message}`);
          }
        })
      Web({ src: 'https://waylau.com/', controller: this.controller })
        .zoomAccess(true)
    }
  }
}
```

8.3.5　文本缩放

如果需要对文本进行缩放，可以使用textZoomRatio(textZoomRatio: number)方法。其中textZoomRatio用于设置页面的文本缩放百分比，默认值为100，表示100%，以下示例代码将文本放大为原来的1.5倍。

```
Web({ src:'https://waylau.com/', controller:this.controller })
    .textZoomRatio(150)
```

8.3.6　Web 组件事件

Web组件还提供了处理JavaScript的对话框、网页加载进度及各种通知与请求事件的方法。例如onProgressChange可以监听网页的加载进度，onPageEnd在网页加载完成时触发该回调，且只在主frame触发，onConfirm则在网页触发confirm告警弹窗时触发回调。

8.3.7　Web 和 JavaScript 交互

在开发专为适配Web组件的网页时，可以实现Web组件和JavaScript代码之间的交互。Web组件可以调用JavaScript方法，JavaScript也可以调用Web组件中的方法。

1. Web组件调用JS方法

如果希望加载的网页在Web组件中运行JavaScript，则必须为你的Web组件启用JavaScript功能，默认情况下是允许JavaScript执行的。

可以在Web组件onPageEnd事件中添加runJavaScript方法。事件是网页加载完成时的回调，runJavaScript方法可以执行HTML中的JavaScript脚本。

示例如下：

```
import { webview } from '@kit.ArkWeb';
import { BusinessError } from '@kit.BasicServicesKit';

@Entry
@Component
struct WebComponent {
  controller: webview.WebviewController = new webview.WebviewController();

  build() {
    Column() {
      Web({ src: $rawfile('index.html'), controller: this.controller })
        .javaScriptAccess(true)
        .onPageEnd(e => {
          try {
            this.controller.runJavaScript('test()')
              .then((result) => {
                console.log('result: ' + result);
              })
              .catch((error: BusinessError) => {
                console.error("error: " + error);
              })
            if (e) {
              console.info('url: ', e.url);
            }
          } catch (error) {
            console.error('ErrorCode: ${(error as BusinessError).code},  Message:
${(error as BusinessError).message}');
          }
        })
    }
  }
}

<!-- index.html -->
<!DOCTYPE html>
<html>
  <meta charset="utf-8">
  <body>
      Hello world!
  </body>
  <script type="text/javascript">
  function test() {
      console.log('Ark WebComponent')
      return "This value is from index.html"
  }
  </script>
</html>
```

当页面加载完成时，触发onPageEnd事件，调用HTML文件中的test方法并将结果返回给Web组件。

2. JS调用Web组件方法

registerJavaScriptProxy提供了应用与Web组件加载的网页之间强大的交互能力。

注入JavaScript对象到window对象中，并在window对象中调用该对象的方法。注册后，需调用refresh接口才可生效，示例如下：

```
import { webview } from '@kit.ArkWeb';
import { BusinessError } from '@kit.BasicServicesKit';

class TestObj {
  constructor() {
  }

  test(testStr:string): string {
    console.log('Web Component str' + testStr);
    return testStr;
  }

  toString(): void {
    console.log('Web Component toString');
  }

  testNumber(testNum:number): number {
    console.log('Web Component number' + testNum);
    return testNum;
  }

  asyncTestBool(testBol:boolean): void {
    console.log('Web Component boolean' + testBol);
  }
}

class WebObj {
  constructor() {
  }

  webTest(): string {
    console.log('Web test');
    return "Web test";
  }

  webString(): void {
    console.log('Web test toString');
  }
}

class AsyncObj {
  constructor() {
  }

  asyncTest(): void {
    console.log('Async test');
  }

  asyncString(testStr:string): void {
    console.log('Web async string' + testStr);
  }
}

@Entry
@Component
struct Index {
  controller: webview.WebviewController = new webview.WebviewController();
  @State testObjtest: TestObj = new TestObj();
  @State webTestObj: WebObj = new WebObj();
  @State asyncTestObj: AsyncObj = new AsyncObj();

  build() {
    Column() {
      Button('refresh')
```

```
          .onClick(() => {
            try {
              this.controller.refresh();
            } catch (error) {
              console.error('ErrorCode: ${(error as BusinessError).code},  Message:
${(error as BusinessError).message}');
            }
          })
        Button('Register JavaScript To Window')
          .onClick(() => {
            try {
              this.controller.registerJavaScriptProxy(this.testObjtest, "objName",
["test", "toString", "testNumber"], ["asyncTestBool"]);
              this.controller.registerJavaScriptProxy(this.webTestObj, "objTestName",
["webTest", "webString"]);
              this.controller.registerJavaScriptProxy(this.asyncTestObj, "objAsyncName",
[], ["asyncTest", "asyncString"]);
            } catch (error) {
              console.error('ErrorCode: ${(error as BusinessError).code},  Message:
${(error as BusinessError).message}');
            }
          })
        Web({ src: $rawfile('index.html'), controller: this.controller })
          .javaScriptAccess(true)
      }
    }
  }
```

加载的HTML页面示例如下：

```
<!-- index.html -->
<!DOCTYPE html>
<html>
    <meta charset="utf-8">
    <body>
      <button type="button" onclick="htmlTest()">Click Me!</button>
      <p id="demo"></p>
      <p id="webDemo"></p>
      <p id="asyncDemo"></p>
    </body>
    <script type="text/javascript">
    function htmlTest() {
      let str=objName.test("webtest data");
      objName.testNumber(1);
      objName.asyncTestBool(true);
      document.getElementById("demo").innerHTML=str;
      console.log('objName.test result:'+ str)

      let webStr = objTestName.webTest();
      document.getElementById("webDemo").innerHTML=webStr;
      console.log('objTestName.webTest result:'+ webStr)
      objAsyncName.asyncTest();
      objAsyncName.asyncString("async test data");
    }
</script>
</html>
```

8.3.8　处理页面导航

使用浏览器浏览网页时，可以执行返回、前进、刷新等操作，Web组件同样支持这些操作。可以使用backward()返回到上一个页面，使用forward()前进一个页面，也可以使用refresh()刷新页面，使用clearHistory()清除历史记录。

示例如下：

```
Button("前进").onClick(() => {
  this.controller.forward()
})
Button("后退").onClick(() => {
  this.controller.backward()
})
Button("刷新").onClick(() => {
  this.controller.refresh()
})
Button("停止").onClick(() => {
  this.controller.stop()
})
Button("清除历史").onClick(() => {
  this.controller.clearHistory()
})
```

8.4　实战：Web 组件加载在线网页

本节演示如何通过Web组件来加载在线网页。为了演示该功能，创建一个名为“ArkTSWebComponent”的应用。在应用的界面上，通过单击按钮来触发加载网页的操作。

8.4.1　准备一个在线网页地址

在线网页地址为https://waylau.com/，通过浏览器访问该地址可以看到如图8-3所示的网页。

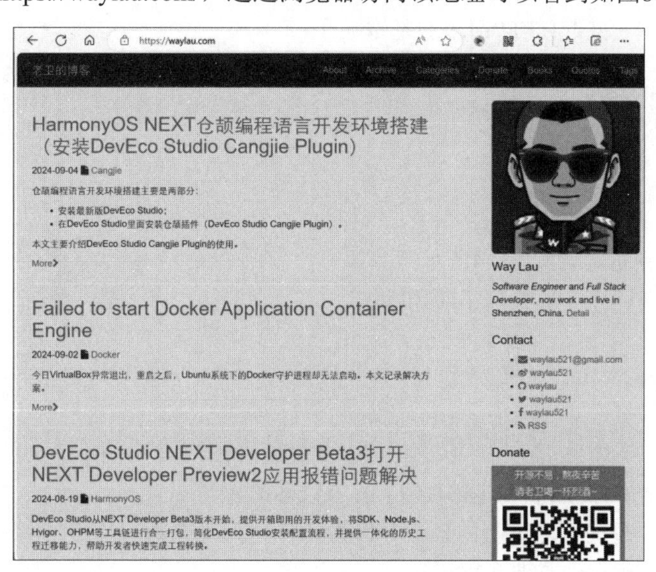

图 8-3　在浏览器中访问网页

8.4.2　声明网络访问权限

在module.json5文件中声明网络访问权限——ohos.permission.INTERNET，示例如下：

```
{
    "module" : {
        // ...
        "requestPermissions":[
          {
            "name": "ohos.permission.INTERNET"
          }
        ],
        // ...
    }
}
```

8.4.3　发起 HTTP 请求

httpReq方法实现如下：

```
// 导入模块
import { webview } from '@kit.ArkWeb';

@Entry
@Component
struct Index {

  // 创建WebviewController
  controller: webview.WebviewController = new webview.WebviewController();
  build() {
    Column() {
      // 添加Web组件
      Web({ src: 'https://waylau.com/', controller: this.controller })
    }
  }
}
```

上述代码中，演示了发起HTTP请求的基本流程：

（1）创建WebviewController。

（2）添加Web组件。

8.4.4　运行

运行应用显示的界面效果如图8-4所示。

Web组件将在线网页已经加载到了应用中。

图 8-4　运行应用显示的界面效果

8.5　本章小结

本章详细阐述了网络编程中常用的HTTP请求数据的方法以及Web组件的使用方法。通过学习这些内容，开发者可以更好地掌握如何在应用中实现网络数据的获取和展示。

8.6　上机练习：实现一个 Web 组件展示 HTML 页面的应用

任务要求：根据本章所学的知识，参考图8-5编写一个HarmonyOS应用程序，使用Web组件来展示HTML页面，并能成功显示出HTML里面的图片。

图 8-5　运行应用显示的界面效果

练习步骤：

（1）编写index.html页面，在页面中使用<img>标签来显示图片。
（2）导入'@kit.ArkWeb'模块。
（3）使用Web组件来加载本地index.html页面。

代码参考配书资源中的“ArkTSWebComponentHTML”应用。

第 9 章

安全管理

本章介绍HarmonyOS应用的安全管理机制。

9.1 访问控制概述

应用只能访问有限的系统资源。但某些情况下，应用为了扩展功能的诉求，需要访问额外的系统或其他应用的数据（包括用户个人数据）和功能。系统或应用也必须以明确的方式对外提供接口来共享其数据或功能。HarmonyOS提供了访问控制机制来保证这些数据或功能不会被不当或恶意使用，这些访问控制机制包括应用沙箱、应用权限、系统控件等方案。

9.1.1 权限包含的基本概念

HarmonyOS的权限包含以下基本概念：

- 应用沙盒：系统利用内核保护机制来识别和隔离应用资源，可将不同的应用隔离开，保护应用自身和系统免受恶意应用的攻击。默认情况下，应用间不能彼此交互，而且对系统的访问会受到限制。例如，如果应用A（一个单独的应用）尝试在没有权限的情况下读取应用B的数据或者调用系统的能力拨打电话，操作系统会阻止此类行为，因为应用A没有被授予相应的权限。
- 应用权限：由于系统通过沙盒机制管理各个应用，在默认规则下，应用只能访问有限的系统资源。但应用为了扩展功能的需要，需要访问自身沙盒之外的系统或其他应用的数据（包括用户个人数据）或能力；系统或应用也必须以明确的方式对外提供接口来共享其数据或能力。为了保证这些数据或能力不会被不当或恶意使用，就需要有一种访问控制机制来保护，这就是应用权限。应用权限是程序访问操作某种对象的许可。权限在应用层面要求明确定义且经用户授权，以便系统化地规范各类应用程序的行为准则与权限许可。
- 权限保护的对象：权限保护的对象可以分为数据和能力。
  - 数据包含了个人数据（如照片、通讯录、日历、位置等）、设备数据（如设备标识、相机、麦克风等）、应用数据。
  - 能力包括了设备能力（如打电话、发短信、联网等）、应用能力（如弹出悬浮框、创建快捷方式等）等。
- 权限开放范围：权限开放范围指一个权限能被哪些应用申请。按可信程度从高到低的顺序，不同权限开放范围对应的应用可分为：系统服务、系统应用、系统预置特权应用、同签名应用、系统预置普通应用、持有权限证书的后装应用、其他普通应用，开放范围依次扩大。

- 敏感权限：涉及访问个人数据（如照片、通讯录、日历、本机号码、短信等）和操作敏感能力（如相机、麦克风、拨打电话、发送短信等）的权限。
- 应用核心功能：一个应用可能提供了多种功能，其中应用为满足用户的关键需求而提供的功能，称为应用的核心功能。这是一个相对宽泛的概念，主要用来辅助描述用户权限授权的预期。用户选择安装一个应用，通常是被应用的核心功能所吸引。比如导航类应用，定位导航就是这种应用的核心功能；比如媒体类应用，播放以及媒体资源管理就是核心功能，这些功能所需要的权限，用户在安装时内心已经倾向于授予（否则就不会去安装）。与核心功能相对应的是辅助功能，这些功能所需要的权限，需要向用户清晰说明目的、场景等信息，由用户授权。有些功能既不属于核心功能，也不是辅助功能，那么这些功能就是多余功能，这些功能所需要的权限通常被用户禁止。
- 最小必要权限：保障应用某一服务类型正常运行所需要的应用权限的最小集，一旦缺少将导致该类型服务无法实现或无法正常运行的应用权限。
- TokenID：系统采用TokenID（Token Identity）作为应用的唯一标识。权限管理服务通过应用的TokenID来管理应用的AT（Access Token）信息，包括应用身份标识APP ID、子用户ID、应用分身索引信息、应用APL、应用权限授权状态等。在资源使用时，系统将通过TokenID作为唯一身份标识映射获取对应应用的权限授权状态信息，并依此进行鉴权，从而管控应用的资源访问行为。值得注意的是，系统支持多用户特性和应用分身特性，同一个应用在不同的子用户下和不同的应用分身下会有各自的AT，这些AT的TokenID也是不同的。
- APL等级：为了防止应用过度索取和滥用权限，系统基于APL（Ability Privilege Level，元能力权限等级）等级，配置了不同的权限开放范围。元能力权限等级APL指的是应用的权限申请优先级的定义，不同APL等级的应用能够申请的权限等级不同。

9.1.2　权限等级说明

根据接口所涉数据的敏感程度或所涉能力的安全威胁影响，ATM模块定义了不同开放范围的权限等级来保护用户隐私。根据权限对于不同等级应用有不同的开放范围，权限类型对应分为以下3种，等级依次提高。

- normal权限：该权限允许应用访问超出默认规则外的普通系统资源。这些系统资源的开放（包括数据和功能）对用户隐私以及其他应用带来的风险很小。该类型的权限仅向APL等级为normal及以上的应用开放。
- system_basic权限：system_basic权限允许应用访问操作系统基础服务相关的资源。这部分系统基础服务属于系统提供或者预置的基础功能，比如系统设置、身份认证等。这些系统资源的开放对用户隐私以及其他应用带来的风险较大。该类型的权限仅向APL等级为system_basic及以上的应用开放。
- system_core权限：system_core权限涉及开放操作系统核心资源的访问操作。这部分系统资源是系统最核心的底层服务，如果遭受破坏，操作系统将无法正常运行。鉴于该类型权限对系统的影响程度非常大，目前暂不向任何第三方应用开放。

9.1.3 权限类型

根据授权方式的不同，权限类型可分为system_grant（系统授权）和user_grant（用户授权）。

- system_grant指的是系统授权类型，在该类型的权限许可下，应用被允许访问的数据不会涉及用户或设备的敏感信息，应用被允许执行的操作不会对系统或者其他应用产生大的不利影响。如果在应用中申请了system_grant权限，那么系统会在用户安装应用时，自动把相应权限授予给应用。应用需要在应用商店的详情页面，向用户展示所申请的system_grant权限列表。比如，在前文中所涉及的“ohos.permission.INTERNET”就是system_grant权限。
- user_grant指的是用户授权类型，在该类型的权限许可下，应用被允许访问的数据将会涉及用户或设备的敏感信息，应用被允许执行的操作可能对系统或者其他应用产生严重的影响。该类型权限不仅需要在安装包中申请权限，还需要在应用动态运行时，通过发送弹窗的方式请求用户授权。在用户手动允许授权后，应用才会真正获取相应权限，从而成功访问操作目标对象。

9.1.4 权限列表

权限列表如表9-1所示。

表9-1　权限列表

权　限　名	权限级别	授权方式	ACL 使能	权限说明
ohos.permission.USE_BLUETOOTH	normal	system_grant	TRUE	允许应用查看蓝牙的配置
ohos.permission.DISCOVER_BLUETOOTH	normal	system_grant	TRUE	允许应用配置本地蓝牙，查找远端设备且与之配对连接
ohos.permission.MANAGE_BLUETOOTH	system_basic	system_grant	TRUE	允许应用配对蓝牙设备，并对设备的电话簿或消息进行访问
ohos.permission.INTERNET	normal	system_grant	TRUE	允许使用Internet网络
ohos.permission.MODIFY_AUDIO_SETTINGS	normal	system_grant	TRUE	允许应用修改音频设置
ohos.permission.ACCESS_NOTIFICATION_POLICY	normal	system_grant	FALSE	在本设备上允许应用访问通知策略
ohos.permission.GET_TELEPHONY_STATE	system_basic	system_grant	TRUE	允许应用读取电话信息
ohos.permission.REQUIRE_FORM	system_basic	system_grant	TRUE	允许应用获取Ability Form
ohos.permission.GET_NETWORK_INFO	normal	system_grant	TRUE	允许应用获取数据网络信息
ohos.permission.PLACE_CALL	system_basic	system_grant	TRUE	允许应用直接拨打电话
ohos.permission.SET_NETWORK_INFO	normal	system_grant	TRUE	允许应用配置数据网络
ohos.permission.REMOVE_CACHE_FILES	system_basic	system_grant	TRUE	允许清理指定应用的缓存
ohos.permission.REBOOT	system_basic	system_grant	TRUE	允许应用重启设备
ohos.permission.RUNNING_LOCK	normal	system_grant	TRUE	允许应用获取运行锁，保证应用在后台的持续运行

（续表）

权 限 名	权限级别	授权方式	ACL 使能	权限说明
ohos.permission.SET_TIME	system_basic	system_grant	TRUE	允许应用修改系统时间
ohos.permission.SET_TIME_ZONE	system_basic	system_grant	TRUE	允许应用修改系统时区
ohos.permission.DOWNLOAD_SESSION_MANAGER	system_core	system_grant	TRUE	允许应用管理下载任务会话
ohos.permission.COMMONEVENT_STICKY	normal	system_grant	TRUE	允许应用发布粘性公共事件
ohos.permission.SYSTEM_FLOAT_WINDOW	system_basic	system_grant	TRUE	允许应用使用悬浮窗的能力
ohos.permission.POWER_MANAGER	system_core	system_grant	TRUE	允许应用调用电源管理子系统的接口，休眠或者唤醒设备
ohos.permission.REFRESH_USER_ACTION	system_basic	system_grant	TRUE	允许应用在收到用户事件时，重新计算超时时间
ohos.permission.POWER_OPTIMIZATION	system_basic	system_grant	TRUE	允许系统应用设置省电模式、获取省电模式的配置信息并接收配置变化的通知
ohos.permission.REBOOT_RECOVERY	system_basic	system_grant	TRUE	允许系统应用重启设备并进入恢复模式
ohos.permission.MANAGE_LOCAL_ACCOUNTS	system_basic	system_grant	TRUE	允许应用管理本地用户账号
ohos.permission.INTERACT_ACROSS_LOCAL_ACCOUNTS	system_basic	system_grant	TRUE	允许多个系统账号之间相互访问
ohos.permission.VIBRATE	normal	system_grant	TRUE	允许应用控制马达振动
ohos.permission.CONNECT_IME_ABILITY	system_core	system_grant	TRUE	允许绑定输入法Ability(InputMethodAbility)
ohos.permission.CONNECT_SCREEN_SAVER_ABILITY	system_core	system_grant	TRUE	允许绑定屏保Ability(ScreenSaverAbility)
ohos.permission.READ_SCREEN_SAVER	system_basic	system_grant	TRUE	允许应用查询屏保状态信息
ohos.permission.WRITE_SCREEN_SAVER	system_basic	system_grant	TRUE	允许应用修改屏保状态信息
ohos.permission.SET_WALLPAPER	normal	system_grant	TRUE	允许应用设置静态壁纸
ohos.permission.GET_WALLPAPER	system_basic	system_grant	TRUE	允许应用读取壁纸文件
ohos.permission.CHANGE_ABILITY_ENABLED_STATE	system_basic	system_grant	TRUE	允许改变应用或者组件的使能状态
ohos.permission.ACCESS_MISSIONS	system_basic	system_grant	TRUE	允许应用访问任务栈信息
ohos.permission.CLEAN_BACKGROUND_PROCESSES	normal	system_grant	TRUE	允许应用根据包名清理相关后台进程

（续表）

权 限 名	权限级别	授权方式	ACL 使能	权限说明
ohos.permission.KEEP_BACKGROUND_RUNNING	normal	system_grant	TRUE	允许Service Ability在后台持续运行
ohos.permission.UPDATE_CONFIGURATION	system_basic	system_grant	TRUE	允许更新系统配置
ohos.permission.UPDATE_SYSTEM	system_basic	system_grant	TRUE	允许调用升级接口
ohos.permission.FACTORY_RESET	system_basic	system_grant	TRUE	允许调用恢复出厂设置接口
ohos.permission.GRANT_SENSITIVE_PERMISSIONS	system_core	system_grant	TRUE	允许应用为其他应用授予敏感权限
ohos.permission.REVOKE_SENSITIVE_PERMISSIONS	system_core	system_grant	TRUE	允许应用撤销给其他应用授予的敏感信息
ohos.permission.GET_SENSITIVE_PERMISSIONS	system_core	system_grant	TRUE	允许应用读取其他应用的敏感权限的状态
ohos.permission.INTERACT_ACROSS_LOCAL_ACCOUNTS_EXTENSION	system_core	system_grant	TRUE	允许应用跨用户对其他应用的属性进行设置
ohos.permission.LISTEN_BUNDLE_CHANGE	system_basic	system_grant	TRUE	允许应用监听其他应用安装、更新、卸载状态的变化
ohos.permission.GET_BUNDLE_INFO	normal	system_grant	TRUE	允许应用查询其他应用的信息
ohos.permission.ACCELEROMETER	normal	system_grant	TRUE	允许应用读取加速度传感器的数据
ohos.permission.GYROSCOPE	normal	system_grant	TRUE	允许应用读取陀螺仪传感器的数据
ohos.permission.GET_BUNDLE_INFO_PRIVILEGED	system_basic	system_grant	TRUE	允许应用查询其他应用的信息
ohos.permission.INSTALL_BUNDLE	system_core	system_grant	TRUE	允许应用安装、卸载其他应用
ohos.permission.MANAGE_SHORTCUTS	system_core	system_grant	TRUE	允许应用查询其他应用的快捷方式信息、启动其他应用的快捷方式
ohos.permission.radio.ACCESS_FM_AM	system_core	system_grant	TRUE	允许应用获取收音机相关服务
ohos.permission.SET_TELEPHONY_STATE	system_basic	system_grant	TRUE	允许应用修改telephone的状态
ohos.permission.START_ABILIIES_FROM_BACKGROUND	system_basic	system_grant	TRUE	允许应用在后台启动FA
ohos.permission.BUNDLE_ACTIVE_INFO	system_basic	system_grant	TRUE	允许系统应用查询其他应用在前台或后台的运行时间
ohos.permission.START_INVISIBLE_ABILITY	system_core	system_grant	TRUE	无论Ability是否可见，都允许应用进行调用
ohos.permission.sec.ACCESS_UDID	system_basic	system_grant	TRUE	允许系统应用获取UDID

（续表）

权 限 名	权限级别	授权方式	ACL 使能	权限说明
ohos.permission.LAUNCH_DATA_PRIVACY_CENTER	system_basic	system_grant	TRUE	允许应用从其隐私声明页面跳转至“数据与隐私”页面
ohos.permission.MANAGE_MEDIA_RESOURCES	system_basic	system_grant	TRUE	允许应用程序获取当前设备正在播放的媒体资源，并对其进行管理
ohos.permission.PUBLISH_AGENT_REMINDER	normal	system_grant	TRUE	允许该应用使用后台代理提醒
ohos.permission.CONTROL_TASK_SYNC_ANIMATOR	system_core	system_grant	TRUE	允许应用使用同步任务动画
ohos.permission.INPUT_MONITORING	system_core	system_grant	TRUE	允许应用监听输入事件，仅系统签名应用可申请此权限
ohos.permission.MANAGE_MISSIONS	system_core	system_grant	TRUE	允许用户管理Ability任务栈
ohos.permission.NOTIFICATION_CONTROLLER	system_core	system_grant	TRUE	允许应用管理通知和订阅通知
ohos.permission.CONNECTIVITY_INTERNAL	system_basic	system_grant	TRUE	允许应用程序获取网络相关的信息或修改网络相关设置
ohos.permission.SET_ABILITY_CONTROLLER	system_basic	system_grant	TRUE	允许设置Ability组件启动和停止控制权
ohos.permission.USE_USER_IDM	system_basic	system_grant	FALSE	允许应用访问系统身份凭据信息
ohos.permission.MANAGE_USER_IDM	system_basic	system_grant	FALSE	允许应用使用系统身份凭据管理能力进行口令、人脸、指纹等录入、修改、删除等操作
ohos.permission.ACCESS_BIOMETRIC	normal	system_grant	TRUE	允许应用使用生物特征识别能力进行身份认证
ohos.permission.ACCESS_USER_AUTH_INTERNAL	system_basic	system_grant	FALSE	允许应用使用系统身份认证能力进行用户身份认证或身份识别
ohos.permission.ACCESS_PIN_AUTH	system_basic	system_grant	FALSE	允许应用使用口令输入接口，用于系统应用完成口令输入框绘制场景
ohos.permission.GET_RUNNING_INFO	system_basic	system_grant	TRUE	允许应用获取运行态信息
ohos.permission.CLEAN_APPLICATION_DATA	system_basic	system_grant	TRUE	允许应用清理应用数据
ohos.permission.RUNNING_STATE_OBSERVER	system_basic	system_grant	TRUE	允许应用观察应用状态
ohos.permission.CAPTURE_SCREEN	system_core	system_grant	TRUE	允许应用截取屏幕图像
ohos.permission.GET_WIFI_INFO	normal	system_grant	TRUE	允许应用获取WLAN信息

（续表）

权 限 名	权限级别	授权方式	ACL 使能	权限说明
ohos.permission.GET_WIFI_INFO_INTERNAL	system_core	system_grant	TRUE	允许应用获取WLAN信息
ohos.permission.SET_WIFI_INFO	normal	system_grant	TRUE	允许应用配置WLAN设备
ohos.permission.GET_WIFI_PEERS_MAC	system_core	system_grant	TRUE	允许应用获取对端WLAN或者蓝牙设备的MAC地址
ohos.permission.GET_WIFI_LOCAL_MAC	system_basic	system_grant	TRUE	允许应用获取本机WLAN或者蓝牙设备的MAC地址
ohos.permission.GET_WIFI_CONFIG	system_basic	system_grant	TRUE	允许应用获取WLAN配置信息
ohos.permission.SET_WIFI_CONFIG	system_basic	system_grant	TRUE	允许应用配置WLAN信息
ohos.permission.MANAGE_WIFI_CONNECTION	system_core	system_grant	TRUE	允许应用管理WLAN连接
ohos.permission.MANAGE_WIFI_HOTSPOT	system_core	system_grant	TRUE	允许应用开启或者关闭WLAN热点
ohos.permission.GET_ALL_APP_ACCOUNTS	system_core	system_grant	FALSE	允许应用获取所有应用账户信息
ohos.permission.MANAGE_SECURE_SETTINGS	system_basic	system_grant	TRUE	允许应用修改安全类系统设置
ohos.permission.READ_DFX_SYSEVENT	system_basic	system_grant	FALSE	允许获取所有应用账号信息
ohos.permission.MANAGE_ENTERPRISE_DEVICE_ADMIN	system_core	system_grant	TRUE	允许应用激活设备管理员应用
ohos.permission.EDM_MANAGE_DATETIME	normal	system_grant	FALSE	允许设备管理员应用设置系统时间
ohos.permission.NFC_TAG	normal	system_grant	FALSE	允许应用读取Tag卡片
ohos.permission.NFC_CARD_EMULATION	normal	system_grant	FALSE	允许应用实现卡模拟功能
ohos.permission.PERMISSION_USED_STATS	system_basic	system_grant	TRUE	允许系统应用访问权限使用记录
ohos.permission.NOTIFICATION_AGENT_CONTROLLER	system_core	system_grant	TRUE	允许应用发送代理通知
ohos.permission.ANSWER_CALL	system_basic	user_grant	TRUE	允许应用接听来电
ohos.permission.READ_CALENDAR	normal	user_grant	TRUE	允许应用读取日历信息
ohos.permission.READ_CALL_LOG	system_basic	user_grant	TRUE	允许应用读取通话记录
ohos.permission.READ_CELL_MESSAGES	system_basic	user_grant	TRUE	允许应用读取设备收到的小区广播信息
ohos.permission.READ_CONTACTS	system_basic	user_grant	TRUE	允许应用读取联系人数据
ohos.permission.READ_MESSAGES	system_basic	user_grant	TRUE	允许应用读取短信息
ohos.permission.RECEIVE_MMS	system_basic	user_grant	TRUE	允许应用接收和处理彩信
ohos.permission.RECEIVE_SMS	system_basic	user_grant	TRUE	允许应用接收和处理短信

（续表）

权　限　名	权限级别	授权方式	ACL 使能	权限说明
ohos.permission.RECEIVE_WAP_MESSAGES	system_basic	user_grant	TRUE	允许应用接收和处理WAP消息
ohos.permission.MICROPHONE	normal	user_grant	TRUE	允许应用使用麦克风
ohos.permission.SEND_MESSAGES	system_basic	user_grant	TRUE	允许应用发送短信
ohos.permission.WRITE_CALENDAR	normal	user_grant	TRUE	允许应用添加、移除或更改日历活动
ohos.permission.WRITE_CALL_LOG	system_basic	user_grant	TRUE	允许应用添加、移除或更改通话记录
ohos.permission.WRITE_CONTACTS	system_basic	user_grant	TRUE	允许应用添加、移除或更改联系人数据
ohos.permission.DISTRIBUTED_DATASYNC	normal	user_grant	TRUE	允许不同设备间的数据交换
ohos.permission.MANAGE_VOICEMAIL	system_basic	user_grant	TRUE	允许应用在语音信箱中留言
ohos.permission.LOCATION_IN_BACKGROUND	normal	user_grant	FALSE	允许应用在后台运行时获取设备位置信息
ohos.permission.LOCATION	normal	user_grant	TRUE	允许应用获取设备位置信息
ohos.permission.APPROXIMATELY_LOCATION	normal	user_grant	FALSE	允许应用获取设备模糊位置信息
ohos.permission.MEDIA_LOCATION	normal	user_grant	TRUE	允许应用访问用户媒体文件中的地理位置信息
ohos.permission.CAMERA	normal	user_grant	TRUE	允许应用使用相机拍摄照片和录制视频
ohos.permission.READ_MEDIA	normal	user_grant	TRUE	允许应用读取用户外部存储中的媒体文件信息
ohos.permission.WRITE_MEDIA	normal	user_grant	TRUE	允许应用读写用户外部存储中的媒体文件信息
ohos.permission.ACTIVITY_MOTION	normal	user_grant	TRUE	允许应用读取用户当前的运动状态
ohos.permission.READ_HEALTH_DATA	normal	user_grant	TRUE	允许应用读取用户的健康数据
ohos.permission.GET_DEFAULT_APPLICATION	system_core	system_grant	TRUE	允许应用查询默认应用
ohos.permission.SET_DEFAULT_APPLICATION	system_core	system_grant	TRUE	允许应用设置、重置默认应用
ohos.permission.MANAGE_DISPOSED_APP_STATUS	system_core	system_grant	TRUE	允许设置和查询应用的处置状态
ohos.permission.ACCESS_IDS	system_core	system_grant	TRUE	允许应用查询设备的唯一标识符信息
ohos.permission.DUMP	system_core	system_grant	TRUE	允许导出系统基础信息和SA服务信息

（续表）

权 限 名	权限级别	授权方式	ACL 使能	权限说明
ohos.permission.DISTRIBUTED_SOFTBUS_CENTER	system_basic	system_grant	FALSE	允许不同设备之间进行组网处理
ohos.permission.ACCESS_DLP_FILE	system_core	system_grant	TRUE	允许对DLP文件进行权限配置和管理
ohos.permission.PROVISIONING_MESSAGE	system_core	system_grant	TRUE	允许激活超级设备管理器应用
ohos.permission.ACCESS_SYSTEM_SETTINGS	system_basic	system_grant	TRUE	允许应用接入或拉起系统设置界面
ohos.permission.READ_IMAGEVIDEO	system_basic	user_grant	TRUE	允许读取用户公共目录的图片或视频文件
ohos.permission.READ_AUDIO	system_basic	user_grant	TRUE	允许读取用户公共目录的音频文件
ohos.permission.READ_DOCUMENT	system_basic	user_grant	TRUE	允许读取用户公共目录的文档
ohos.permission.WRITE_IMAGEVIDEO	system_basic	user_grant	TRUE	允许修改用户公共目录的图片或视频文件
ohos.permission.WRITE_AUDIO	system_basic	user_grant	TRUE	允许修改用户公共目录的音频文件
ohos.permission.WRITE_DOCUMENT	system_basic	user_grant	TRUE	允许修改用户公共目录的文档
ohos.permission.ABILITY_BACKGROUND_COMMUNICATION	system_basic	system_grant	TRUE	允许应用将Ability组件在后台启动并与该Ability建立通信连接
ohos.permission.securityguard.REPORT_SECURITY_INFO	system_basic	system_grant	FALSE	允许应用上报风险数据至设备风险管理平台
ohos.permission.securityguard.REQUEST_SECURITY_MODEL_RESULT	system_basic	system_grant	TRUE	允许应用获取设备风险状态
ohos.permission.securityguard.REQUEST_SECURITY_EVENT_INFO	system_core	system_grant	FALSE	允许应用获取风险详细数据
ohos.permission.ACCESS_AUTH_RESPOOL	system_core	system_grant	FALSE	允许SA注册执行器
ohos.permission.ENFORCE_USER_IDM	system_core	system_grant	FALSE	允许SA无token删除IAM子系统用户信息
ohos.permission.MOUNT_UNMOUNT_MANAGER	system_basic	system_grant	FALSE	允许应用对外卡进行挂载、卸载操作
ohos.permission.MOUNT_FORMAT_MANAGER	system_basic	system_grant	FALSE	允许应用对外卡进行格式化操作
ohos.permission.STORAGE_MANAGER	system_basic	system_grant	TRUE	允许应用调用storage manager服务中对空间统计以及卷信息的查询接口
ohos.permission.BACKUP	system_basic	system_grant	TRUE	允许应用拥有备份恢复能力
ohos.permission.FILE_ACCESS_MANAGER	system_basic	system_grant	TRUE	允许文件管理类应用通过FAF框架访问公共数据文件

9.2 访问控制开发步骤

应用在访问数据或者执行操作时，需要评估该行为是否需要应用具备相关的权限。如果确认需要目标权限，则需要在应用安装包中申请目标权限。

- 权限申请：开发者需要在配置文件中声明目标权限。
- 权限授权：如果目标权限是system_grant类型，开发者在进行权限申请后，系统会在安装应用时自动为其进行权限授予，开发者不需要做其他操作即可使用权限。如果目标权限是user_grant类型，开发者在进行权限申请后，在运行时触发动态弹窗，请求用户授权。

9.2.1 权限申请流程

如果应用需要获取目标权限，那么需要先进行权限申请。每一个权限的权限等级、授权方式不同，申请权限的方式也不同，开发者在申请权限前，需要先根据图9-1所示的流程图判断应用能否申请目标权限。

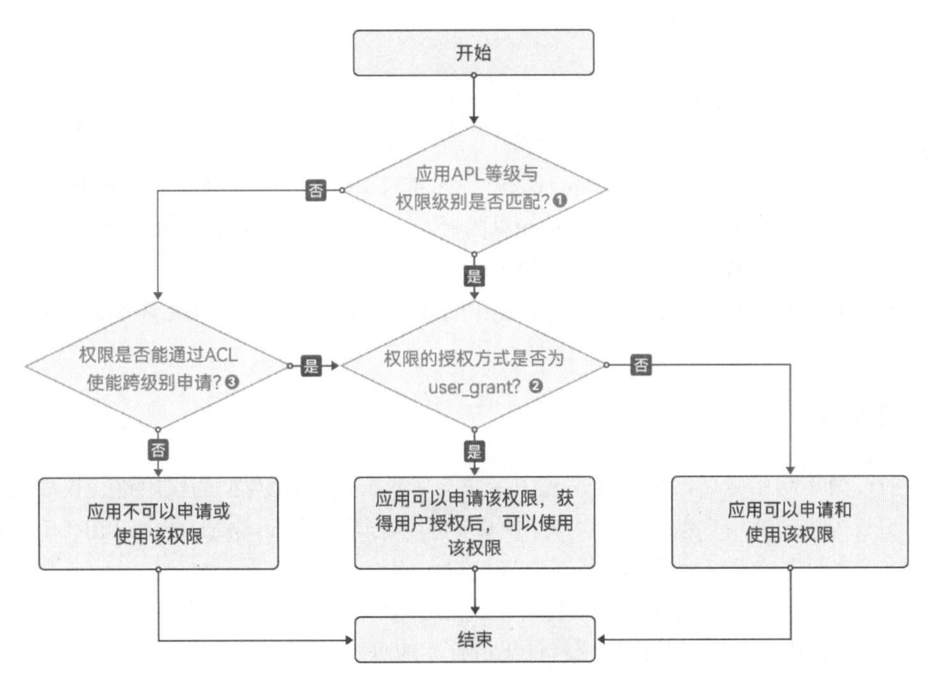

图 9-1 权限申请流程图

9.2.2 权限申请

应用需要在工程配置文件中，对需要的权限逐个声明，没有在配置文件中声明的权限，应用将无法获得授权。

使用Stage模型的应用，需要在module.json5文件中声明权限。示例如下：

```
{
  "module" : {
    // ...
```

```
    "requestPermissions":[
      {
        "name" : "ohos.permission.PERMISSION1",
        "reason": "$string:reason",
        "usedScene": {
          "abilities": [
            "FormAbility"
          ],
          "when":"inuse"
        }
      },
      {
        "name" : "ohos.permission.PERMISSION2",
        "reason": "$string:reason",
        "usedScene": {
          "abilities": [
            "FormAbility"
          ],
          "when":"always"
        }
      }
    ]
  }
}
```

配置文件标签说明如下：

- name：权限名称。
- reason：当申请的权限为user_grant权限时，此字段必填，并描述申请权限的原因。
- usedScene：当申请的权限为user_grant权限时，此字段必填，并描述权限使用的场景和时机。
- ability：用于标识需要使用到该权限的Ability，标签为数组形式。
- when：用于标识权限使用的时机，其值为"inuse/always"，表示为仅允许前台使用和前后台都可使用。

9.2.3 权限授权

在前期的权限声明步骤后，在安装过程中系统会对system_grant类型的权限进行权限预授权，而user_grant类型权限则需要用户进行手动授权。所以，应用在调用受ohos.permission.PERMISSION2权限保护的接口前，需要先校验应用是否已经获取该权限。

如果校验结果显示应用已经获取了该权限，那么应用可以直接访问该目标接口，否则，应用需要通过动态弹框先申请用户授权，并根据授权结果进行相应处理。

9.3 实战：访问控制授权

本节演示访问控制授权申请的流程。为了演示该功能，创建一个名为“ArkTSUserGrant”的应用。

9.3.1 场景介绍

本示例代码假设应用因为应用核心功能诉求，需要申请权限ohos.permission.INTERNET和权限ohos.permission.CAMERA。其中：

- 应用的APL等级为normal。
- 权限ohos.permission.INTERNET的权限等级为normal，权限类型为system_grant。
- 权限ohos.permission.CAMERA的权限等级为system_basic，权限类型为user_grant。

当前场景下，应用申请的权限包括了user_grant权限，对这部分user_grant权限，可以先通过权限校验，判断当前调用者是否具备相应权限。

当权限校验结果显示当前应用尚未被授权该权限时，再通过动态弹框授权方式给用户提供手动授权入口。

9.3.2 声明访问的权限

在module.json5文件中声明权限，配置如下：

```
{
  "module" : {
    //...

    "requestPermissions":[
      {
        "name" : "ohos.permission.INTERNET"
      },
      {
        "name" : "ohos.permission.CAMERA",
        "reason": "$string:reason",
        "usedScene": {
          "abilities": [
            "FormAbility"
          ],
          "when":"always"
        }
      }
    ]
  }
}
```

其中，$string:reason定义在/resources/base/element/string.json文件中，其值可以自定义如下：

```
{
  "string": [
    // ...
    {
      "name": "reason",
      "value": "使用Camera示例."
    }
  ]
}
```

9.3.3 申请授权 user_grant 权限

在前期的权限声明步骤后，在安装过程中系统会对system_grant类型的权限进行权限预授权，而user_grant类型权限则需要用户进行手动授权。所以，应用在调用受“ohos.permission.CAMERA”权限保护的接口前，需要先校验应用是否已经获取该权限。

如果校验结果显示，应用已经获取了该权限，那么应用可以直接访问该目标接口，否则，应用需要通过动态弹框先申请用户授权，并根据授权结果进行相应处理，处理方式可参考访问控制开发概述。

修改EntryAbility.ets的onWindowStageCreate方法，在windowStage.loadContent方法之前，添加如下内容：

```
    import { abilityAccessCtrl, AbilityConstant, Permissions, UIAbility, Want } from
'@kit.AbilityKit';
    import { hilog } from '@kit.PerformanceAnalysisKit';
    import { window } from '@kit.ArkUI';
    import { BusinessError } from '@kit.BasicServicesKit';

    //...

    onWindowStageCreate(windowStage: window.WindowStage): void {
      // Main window is created, set main page for this ability
      hilog.info(0x0000, 'testTag', '%{public}s', 'Ability onWindowStageCreate');

      // 权限校验
      let context = this.context;
      let atManager: abilityAccessCtrl.AtManager = abilityAccessCtrl.createAtManager();
      let permissions: Array<Permissions> = ["ohos.permission.CAMERA"];

      // requestPermissionsFromUser会判断权限的授权状态
      atManager.requestPermissionsFromUser(context, permissions).then((data) => {
        let grantStatus: Array<number> = data.authResults;
        let length: number = grantStatus.length;
        for (let i = 0; i < length; i++) {
          if (grantStatus[i] === 0) {
            // 用户同意授权
            windowStage.loadContent('pages/Index', (err, data) => {
              if (err.code) {
                hilog.error(0x0000, 'testTag', 'Failed to load the content. Cause: %{public}s',
JSON.stringify(err) ?? '');
                return;
              }
              hilog.info(0x0000, 'testTag', 'Succeeded in loading the content.
Data: %{public}s', JSON.stringify(data) ?? '');
            });
          } else {
            // 用户拒绝授权
            return;
          }
        }
        // 授权成功
      }).catch((err: BusinessError) => {
        console.error('requestPermissionsFromUser failed, code is ${err.code}, message is
${err.message}');
      })
    }
```

上述代码中，演示了请求用户授权权限的开发步骤：

（1）获取ability的上下文context。

（2）调用requestPermissionsFromUser接口请求权限。运行过程中，该接口会根据应用是否已获得目标权限决定是否拉起动态弹框请求用户授权。

（3）根据requestPermissionsFromUser接口返回值判断是否已获取目标权限。如果当前已经获取权限，则可以继续正常访问目标接口。

（4）data.authResults为0代表授权成功，为-1代表授权失败。

9.3.4　运行

运行应用显示的界面效果如图9-2所示。

上述界面提示让用户授权。当用户单击“仅使用期间允许”或者“允许本次使用”时，代表同意授权，授权成功后界面执行加载，如图9-3所示。

当用户单击“禁止”时，代表不同意授权，则界面不会执行加载，最终效果如图9-4所示。

图 9-2　提示授权

图 9-3　授权成功后界面执行加载

图 9-4　授权不成功后界面效果

9.4　本章小结

本章详细阐述了HarmonyOS中的安全管理机制，重点介绍了如何对权限进行授权和校验。通过学习这些内容，开发者可以更好地理解和掌握如何在应用中实现安全性管理，确保用户数据和隐私的安全。

9.5　上机练习：使用麦克风

任务要求：根据本章所学的知识，参考图9-5编写一个HarmonyOS应用程序，演示申请使用麦克风权限的过程。

练习步骤：

（1）声明ohos.permission.MICROPHONE权限。

（2）申请授权user_grant权限。

（3）授权成功后显示主页页面，否则显示空白页面。

代码参考配书资源中的“ArkTSUserGrantMicrophone”应用。

图 9-5　授权界面效果

第 10 章

数据管理

HarmonyOS ArkData（方舟数据管理）为开发者提供数据存储、数据管理和数据同步能力，包括用户首选项、键值型数据管理、关系型数据管理、分布式数据对象、跨应用数据管理和统一数据管理框架等。本章将介绍分布式数据服务与关系数据库的相关概念与开发方法。

10.1　分布式数据服务概述

在全场景新时代，每个人拥有的设备越来越多，单一设备的数据往往无法满足用户的需求，数据在设备间的流转变得越来越频繁。以一组照片数据在手机、平板电脑、智慧屏和PC计算机之间相互浏览和编辑为例，需要考虑的是照片数据在多设备间是怎么存储、怎么共享和怎么访问的。

分布式数据服务（Distributed Data Service，DDS）为应用程序提供不同设备间数据库的分布式协同能力。

通过调用分布式数据接口，应用程序将数据保存到分布式数据库中。通过结合账号、应用和数据库三元组，分布式数据服务对属于不同应用的数据进行隔离，保证不同应用之间的数据不能通过分布式数据服务互相访问。在通过可信认证的设备间，分布式数据服务支持应用数据相互同步，为用户提供在多种终端设备上最终一致的数据访问体验。

10.1.1　分布式数据服务的基本概念

分布式数据服务支撑应用程序数据库数据分布式管理，支持数据在相同账号的多端设备之间相互同步，为用户在多端设备上提供一致的用户体验。分布式数据服务包含如下基本概念。

1. KV数据模型

“KV数据模型”是“Key-Value数据模型”的简称，其数据以键－值对的形式进行组织、索引和存储。

KV数据模型适合不涉及过多数据关系和业务关系的业务数据存储，比SQL数据库存储拥有更好的读写性能，同时因其在分布式场景中降低了解决数据库版本兼容问题的复杂度，和数据同步过程中冲突解决的复杂度而被广泛使用。分布式数据库也是基于KV数据模型，对外提供KV类型的访问接口。

2. 分布式数据库事务性

分布式数据库事务支持本地事务（和传统数据库的事务概念一致）和同步事务。同步事务是指在设备之间同步数据时，以本地事务为单位进行同步，一次本地事务的修改要么都同步成功，要么都同步失败。

3. 分布式数据库一致性

在分布式场景中一般会涉及多个设备，组网内设备之间看到的数据是否一致称为分布式数据库的一致性。分布式数据库一致性可以分为强一致性、弱一致性和最终一致性。

- 强一致性：是指某一设备成功增、删、改数据后，组网内设备对该数据的读取操作都将得到更新后的值。
- 弱一致性：是指某一设备成功增、删、改数据后，组网内设备可能读取到本次更新数据，也可能读取不到，不能保证在多长时间后每个设备的数据一定是一致的。
- 最终一致性：是指某一设备成功增、删、改数据后，组网内设备可能读取不到本次更新数据，但在某个时间窗口之后，组网内设备的数据能够达到一致状态。

强一致性对分布式数据的管理要求非常高，在服务器的分布式场景可能会遇到。因为移动终端设备的不常在线、以及无中心的特性，分布式数据服务不支持强一致性，只支持最终一致性。

4. 分布式数据库同步

底层通信组件完成设备发现和认证，会通知上层应用程序（包括分布式数据服务）设备上线。收到设备上线的消息后分布式数据服务可以在两个设备之间建立加密的数据传输通道，利用该通道在两个设备之间进行数据同步。

分布式数据服务提供了两种同步方式：手动同步和自动同步。

- 手动同步：由应用程序调用sync接口来触发，需要指定同步的设备列表和同步模式。同步模式分为PULL_ONLY（将远端数据拉取到本端）、PUSH_ONLY（将本端数据推送到远端）和PUSH_PULL（将本端数据推送到远端同时也将远端数据拉取到本端）。内部接口支持按条件过滤同步，将符合条件的数据同步到远端。
- 自动同步：包括全量同步和按条件订阅同步。全量同步由分布式数据库自动将本端数据推送到远端，同时也将远端数据拉取到本端来完成数据同步，同步时机包括设备上线、应用程序更新数据等，应用不需要主动调用sync接口；内部接口支持按条件订阅同步，将远端符合订阅条件的数据自动同步到本端。

5. 单版本分布式数据库

单版本分布式数据库是指数据在本地保存是以单个KV条目为单位的方式保存，对每个Key最多只保存一个条目项，当数据在本地被用户修改时，不管它是否已经被同步出去，均直接在这个条目上进行修改。同步也以此为基础，按照它在本地被写入或更改的顺序将当前最新一次修改逐条同步至远端设备。

6. 设备协同分布式数据库

设备协同分布式数据库建立在单版本分布式数据库之上，对应用程序存入的KV数据中的Key前面拼接了本设备的DeviceID标识符，这样能保证每个设备产生的数据严格隔离，底层按照设备的维度管理这些数据，设备协同分布式数据库支持以设备的维度查询分布式数据，但是不支持修改远端设备同步过来的数据。

7. 分布式数据库冲突解决策略

分布式数据库多设备提交冲突场景，在给提交冲突做合并的过程中，如果多个设备同时修改了同一数据，则称这种场景为数据冲突。数据冲突采用默认冲突解决策略（Last-write-wins），基于提交时间戳，取时间戳较大的提交数据，当前不支持定制冲突解决策略。

8. 数据库Schema化管理与谓词查询

单版本数据库支持在创建和打开数据库时指定Schema，数据库根据Schema定义感知KV记录的Value格式，以实现对Value值结构的检查，并基于Value中的字段实现索引建立和谓词查询。

9. 分布式数据库备份能力

提供分布式数据库备份能力，业务通过设置backup属性为true，可以触发分布式数据服务每日备份。当分布式数据库发生损坏，分布式数据服务会删除损坏数据库，并且从备份数据库中恢复上次备份的数据。如果不存在备份数据库，则创建一个新的数据库。同时支持加密数据库的备份能力。

更多分布式系统概念可以参阅笔者所著的《分布式系统常用技术及案例分析》。

10.1.2　分布式数据服务运作机制

分布式数据服务运作示意图如图10-1所示。

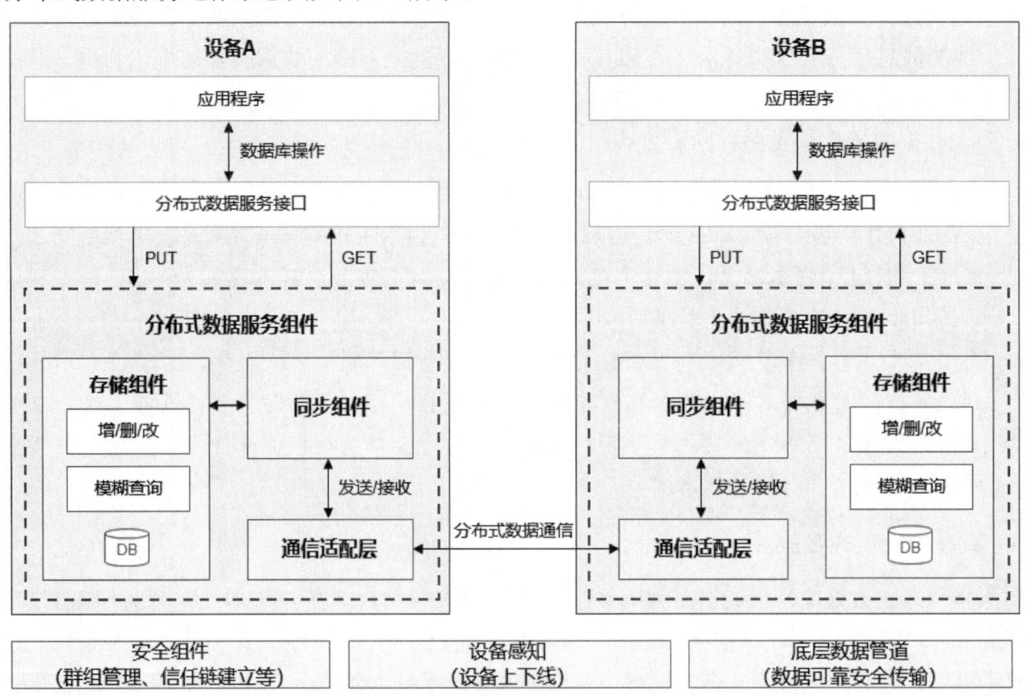

图 10-1　分布式数据服务运作示意图

分布式数据服务包含5部分：

- 服务接口：分布式数据服务提供专门的数据库创建、数据访问、数据订阅等接口给应用程序调用，接口支持KV数据模型，支持常用的数据类型，同时确保接口的兼容性、易用性和可发布性。

- 服务组件：服务组件负责服务内元数据管理、权限管理、加密管理、备份和恢复管理以及多用户管理等、同时负责初始化底层分布式DB的存储组件、同步组件和通信适配层。
- 存储组件：存储组件负责数据的访问、数据的缩减、事务、快照、数据库加密，以及数据合并和冲突解决等特性。
- 同步组件：同步组件连接了存储组件与通信组件，其目标是保持在线设备间的数据库数据一致性，包括将本地产生的未同步数据同步给其他设备，接收来自其他设备发送过来的数据，并合并到本地设备中。
- 通信适配层：通信适配层负责调用底层公共通信层的接口完成通信管道的创建、连接，接收设备上下线消息，维护已连接和断开设备列表的元数据，同时将设备上下线信息发送给上层同步组件，同步组件维护连接的设备列表，同步数据时根据该列表，调用通信适配层的接口将数据封装并发送给连接的设备。

应用程序通过调用分布式数据服务接口实现分布式数据库创建、访问、订阅功能，服务接口通过操作服务组件提供的能力，将数据存储至存储组件，存储组件调用同步组件实现将数据同步，同步组件使用通信适配层将数据同步至远端设备，远端设备通过同步组件接收数据，并更新至本端存储组件，通过服务接口提供给应用程序使用。

10.1.3　分布式数据服务约束与限制

使用分布式数据服务需要考虑如下的约束与限制。

- 分布式数据服务的数据模型仅支持KV数据模型，不支持外键、触发器等关系数据库中的功能。
- 分布式数据服务支持的KV数据模型规格：
  - 设备协同数据库，针对每条记录，Key的长度≤896 Byte，Value的长度<4 MB。
  - 单版本数据库，针对每条记录，Key的长度≤1 KB，Value的长度<4 MB。
  - 每个应用程序最多支持同时打开16个分布式数据库。
- 分布式数据库与本地数据库的使用场景不同，因此开发者应识别需要在设备间进行同步的数据，并将这些数据保存到分布式数据库中。
- 分布式数据服务当前不支持应用程序自定义冲突解决策略。
- 分布式数据服务针对每个应用程序当前的流控机制：KvStore的接口1秒最大访问1000次，1分钟最大访问10000次；KvManager的接口1秒最大访问50次，1分钟最大访问500次。
- 分布式数据库事件回调方法中不允许进行阻塞操作，例如修改UI组件。

10.2　分布式数据服务开发步骤

本节介绍分布式数据服务的开发步骤。

10.2.1　导入模块

导入distributedKVStore模块，代码如下：

```
// 导入模块
import { distributedKVStore } from '@kit.ArkData';
```

10.2.2 构造分布式数据库管理类实例

根据应用上下文创建KVManagerConfig对象。以下为创建分布式数据库管理器的代码示例：

```
import { UIAbility } from '@kit.AbilityKit';
import { BusinessError } from '@kit.BasicServicesKit';

let kvManager: distributedKVStore.KVManager;

export default class EntryAbility extends UIAbility {
  onCreate() {
    console.info("MyAbilityStage onCreate")
    let context = this.context
    const kvManagerConfig: distributedKVStore.KVManagerConfig = {
      context: context,
      bundleName: 'com.example.datamanagertest',
    }
    try {
      kvManager = distributedKVStore.createKVManager(kvManagerConfig);
      console.info("Succeeded in creating KVManager");
    } catch (e) {
      let error = e as BusinessError;
      console.error(`Failed to create KVManager.code is ${error.code},message is 
${error.message}`);
    }
    if (kvManager !== undefined) {
      kvManager = kvManager as distributedKVStore.KVManager;
      // 进行后续创建数据库等相关操作
      // ...
    }
  }
}
```

10.2.3 获取/创建分布式数据库

声明需要创建的分布式数据库ID描述，创建分布式数据库，建议关闭自动同步功能（autoSync:false），需要同步时主动调用sync接口。以下为创建分布式数据库的代码示例：

```
import { BusinessError } from '@kit.BasicServicesKit';

let kvStore: distributedKVStore.SingleKVStore | null = null;
try {
  const options: distributedKVStore.Options = {
    createIfMissing: true,
    encrypt: false,
    backup: false,
    autoSync: false,
    kvStoreType: distributedKVStore.KVStoreType.SINGLE_VERSION,
    securityLevel: distributedKVStore.SecurityLevel.S2,
  };
  kvManager.getKVStore('storeId', options, (err: BusinessError, store: 
distributedKVStore.SingleKVStore) => {
    if (err) {
      console.error(`Failed to get KVStore.code is ${err.code},message is 
${err.message}`);
```

```
        return;
      }
      console.info("Succeeded in getting KVStore");
      kvStore = store;
    });
  } catch (e) {
    let error = e as BusinessError;
    console.error('An unexpected error occurred.code is ${error.code},message is
${error.message}');
  }
  if (kvStore !== null) {
     kvStore = kvStore as distributedKVStore.SingleKVStore;
       // 进行后续相关数据操作，包括数据的增、删、改、查、订阅数据变化等操作
       // ...
  }
```

10.2.4 订阅分布式数据库数据变化

分布式数据库订阅数据变化，待数据变化后观察回调函数。将字符串类型键值数据写入分布式数据库的代码示例如下：

```
  import { BusinessError } from '@kit.BasicServicesKit';

  try {
    kvStore.on('dataChange', distributedKVStore.SubscribeType.SUBSCRIBE_TYPE_LOCAL,
(data: distributedKVStore.ChangeNotification) => {
      console.info('dataChange callback call data: ${data}');
    });
  } catch (e) {
    let error = e as BusinessError;
    console.error('An unexpected error occurred.code is ${error.code},message is
${error.message}');
  }
```

10.2.5 将数据写入分布式数据库

构造需要写入分布式数据库的Key和Value，将键值数据写入分布式数据库。将字符串类型键值数据写入分布式数据库的代码示例如下：

```
  import { BusinessError } from '@kit.BasicServicesKit';

  const KEY_TEST_STRING_ELEMENT = 'key_test_string';
  const VALUE_TEST_STRING_ELEMENT = 'value-test-string';
  try {
    kvStore.put(KEY_TEST_STRING_ELEMENT, VALUE_TEST_STRING_ELEMENT, (err: BusinessError) => {
      if (err != undefined) {
        console.error('Failed to put.code is ${err.code},message is ${err.message}');
        return;
      }
      console.info("Succeeded in putting");
    });
  } catch (e) {
    let error = e as BusinessError;
    console.error('An unexpected error occurred.code is ${error.code},message is
${error.message}');
  }
```

10.2.6　查询分布式数据库数据

构造需要从单版本分布式数据库中查询的Key，从单版本分布式数据库中获取数据。从分布式数据库中查询字符串类型数据的代码示例如下：

```
import { BusinessError } from '@kit.BasicServicesKit';

const KEY_TEST_STRING_ELEMENT = 'key_test_string';
const VALUE_TEST_STRING_ELEMENT = 'value-test-string';
try {
  kvStore.put(KEY_TEST_STRING_ELEMENT, VALUE_TEST_STRING_ELEMENT, (err: BusinessError) =>
{
    if (err != undefined) {
      console.error('Failed to put.code is ${err.code},message is ${err.message}');
      return;
    }
    console.info("Succeeded in putting");
    if (kvStore != null) {
      kvStore.get(KEY_TEST_STRING_ELEMENT, (err: BusinessError, data: boolean | string |
number | Uint8Array) => {
        if (err != undefined) {
          console.error('Failed to get.code is ${err.code},message is ${err.message}');
          return;
        }
        console.info('Succeeded in getting data.data=${data}');
      });
    }
  });
} catch (e) {
  let error = e as BusinessError;
  console.error('Failed to get.code is ${error.code},message is ${error.message}');
}
```

10.3　关系数据库概述

关系数据库（Relational Database，RDB）是一种基于关系模型来管理数据的数据库。HarmonyOS关系数据库是基于SQLite组件提供了一套完整的对本地数据库进行管理的机制，对外提供了一系列的增、删、改、查等接口，也可以直接运行用户输入的SQL语句来满足复杂的场景需要。当应用卸载后，其相关数据库会被自动清除。

10.3.1　关系数据库的基本概念

HarmonyOS关系数据库包含如下基本概念：

- 关系数据库：基于关系模型来管理数据的数据库，以行和列的形式存储数据。
- 谓词：数据库中用来代表数据实体的性质、特征或者数据实体之间关系的词项，主要用来定义数据库的操作条件。
- 结果集：指用户查询之后的结果集合，可以对数据进行访问。结果集提供了灵活的数据访问方式，可以更方便地获取用户想要的数据。
- SQLite数据库：一款遵守ACID的轻型开源关系数据库管理系统。

10.3.2　运作机制

关系数据库对外提供通用的操作接口，底层使用SQLite作为持久化存储引擎，支持SQLite具有的所有数据库特性，包括但不限于事务、索引、视图、触发器、外键、参数化查询和预编译SQL语句。

关系数据库运作机制如图10-2所示。

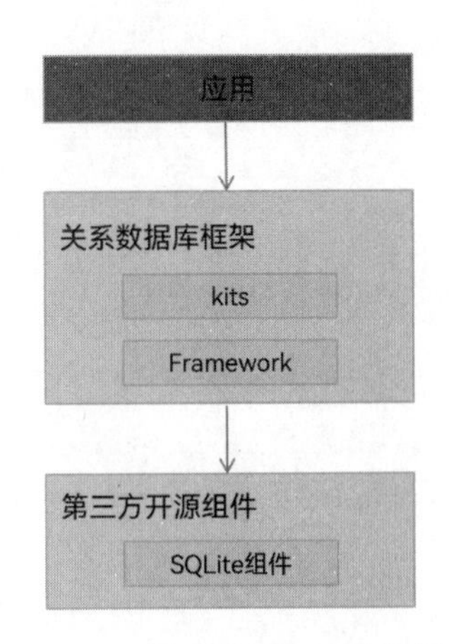

图 10-2　关系数据库运作机制

10.3.3　默认配置与限制

默认配置与限制如下：

- 系统默认日志方式是WAL（Write Ahead Log）模式。
- 系统默认落盘方式是FULL模式。
- 数据库中有4个读连接和1个写连接，线程获取到空闲读连接时，即可进行读取操作。当没有空闲读连接且有空闲写连接时，会将写连接当作读连接来使用。
- 为保证数据的准确性，数据库同一时间只能支持一个写操作。
- 当应用被卸载完成后，设备上的相关数据库文件及临时文件会被自动清除。
- ArkTS侧支持的基本数据类型为：number、string、二进制类型数据、boolean。
- 为保证插入并读取数据成功，建议一条数据不要超过2MB。当超出该大小时，则可以插入成功，但会导致读取失败。

10.4　实战：关系数据库开发

本节以一个“账本”为例，使用关系数据库的相关接口实现对账单的增、删、改、查操作。

为了演示该功能，创建一个名为“ArkTSRdb”的应用。

10.4.1　操作 RdbStore

首先要获取一个RdbStore来操作关系数据库。

在src/main/ets目录下创建名为“common/database”的目录，用于存储常用的数据库相关的类。在common/database目录中创建工具类Rdb，代码如下：

```
import { relationalStore } from '@kit.ArkData';
import CommonConstants from '../constants/CommonConstants';

export default class Rdb {
  private rdbStore: relationalStore.RdbStore | null = null;
  private tableName: string;
  private sqlCreateTable: string;
  private columns: Array<string>;

  constructor(tableName: string, sqlCreateTable: string, columns: Array<string>) {
    this.tableName = tableName;
    this.sqlCreateTable = sqlCreateTable;
    this.columns = columns;
  }

  getRdbStore(callback: Function = () => {
```

```
  }) {
    if (!callback || typeof callback === 'undefined' || callback === undefined) {
      console.info('getRdbStore() has no callback!');
      return;
    }
    if (this.rdbStore !== null) {
      console.info('The rdbStore exists.');
      callback();
      return
    }
    let context: Context = getContext(this) as Context;
    relationalStore.getRdbStore(context, CommonConstants.STORE_CONFIG, (err, rdb) => {
      if (err) {
        console.error('gerRdbStore() failed, err: ${err}');
        return;
      }
      this.rdbStore = rdb;
      this.rdbStore.executeSql(this.sqlCreateTable);
      console.info('getRdbStore() finished.');
      callback();
    });
  }

  // ...
}
```

数据库所需要的配置存储在common/constants/CommonConstants.ets文件中，示例如下：

```
import { relationalStore } from '@kit.ArkData';

export default class CommonConstants {
  /**
   * Rdb database config.
   */
  static readonly STORE_CONFIG: relationalStore.StoreConfig = {
    name: 'database.db',
    securityLevel: relationalStore.SecurityLevel.S1
  };

}
```

为了对数据进行增、删、改、查操作，我们需要封装对应接口。关系数据库接口提供的增、删、改、查方法均有callback和Promise两种异步回调方式，本例使用callback异步回调。代码如下：

```
insertData(data: relationalStore.ValuesBucket, callback: Function = () => {
}) {
  if (!callback || typeof callback === 'undefined' || callback === undefined) {
    console.info('insertData() has no callback!');
    return;
  }
  let resFlag: boolean = false;
  const valueBucket: relationalStore.ValuesBucket = data;
  if (this.rdbStore) {
    this.rdbStore.insert(this.tableName, valueBucket, (err, ret) => {
      if (err) {
        console.error('insertData() failed, err: ${err}');
        callback(resFlag);
        return;
      }
      console.info('insertData() finished: ${ret}');
      callback(ret);
```

```
      });
    }
  }

  deleteData(predicates: relationalStore.RdbPredicates, callback: Function = () => {
  }) {
    if (!callback || typeof callback === 'undefined' || callback === undefined) {
      console.info('deleteData() has no callback!');
      return;
    }
    let resFlag: boolean = false;
    if (this.rdbStore) {
      this.rdbStore.delete(predicates, (err, ret) => {
        if (err) {
          console.error(`deleteData() failed, err: ${err}`);
          callback(resFlag);
          return;
        }
        console.info(`deleteData() finished: ${ret}`);
        callback(!resFlag);
      });
    }
  }

  updateData(predicates: relationalStore.RdbPredicates, data:
relationalStore.ValuesBucket, callback: Function = () => {
  }) {
    if (!callback || typeof callback === 'undefined' || callback === undefined) {
      console.info('updateDate() has no callback!');
      return;
    }
    let resFlag: boolean = false;
    const valueBucket: relationalStore.ValuesBucket = data;
    if (this.rdbStore) {
      this.rdbStore.update(valueBucket, predicates, (err, ret) => {
        if (err) {
          console.error(`updateData() failed, err: ${err}`);
          callback(resFlag);
          return;
        }
        console.info(`updateData() finished: ${ret}`);
        callback(!resFlag);
      });
    }
  }

  query(predicates: relationalStore.RdbPredicates, callback: Function = () => {
  }) {
    if (!callback || typeof callback === 'undefined' || callback === undefined) {
      console.info('query() has no callback!');
      return;
    }
    if (this.rdbStore) {
      this.rdbStore.query(predicates, this.columns, (err, resultSet) => {
        if (err) {
          console.error(`query() failed, err:  ${err}`);
          return;
        }
        console.info('query() finished.');
        callback(resultSet);
```

```
        resultSet.close();
      });
    }
  }
```

10.4.2　账目信息的表示

由于需要记录账目的类型（收入/支出）、具体类别和金额，因此我们需要创建一张存储账目信息的表，SQL脚本如下：

```
import { AccountTable } from '../../viewmodel/ConstantsInterface';

export default class CommonConstants {
  // ...

  /**
   * Account table config.
   */
  static readonly ACCOUNT_TABLE: AccountTable = {
    tableName: 'accountTable',
    sqlCreate: 'CREATE TABLE IF NOT EXISTS accountTable(id INTEGER PRIMARY KEY
AUTOINCREMENT, accountType INTEGER, ' +
      'typeText TEXT, amount INTEGER)',
    columns: ['id', 'accountType', 'typeText', 'amount']
  };

}
```

AccountTable表的各字段含义如下：

- id：主键。
- accountType：账目类型。0表示支出；1表示收入。
- typeText：账目的具体类别。
- amount：账目金额。

在src/main/ets目录下创建名为“viewmodel”目录，并在该目录下创建与上述脚本对应的AccountData类，代码如下：

```
export default class AccountData {
  id: number = -1;
  accountType: number = 0;
  typeText: string = '';
  amount: number = 0;
}
```

10.4.3　操作账目信息表

创建针对账目信息表的操作类common/database/tables/AccountTable.ets。AccountTable类封装了增、删、改、查接口。代码如下：

```
import { relationalStore } from '@kit.ArkData';
import AccountData from '../../../viewmodel/AccountData';
import CommonConstants from '../../constants/CommonConstants';
import Rdb from '../Rdb';

export default class AccountTable {
  private accountTable = new Rdb(CommonConstants.ACCOUNT_TABLE.tableName,
CommonConstants.ACCOUNT_TABLE.sqlCreate,
```

```
        CommonConstants.ACCOUNT_TABLE.columns);

      constructor(callback: Function = () => {
      }) {
        this.accountTable.getRdbStore(callback);
      }

      getRdbStore(callback: Function = () => {
      }) {
        this.accountTable.getRdbStore(callback);
      }

      insertData(account: AccountData, callback: Function) {
        const valueBucket: relationalStore.ValuesBucket = generateBucket(account);
        this.accountTable.insertData(valueBucket, callback);
      }

      deleteData(account: AccountData, callback: Function) {
        let predicates = new
relationalStore.RdbPredicates(CommonConstants.ACCOUNT_TABLE.tableName);
        predicates.equalTo('id', account.id);
        this.accountTable.deleteData(predicates, callback);
      }

      updateData(account: AccountData, callback: Function) {
        const valueBucket: relationalStore.ValuesBucket = generateBucket(account);
        let predicates = new
relationalStore.RdbPredicates(CommonConstants.ACCOUNT_TABLE.tableName);
        predicates.equalTo('id', account.id);
        this.accountTable.updateData(predicates, valueBucket, callback);
      }

      query(amount: number, callback: Function, isAll: boolean = true) {
        let predicates = new
relationalStore.RdbPredicates(CommonConstants.ACCOUNT_TABLE.tableName);
        if (!isAll) {
          predicates.equalTo('amount', amount);
        }
        this.accountTable.query(predicates, (resultSet: relationalStore.ResultSet) => {
          let count: number = resultSet.rowCount;
          if (count === 0 || typeof count === 'string') {
            console.log('Query no results!');
            callback([]);
          } else {
            resultSet.goToFirstRow();
            const result: AccountData[] = [];
            for (let i = 0; i < count; i++) {
              let tmp: AccountData = {
                id: 0, accountType: 0, typeText: '', amount: 0
              };
              tmp.id = resultSet.getDouble(resultSet.getColumnIndex('id'));
              tmp.accountType =
resultSet.getDouble(resultSet.getColumnIndex('accountType'));
              tmp.typeText = resultSet.getString(resultSet.getColumnIndex('typeText'));
              tmp.amount = resultSet.getDouble(resultSet.getColumnIndex('amount'));
              result[i] = tmp;
              resultSet.goToNextRow();
            }
            callback(result);
          }
        });
      }
```

```
}

function generateBucket(account: AccountData): relationalStore.ValuesBucket {
  let obj: relationalStore.ValuesBucket = {};
  obj.accountType = account.accountType;
  obj.typeText = account.typeText;
  obj.amount = account.amount;
  return obj;
}
```

10.4.4　设计界面

为了简化程序，突出核心逻辑，我们的界面设计得非常简单，只是一个Text组件和4个Button组件。4个Button组件用于触发增、删、改、查操作，而Text组件用于展示每次操作后的结果。修改index代码如下：

```
import AccountTable from '../common/database/tables/AccountTable';
import AccountData from '../viewmodel/AccountData';

@Entry
@Component
struct Index {
  @State message: string = 'Hello World'
  private accountTable = new AccountTable();

  build() {
    Row() {
      Column() {
        Text(this.message)
          .fontSize(50)
          .fontWeight(FontWeight.Bold)

        // 增加
        Button(('增加'), { type: ButtonType.Capsule })
          .width(140)
          .fontSize(40)
          .fontWeight(FontWeight.Medium)
          .margin({ top: 20, bottom: 20 })
          .onClick(() => {
            let newAccount: AccountData = { id: 1, accountType: 0, typeText: '苹果', amount: 0 };
            this.accountTable.insertData(newAccount, () => {
            })
          })

        // 查询
        Button(('查询'), { type: ButtonType.Capsule })
          .width(140)
          .fontSize(40)
          .fontWeight(FontWeight.Medium)
          .margin({ top: 20, bottom: 20 })
          .onClick(() => {
            this.accountTable.query(0, (result: AccountData[]) => {
              this.message = JSON.stringify(result);
            }, true);
          })

        // 修改
        Button(('修改'), { type: ButtonType.Capsule })
          .width(140)
          .fontSize(40)
          .fontWeight(FontWeight.Medium)
```

```
          .margin({ top: 20, bottom: 20 })
          .onClick(() => {
            let newAccount: AccountData = { id: 1, accountType: 1, typeText: '栗子', amount: 1 };
            this.accountTable.updateData(newAccount, () => {
            })
          })

        // 删除
        Button(('删除'), { type: ButtonType.Capsule })
          .width(140)
          .fontSize(40)
          .fontWeight(FontWeight.Medium)
          .margin({ top: 20, bottom: 20 })
          .onClick(() => {
            let newAccount: AccountData = { id: 1, accountType: 1, typeText: '栗子', amount: 1 };
            this.accountTable.deleteData(newAccount, () => {
            })
          })
      }
      .width('100%')
    }
    .height('100%')
  }
}
```

上述代码在aboutToAppear生命周期阶段，初始化了数据库。单击“新增”会将预设好的数据“{ id: 1, accountType: 0, typeText: '苹果', amount: 0 }”写入数据库。单击“修改”会将预设好的“{ id: 1, accountType: 1, typeText: '栗子', amount: 1 }”的数据更新到数据库。单击“删除”则会将预设好的“{ id: 1, accountType: 1, typeText: '栗子', amount: 1 }”的数据从数据库中删除。

10.4.5 运行

运行应用显示的界面效果如图10-3所示。

当用户单击“增加”后再单击“查询”时，界面如图10-4所示，证明数据已经成功写入数据库。

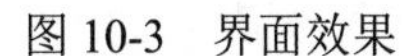

图 10-3 界面效果

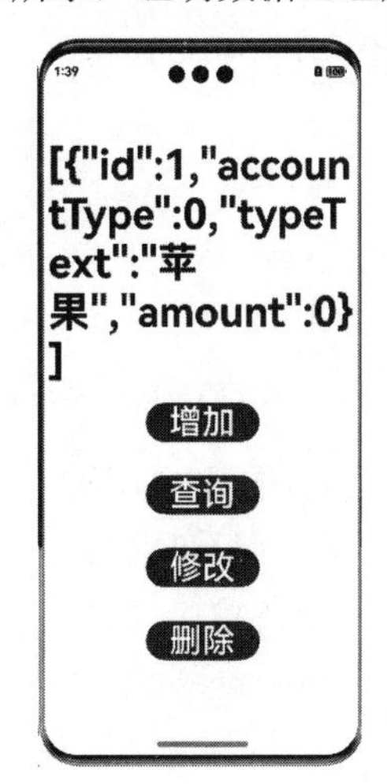

图 10-4 数据已经成功写入数据库

当用户单击“修改”后再单击“查询”时，界面如图10-5所示，证明数据已经被修改并更新回数据库。

当用户单击“删除”后再单击“查询”时，界面如图10-6所示，证明数据已经从数据库中删除。

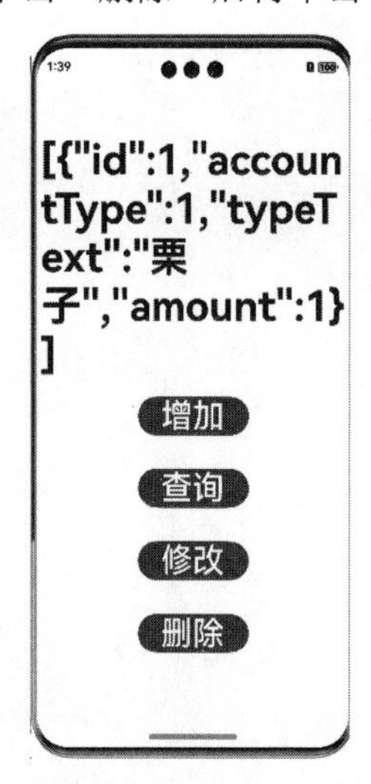

图 10-5 数据已经被修改并更新回数据库

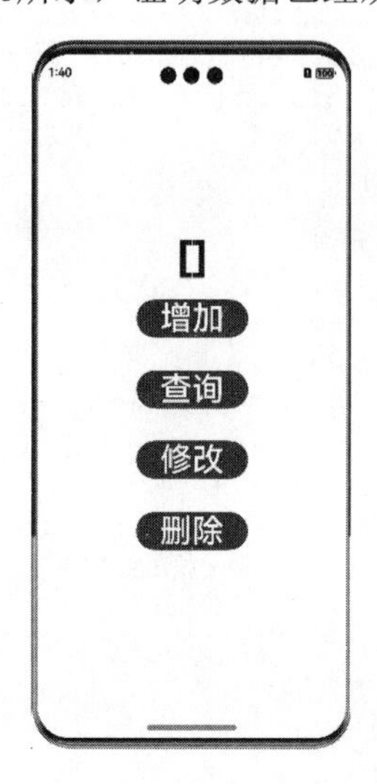

图 10-6 数据已经从数据库中删除

10.5 用户首选项概述

用户首选项（Preferences）为应用提供Key-Value型的数据处理能力，支持应用持久化轻量级数据，并对其修改和查询。当用户希望有一个全局唯一存储的地方，可以采用用户首选项来进行存储。Preferences会将该数据缓存在内存中，当用户读取时，能够快速从内存中获取数据，当需要持久化时可以使用flush接口将内存中的数据写入持久化文件中。Preferences会随着存储的数据量越来越多而导致应用占用的内存越大，因此，Preferences不适合存储过多的数据，也不支持通过配置加密，适用的场景一般为应用保存用户的个性化设置（字体大小，是否开启夜间模式）等。

10.5.1 用户首选项运作机制

用户首选项的特点是：

- 以Key-Value形式存储数据。Key是不重复的关键字，Value是数据值。
- 非关系数据库。它与关系数据库的区别是，不保证遵循ACID（Atomicity、Consistency、Isolation和Durability）特性，数据之间无关系。

应用也可以将缓存的数据再次写回文本文件中进行持久化存储，由于文件读写将产生不可避免的系统资源开销，建议应用降低对持久化文件的读写频率。

用户程序通过ArkTS接口调用用户首选项读写对应的数据文件。开发者可以将用户首选项持久化文件的内容加载到Preferences实例，每个文件唯一对应到一个Preferences实例，系统会通过静态容器将该实例存储在内存中，直到主动从内存中移除该实例或者删除该文件。

应用首选项的持久化文件保存在应用沙箱内部，可以通过context获取其路径。

用户首选项运作机制如图10-7所示。

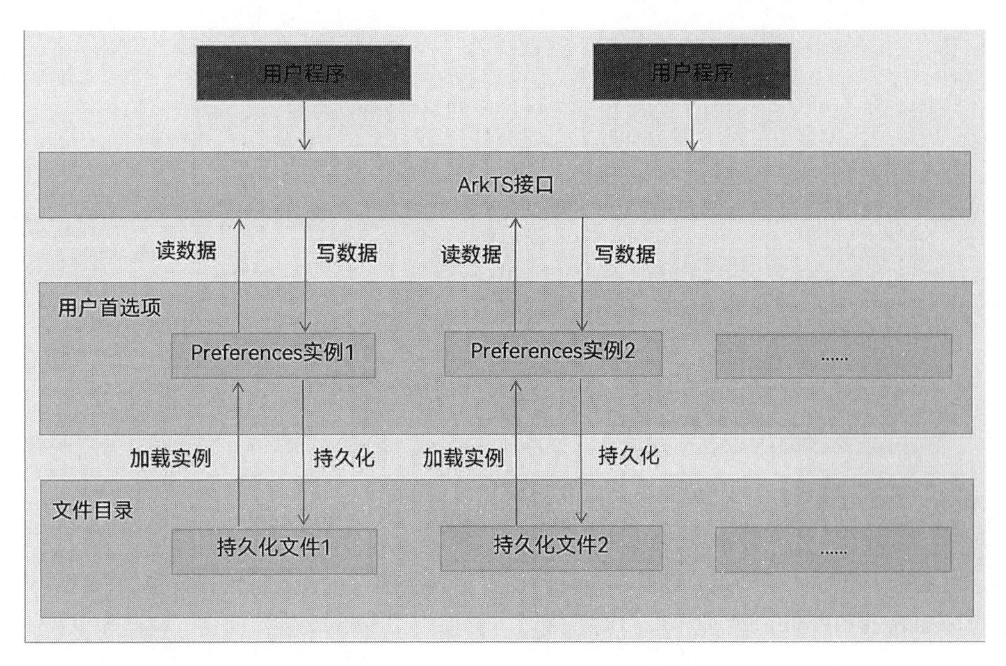

图 10-7　用户首选项运作机制

10.5.2　约束与限制

使用用户首选项需要注意以下约束与限制：

- 用户首选项无法保证进程并发安全，会有文件损坏和数据丢失的风险，不支持在多进程场景下使用。
- Key键为string类型，要求非空且长度不超过1024个字节。
- 如果Value值为string类型，请使用UTF-8编码格式，可以为空，不为空时长度不超过16 × 1024 × 1024个字节。
- 内存会随着存储数据量的增大而增大，所以存储的数据量应该是轻量级的，建议存储的数据不超过一万条，否则会在内存方面产生较大的开销。

10.6　实战：用户首选项开发

本节以一个“账本”为例，使用首选项的相关接口实现对账单的增、删、改、查操作。

为了演示该功能，创建一个名为“ArkTSPreferences”的应用。

10.6.1　操作 Preferences

首先要获取一个Preferences来操作首选项。

在src/main/ets目录下创建名为“common”目录，用于存储放常用的工具类。在该common目录创建工具类PreferencesUtil，代码如下：

```
// 导入preferences模块
import { preferences } from '@kit.ArkData';

import { BusinessError } from '@kit.BasicServicesKit';
```

```
import { common } from '@kit.AbilityKit';

let context = getContext(this) as common.UIAbilityContext;
let options: preferences.Options = { name: 'myStore' };

export default class PreferencesUtil {
  private dataPreferences: preferences.Preferences | null = null;
  // 调用getPreferences方法读取指定首选项持久化文件
  // 将数据加载到Preferences实例，用于数据操作
  async getPreferencesFromStorage() {
    await preferences.getPreferences(context, options).then((data) => {
      this.dataPreferences = data;
      console.info('Succeeded in getting preferences');
    }).catch((err: BusinessError) => {
      console.error('Failed to get preferences, Cause:' + err);
    });
  }
}
```

为了对数据进行增、删、改、查操作，我们要封装对应接口。首选项接口提供的保存、查询、删除方法均有callback和Promise两种异步回调方式，本例使用了Promise异步回调。代码如下：

```
// 将用户输入的数据存储到缓存的Preference实例中
async putPreference(key: string, data: string) {
  if (this.dataPreferences === null) {
    await this.getPreferencesFromStorage();
  } else {
    await this.dataPreferences.put(key, data).then(() => {
      console.info('Succeeded in putting value');
    }).catch((err: BusinessError) => {
      console.error('Failed to get preferences, Cause:' + err);
    });

    // 将Preference实例存储到首选项持久化文件中
    await this.dataPreferences.flush();
  }
}
// 使用Preferences的get方法读取数据
async getPreference(key: string) {
  let result: string= '';
  if (this.dataPreferences === null) {
    await this.getPreferencesFromStorage();
  } else {
    await this.dataPreferences.get(key, '').then((data) => {
      result = data.toString();
      console.info('Succeeded in getting value');
    }).catch((err: BusinessError) => {
      console.error('Failed to get preferences, Cause:' + err);
    });
  }

  return result;
}
// 从内存中移除指定文件对应的Preferences单实例
// 移除Preferences单实例时，应用不允许再使用该实例进行数据操作，否则会出现数据一致性问题
async deletePreferences() {

  preferences.deletePreferences(context, options, (err: BusinessError) => {
    if (err) {
```

```
        console.error('Failed to delete preferences. Code:${err.code},
message:${err.message}');
        return;
      }
      this.dataPreferences = null;
      console.info('Succeeded in deleting preferences.');
    })
  }
```

10.6.2　账目信息的表示

在src/main/ets目录下创建名为“database”目录，并在该database目录下创建AccountData类，代码如下：

```
export default interface AccountData {
  id: number;
  accountType: number;
  typeText: string;
  amount: number;
}
```

AccountData各属性含义如下：

- id：主键。
- accountType：账目类型。0表示支出；1表示收入。
- typeText：账目的具体类别。
- amount：账目金额。

10.6.3　设计界面

为了简化程序，突出核心逻辑，我们的界面设计得非常简单，只是一个Text组件和4个Button组件。4个Button组件用于触发增、删、改、查操作，而Text组件用于展示每次操作后的结果。修改index代码如下：

```
// 导入PreferencesUtil
import PreferencesUtil from '../common/PreferencesUtil';
// 导入AccountData
import AccountData from '../database/AccountData';

const PREFERENCES_KEY = 'fruit';

@Entry
@Component
struct Index {
  @State message: string = 'Hello World'
  private preferencesUtil = new PreferencesUtil();

  async aboutToAppear() {
    // 初始化首选项
    await this.preferencesUtil.getPreferencesFromStorage();

    // 获取结果
    this.preferencesUtil.getPreference(PREFERENCES_KEY).then(resultData => {
      this.message = resultData;
    });
  }

  build() {
    Row() {
```

```
      Column() {
        Text(this.message)
          .id('text_result')
          .fontSize(50)
          .fontWeight(FontWeight.Bold)

        // 增加
        Button(('增加'), { type: ButtonType.Capsule })
          .width(140)
          .fontSize(40)
          .fontWeight(FontWeight.Medium)
          .margin({ top: 20, bottom: 20 })
          .onClick(() => {
            // 保存数据
            let newAccount: AccountData = { id: 1, accountType: 0, typeText: '苹果', amount: 0 };
            this.preferencesUtil.putPreference(PREFERENCES_KEY, JSON.stringify(newAccount));
          })

        // 查询
        Button(('查询'), { type: ButtonType.Capsule })
          .width(140)
          .fontSize(40)
          .fontWeight(FontWeight.Medium)
          .margin({ top: 20, bottom: 20 })
          .onClick(() => {
            // 获取结果
            this.preferencesUtil.getPreference(PREFERENCES_KEY).then(resultData => {
              this.message = resultData;
            });
          })

        // 修改
        Button(('修改'), { type: ButtonType.Capsule })
          .width(140)
          .fontSize(40)
          .fontWeight(FontWeight.Medium)
          .margin({ top: 20, bottom: 20 })
          .onClick(() => {
            // 修改数据
            let newAccount: AccountData = { id: 1, accountType: 1, typeText: '栗子', amount: 1 };
            this.preferencesUtil.putPreference(PREFERENCES_KEY, JSON.stringify(newAccount));
          })

        // 删除
        Button(('删除'), { type: ButtonType.Capsule })
          .width(140)
          .fontSize(40)
          .fontWeight(FontWeight.Medium)
          .margin({ top: 20, bottom: 20 })
          .onClick(() => {
            this.preferencesUtil.deletePreferences();
          })
      }
      .width('100%')
    }
    .height('100%')
  }
}
```

上述代码在aboutToAppear生命周期阶段初始化了Preferences。单击“增加”会将预设好的数据“{ id:

1, accountType: 0, typeText: '苹果', amount: 0 }”写入Preferences中。单击“修改”会将预设好的“{ id: 1, accountType: 1, typeText: '栗子', amount: 1 }”的数据更新到Preferences中。单击“删除”则会从内存中移除指定文件对应的Preferences单实例。

10.6.4 运行

运行应用显示的界面效果如图10-8所示。

当用户单击“增加”后再单击“查询”时，界面如图10-9所示，证明数据已经成功写入Preferences。

图 10-8　界面效果

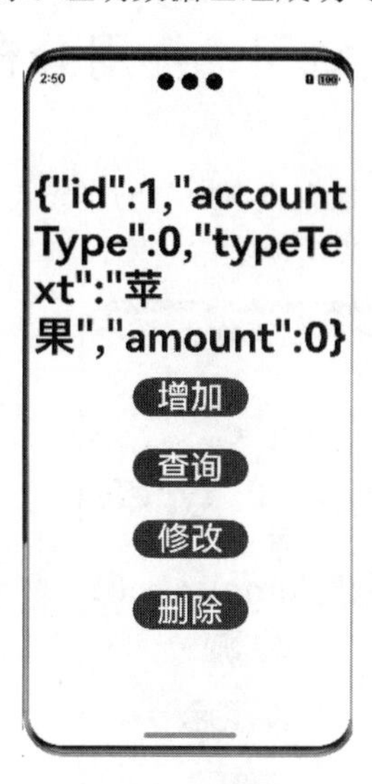

图 10-9　数据已经成功写入 Preferences

当用户单击“修改”后再单击“查询”时，界面如图10-10所示，证明数据已经被修改并更新回Preferences。

当用户单击“删除”后再单击“查询”时，界面如图10-11所示，证明数据已经从Preferences中删除。

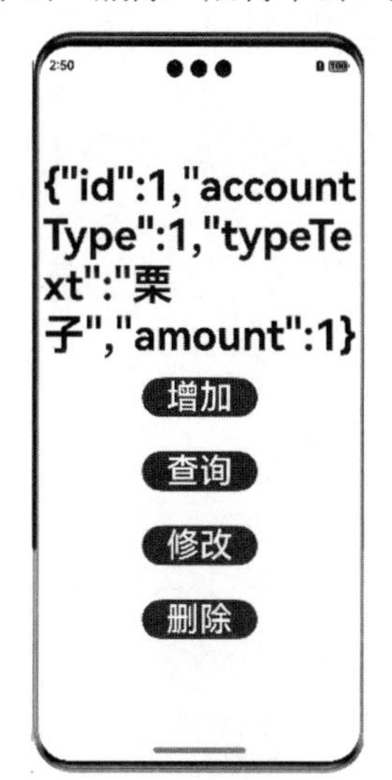

图 10-10　数据已经被修改并更新回 Preferences

图 10-11　数据已经从 Preferences 中删除

10.7　本章小结

本章介绍了HarmonyOS中的数据管理技术，包括分布式数据服务、关系数据库以及首选项的概念及其应用方法。通过学习这些内容，开发者可以更好地理解和掌握如何在HarmonyOS中进行数据管理和存储。

10.8　上机练习：使用分布式数据服务

任务要求：根据本章所学的知识，参考图10-12和图10-13编写一个HarmonyOS应用程序，演示使用分布式数据服务实现数据的增、删、改、查。

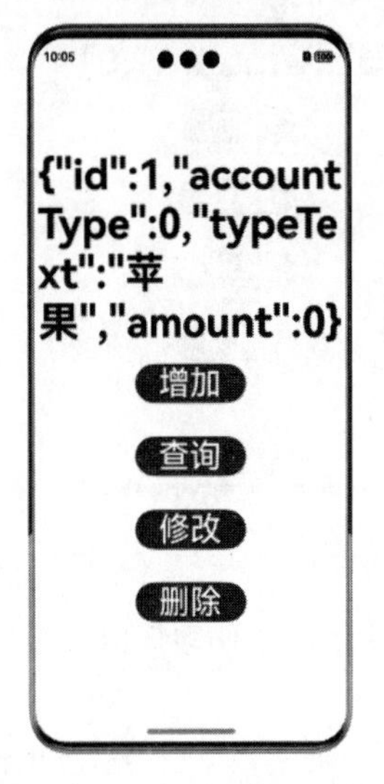

图 10-12　数据已经成功写入

图 10-13　数据已经被修改

练习步骤：

（1）导入distributedKVStore模块。

（2）构造分布式数据库管理类distributedKVStore.KVManager实例。

（3）创建分布式数据库distributedKVStore.SingleKVStore。

（4）调用put()方法向数据库中插入数据或者修改数据。

（5）调用get()方法获取指定键的值。

（6）调用delete()方法删除指定键值的数据。

代码参考配书资源中的“ArkTSDistributedData”应用。

第 11 章

多媒体开发

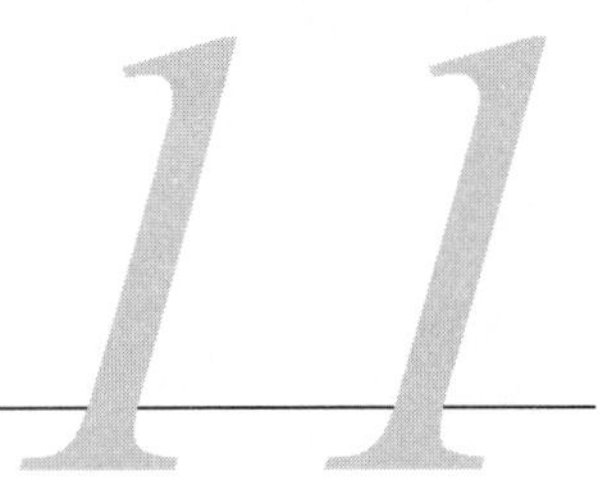

本章介绍HarmonyOS的多媒体开发，包括音频、图片、视频相关组件及其在实际开发中的应用。

11.1 音频开发

Audio Kit（音频服务），针对提供场景化的音频播放、录制接口，帮助开发者快速构建音频高清采集及沉浸式播放能力。

11.1.1 音频开发的基本概念

音频开发包含以下基本概念：

- 采样：是指将连续时域上的模拟信号按照一定的时间间隔采样，获取到离散时域上离散信号的过程。
- 采样率：表示每秒从连续信号中提取并组成离散信号的采样次数，单位用赫兹（Hz）来表示。通常人耳能听到频率范围大约在20Hz ~ 20kHz之间的声音。常用的音频采样频率有8kHz、11.025kHz、22.05kHz、16kHz、37.8kHz、44.1kHz、48kHz等。
- 声道：是指声音在录制或播放时在不同空间位置采集或回放的相互独立的音频信号，所以声道数也就是声音录制时的音源数量或回放时相应的扬声器数量。
- 音频帧：音频数据是流式的，本身没有明确的一帧帧的概念，在实际的应用中，为了音频算法处理/传输的方便，一般取2.5ms~60ms为单位的数据量为一帧音频。这个时间被称为“采样时间”，其长度没有特别的标准，它是根据编解码器和具体应用的需求来决定的。
- PCM（Pulse Code Modulation）：即脉冲编码调制，是一种将模拟信号数字化的方法，是将时间连续、取值连续的模拟信号转换成时间离散、抽样值离散的数字信号的过程。
- 音频流：是指音频系统中一个具备音频格式和音频使用场景信息的独立音频数据处理单元。可以表示播放，也可以表示录制，并且具备独立音量调节和音频设备路由切换能力。

11.1.2 音频播放开发指导

音频播放的主要工作是将音频数据转码为可听见的音频模拟信号，并通过输出设备进行播放，同时对播放任务进行管理，包括开始播放、暂停播放、停止播放、释放资源、设置音量、跳转播放位置、获取轨道信息等功能控制。

如图11-1所示展示的是音频播放状态变化示意图。

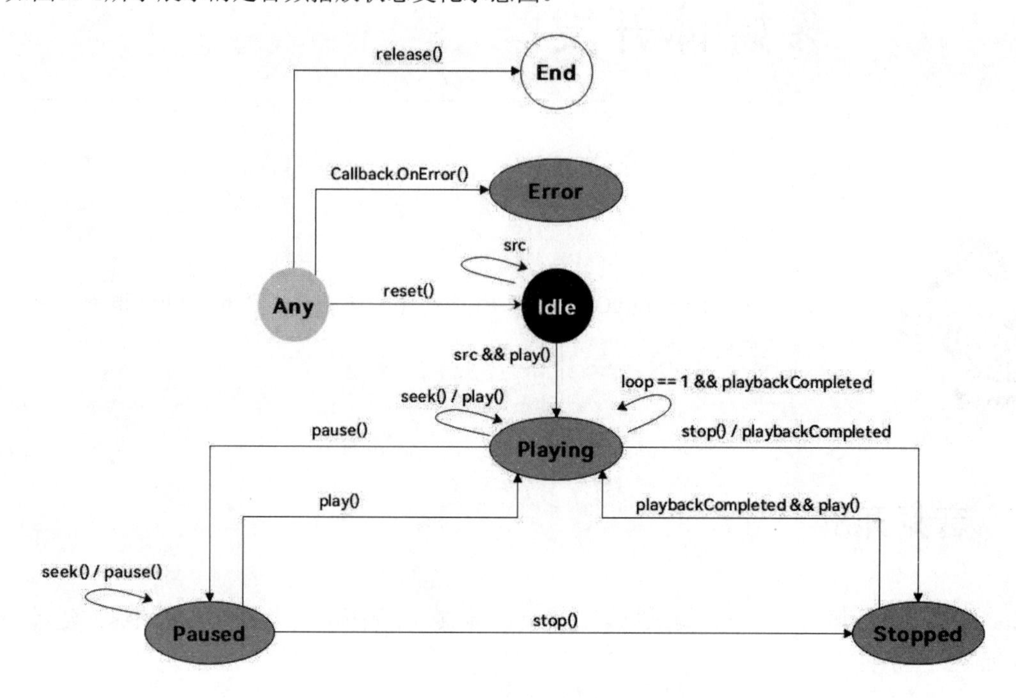

图 11-1　音频播放状态变化示意图

当前为Idle状态，设置src不会改变状态；且src设置成功后，不能再次设置其他src，需调用reset()接口后，才能重新设置src。

图11-2展示的是音频播放外部模块交互图。

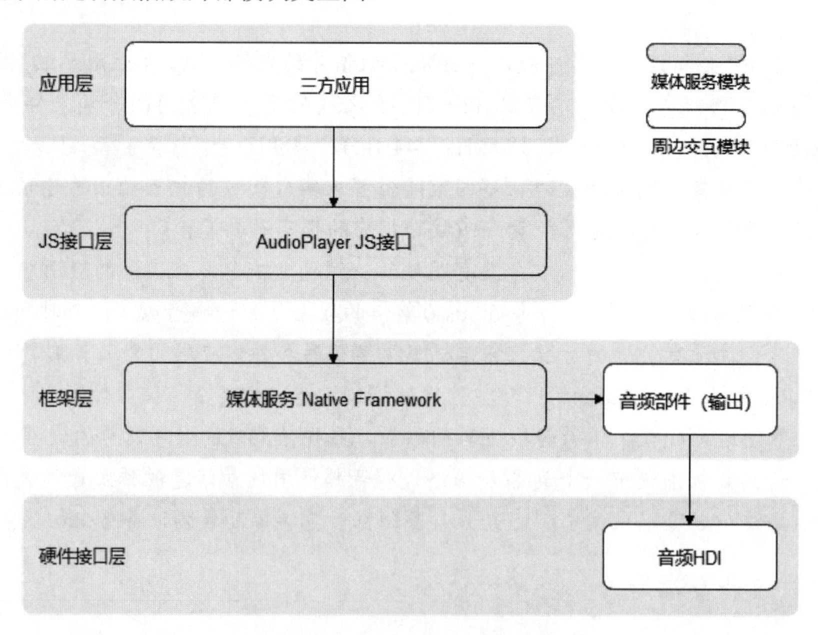

图 11-2　音频播放外部模块交互图

第三方应用通过调用JS接口层提供的js接口实现相应功能时，框架层会通过Native Framework的媒体服务调用音频部件，将软件解码后的音频数据输出至硬件接口层的音频HDI，实现音频播放功能。

音频播放的全流程场景包含：创建实例、设置uri、播放音频、跳转播放位置、设置音量、暂停播放、获取轨道信息、停止播放、重置、释放资源等流程。

11.1.3　如何选择音频播放开发方式

在HarmonyOS系统中，系统提供了多样化的API，来帮助开发者完成音频播放的开发，不同的API适用于不同的音频数据格式、音频资源来源、音频使用场景，甚至是不同的开发语言。因此，选择合适的音频播放API，有助于降低开发工作量，实现更佳的音频播放效果。

- AudioRenderer：用于音频输出的ArkTS/JS API，仅支持PCM格式，需要应用持续写入音频数据进行工作。应用可以在输入前添加数据预处理，如设定音频文件的采样率、位宽等，要求开发者具备音频处理的基础知识，适用于更专业、更多样化的媒体播放应用开发。
- AudioHaptic：用于音振协同播放的ArkTS/JS API，适用于需要在播放音频时同步发起振动的场景，如来电铃声随振、键盘按键反馈、消息通知反馈等。
- OpenSL ES：一套跨平台标准化的音频Native API，同样提供音频输出能力，仅支持PCM格式，适用于从其他嵌入式平台移植，或依赖在Native层实现音频输出功能的播放应用使用。
- OHAudio：用于音频输出的Native API，此API在设计上实现归一，同时支持普通音频通路和低时延通路。仅支持PCM格式，适用于依赖Native层实现音频输出功能的场景。

除上述方式外，也可以通过Media Kit实现音频播放。

- AVPlayer：用于音频播放的ArkTS/JS API，集成了流媒体和本地资源解析、媒体资源解封装、音频解码和音频输出功能。可用于直接播放MP3、M4A等格式的音频文件，不支持直接播放PCM格式文件。
- SoundPool：低时延的短音播放ArkTS/JS API，适用于播放急促简短的音效，如相机快门音效、按键音效、游戏射击音效等。

11.1.4　AudioRenderer 开发步骤

首先，配置音频渲染参数并创建AudioRenderer实例，配合使用音频渲染参数AudioRendererOptions。

```
import { audio } from '@kit.AudioKit';

let audioStreamInfo: audio.AudioStreamInfo = {
  samplingRate: audio.AudioSamplingRate.SAMPLE_RATE_48000,        // 采样率
  channels: audio.AudioChannel.CHANNEL_2,                         // 通道
  sampleFormat: audio.AudioSampleFormat.SAMPLE_FORMAT_S16LE,      // 采样格式
  encodingType: audio.AudioEncodingType.ENCODING_TYPE_RAW         // 编码格式
};

let audioRendererInfo: audio.AudioRendererInfo = {
  usage: audio.StreamUsage.STREAM_USAGE_VOICE_COMMUNICATION,
  rendererFlags: 0
};

let audioRendererOptions: audio.AudioRendererOptions = {
  streamInfo: audioStreamInfo,
```

```
    rendererInfo: audioRendererInfo
  };

  audio.createAudioRenderer(audioRendererOptions, (err, data) => {
    if (err) {
      console.error('Invoke createAudioRenderer failed, code is ${err.code}, message is
${err.message}');
      return;
    } else {
      console.info('Invoke createAudioRenderer succeeded.');
      let audioRenderer = data;
    }
  });
```

其次，调用on('writeData')方法，订阅监听音频数据写入回调。

```
  import { BusinessError } from '@kit.BasicServicesKit';
  import { fileIo } from '@kit.CoreFileKit';

  let bufferSize: number = 0;
  class Options {
    offset?: number;
    length?: number;
  }

  let path = getContext().cacheDir;
  // 确保该沙箱路径下存在该资源
  let filePath = path + '/StarWars10s-2C-48000-4SW.wav';
  let file: fileIo.File = fileIo.openSync(filePath, fileIo.OpenMode.READ_ONLY);

  let writeDataCallback = (buffer: ArrayBuffer) => {

    let options: Options = {
      offset: bufferSize,
      length: buffer.byteLength
    }
    fileIo.readSync(file.fd, buffer, options);
    bufferSize += buffer.byteLength;
  }

  audioRenderer.on('writeData', writeDataCallback);
```

接着，调用start()方法进入running状态，开始渲染音频。

```
  import { BusinessError } from '@kit.BasicServicesKit';

  audioRenderer.start((err: BusinessError) => {
    if (err) {
      console.error('Renderer start failed, code is ${err.code}, message is
${err.message}');
    } else {
      console.info('Renderer start success.');
    }
  });
```

再接着，调用stop()方法停止渲染。

```
  import { BusinessError } from '@kit.BasicServicesKit';

  audioRenderer.stop((err: BusinessError) => {
```

```
  if (err) {
    console.error('Renderer stop failed, code is ${err.code}, message is ${err.message}');
  } else {
    console.info('Renderer stopped.');
  }
});
```

最后，调用release()方法销毁实例，释放资源。

```
import { BusinessError } from '@kit.BasicServicesKit';

audioRenderer.release((err: BusinessError) => {
  if (err) {
    console.error('Renderer release failed, code is ${err.code}, message is
${err.message}');
  } else {
    console.info('Renderer released.');
  }
});
```

11.1.5　如何选择音频录制开发方式

系统提供了多样化的API，来帮助开发者完成音频录制的开发，不同的API适用于不同录音输出格式、音频使用场景或不同的开发语言。因此，选择合适的音频录制API，有助于降低开发工作量，实现更佳的音频录制效果，具体方式如下：

- AudioCapturer：用于音频输入的ArkTS/JS API，仅支持PCM格式，需要应用持续读取音频数据进行工作。应用可以在音频输出后添加数据处理，要求开发者具备音频处理的基础知识，适用于更专业、更多样化的媒体录制应用开发。
- OpenSL ES：一套跨平台标准化的音频Native API，同样提供音频输入原子能力，仅支持PCM格式，适用于从其他嵌入式平台移植，或依赖在Native层实现音频输入功能的录音应用使用。
- OHAudio：用于音频输入的Native API，此API在设计上实现归一，同时支持普通音频通路和低时延通路。仅支持PCM格式，适用于依赖Native层实现音频输入功能的场景。

除上述方式外，也可以通过Media Kit实现音频录制。

- AVRecorder：用于音频录制的ArkTS/JS API，集成了音频输入录制、音频编码和媒体封装的功能。开发者可以直接调用设备硬件如麦克风录音，并生成M4A音频文件。

11.1.6　AudioCapturer 开发步骤

首先，配置音频采集参数并创建AudioCapturer实例。当设置Mic音频源（即SourceType为SOURCE_TYPE_MIC）时，需要申请麦克风权限ohos.permission.MICROPHONE。

```
import { audio } from '@kit.AudioKit';

let audioStreamInfo: audio.AudioStreamInfo = {
  samplingRate: audio.AudioSamplingRate.SAMPLE_RATE_48000,        // 采样率
  channels: audio.AudioChannel.CHANNEL_2,                         // 通道
  sampleFormat: audio.AudioSampleFormat.SAMPLE_FORMAT_S16LE,      // 采样格式
  encodingType: audio.AudioEncodingType.ENCODING_TYPE_RAW         // 编码格式
};

let audioCapturerInfo: audio.AudioCapturerInfo = {
```

```
    source: audio.SourceType.SOURCE_TYPE_MIC,
    capturerFlags: 0
  };

  let audioCapturerOptions: audio.AudioCapturerOptions = {
    streamInfo: audioStreamInfo,
    capturerInfo: audioCapturerInfo
  };

  audio.createAudioCapturer(audioCapturerOptions, (err, data) => {
    if (err) {
      console.error('Invoke createAudioCapturer failed, code is ${err.code}, message is
${err.message}');
    } else {
      console.info('Invoke createAudioCapturer succeeded.');
      let audioCapturer = data;
    }
  });
```

接着，调用on('readData')方法，订阅监听音频数据读入回调。

```
  import { BusinessError } from '@kit.BasicServicesKit';
  import { fileIo } from '@kit.CoreFileKit';

  let bufferSize: number = 0;
  class Options {
    offset?: number;
    length?: number;
  }

  let path = getContext().cacheDir;
  let filePath = path + '/StarWars10s-2C-48000-4SW.wav';
  let file: fileIo.File = fileIo.openSync(filePath, fileIo.OpenMode.READ_WRITE |
fileIo.OpenMode.CREATE);

  let readDataCallback = (buffer: ArrayBuffer) => {
    let options: Options = {
      offset: bufferSize,
      length: buffer.byteLength
    }
    fileIo.writeSync(file.fd, buffer, options);
    bufferSize += buffer.byteLength;
  }
  audioCapturer.on('readData', readDataCallback);
```

再接着，调用start()方法进入running状态，开始录制音频。

```
  import { BusinessError } from '@kit.BasicServicesKit';

  audioCapturer.start((err: BusinessError) => {
    if (err) {
      console.error('Capturer start failed, code is ${err.code}, message is
${err.message}');
    } else {
      console.info('Capturer start success.');
    }
  });
```

然后，调用stop()方法停止录制。

```
import { BusinessError } from '@kit.BasicServicesKit';

audioCapturer.stop((err: BusinessError) => {
  if (err) {
    console.error('Capturer stop failed, code is ${err.code}, message is ${err.message}');
  } else {
    console.info('Capturer stopped.');
  }
});
```

最后，调用release()方法销毁实例，释放资源。

```
import { BusinessError } from '@kit.BasicServicesKit';

audioCapturer.release((err: BusinessError) => {
  if (err) {
    console.error('capturer release failed, code is ${err.code}, message is
${err.message}');
  } else {
    console.info('capturer released.');
  }
});
```

11.2 图片开发

HarmonyOS提供了Image Kit功能用于图片开发。应用开发中的图片开发是对图片像素数据进行解析、处理、构造的过程，达到目标图片效果，主要涉及图片解码、图片处理、图片编码等。

11.2.1 图片开发的基本概念

在学习图片开发前，需要熟悉以下基本概念。

- 图片解码：指将所支持格式的存档图片解码成统一的PixelMap，以便在应用或系统中进行图片显示或图片处理。当前支持的存档图片格式包括JPEG、PNG、GIF、WebP、BMP、SVG、ICO、DNG。
- PixelMap：指图片解码后无压缩的位图，用于图片显示或图片处理。
- 图片处理：指对PixelMap进行相关的操作，如旋转、缩放、设置透明度、获取图片信息、读写像素数据等。
- 图片编码：指将PixelMap编码成不同格式的存档图片（当前仅支持JPEG、WebP和PNG格式），用于后续处理，如保存、传输等。

11.2.2 图片开发的主要流程

图片开发的主要流程如图11-3所示。

- 获取图片：通过应用沙箱等方式获取原始图片。创建ImageSource实例，ImageSource是图片解码出来的图片源类，用于获取或修改图片相关信息。
- 图片解码：通过ImageSource解码生成PixelMap。
- 图片处理：对PixelMap进行处理，更改图片属性实现图片的旋转、缩放、裁剪等效果。然后通过Image组件显示图片。

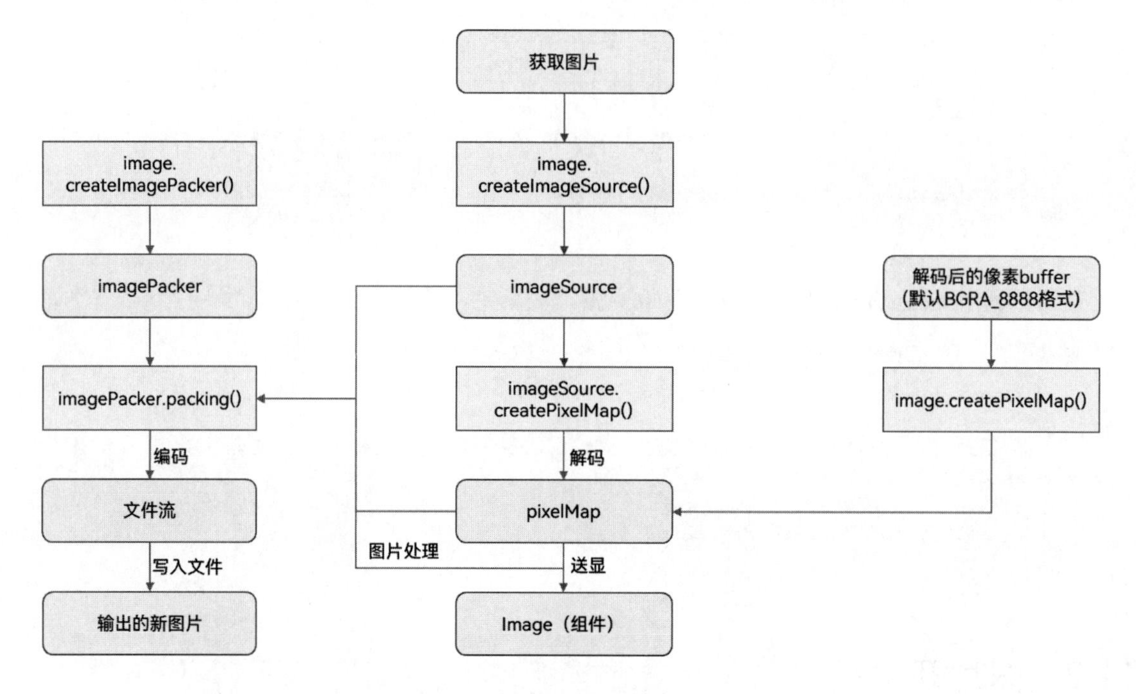

图 11-3　图片开发流程示意图

- 图片编码：使用图片打包器类ImagePacker，将PixelMap或ImageSource进行压缩编码，生成一张新的图片。

除上述基本图片开发能力外，HarmonyOS还提供常用图片工具供开发者选择使用。

11.2.3　图片解码

图片解码是指将所支持格式的存档图片解码成统一的PixelMap，以便在应用或系统中进行图片显示或图片处理。当前支持的存档图片格式包括JPEG、PNG、GIF、WebP、BMP、SVG、ICO、DNG。

图片解码的开发步骤如下。

1. 导入Image模块

导入Image模块代码如下：

```
import { image } from '@kit.ImageKit';
```

2. 获取图片

获取图片的方法有以下几种。

方法一：获取沙箱路径。代码如下：

```
// Stage模型参考如下代码
const context : Context = getContext(this);
const filePath : string = context.cacheDir + '/test.jpg';
```

方法二：通过沙箱路径获取图片的文件描述符。该方法需要先导入@kit.CoreFileKit模块。

```
import { fileIo } from '@kit.CoreFileKit';
```

然后调用fileIo.openSync()获取文件描述符。

```
// Stage模型参考如下代码
const context = getContext(this);
const filePath = context.cacheDir + '/test.jpg';
const file : fileIo.File = fileIo.openSync(filePath, fileIo.OpenMode.READ_WRITE);
const fd : number = file?.fd;
```

方法三：通过资源管理器获取资源文件的ArrayBuffer，代码如下：

```
// Stage模型
const context : Context = getContext(this);
// 获取resourceManager资源管理器
const resourceMgr : resourceManager.ResourceManager = context.resourceManager;
```

不同模型获取资源管理器的方式不同，获取资源管理器后，再调用resourceMgr.getRawFileContent()获取资源文件的ArrayBuffer，代码如下：

```
resourceMgr.getRawFileContent('test.jpg').then((fileData : Uint8Array) => {
   console.log("Succeeded in getting RawFileContent")
   // 获取图片的ArrayBuffer
   const buffer = fileData.buffer.slice(0);
}).catch((err : BusinessError) => {
   console.error("Failed to get RawFileContent")
});
```

方法四：通过资源管理器获取资源文件的RawFileDescriptor，代码如下：

```
// Stage模型
const context : Context = getContext(this);
// 获取resourceManager资源管理器
const resourceMgr : resourceManager.ResourceManager = context.resourceManager;
```

不同模型获取资源管理器的方式不同，获取资源管理器后，再调用resourceMgr.getRawFd()获取资源文件的RawFileDescriptor，代码如下：

```
  resourceMgr.getRawFd('test.jpg').then((rawFileDescriptor :
resourceManager.RawFileDescriptor) => {
     console.log("Succeeded in getting RawFileDescriptor")
  }).catch((err : BusinessError) => {
     console.error("Failed to get RawFileDescriptor")
  });
```

3. 创建ImageSource实例

创建ImageSource实例有以下几种方法。

方法一：通过沙箱路径创建ImageSource。沙箱路径可以通过第2步的方法一获取。

```
// Path为已获得的沙箱路径
const imageSource : image.ImageSource = image.createImageSource(filePath);
```

方法二：通过文件描述符fd创建ImageSource。文件描述符可以通过第2步的方法二获取。

```
// fd为已获得的文件描述符
const imageSource : image.ImageSource = image.createImageSource(fd);
```

方法三：通过缓冲区数组创建ImageSource。缓冲区数组可以通过第2步的方法三获取。

```
const imageSource : image.ImageSource = image.createImageSource(buffer);
```

方法四：通过资源文件的RawFileDescriptor创建ImageSource。RawFileDescriptor可以通过第2步的方法四获取。

```
const imageSource : image.ImageSource = image.createImageSource(rawFileDescriptor);
```

4. 获取pixelMap图片对象

设置解码参数DecodingOptions，解码获取pixelMap图片对象。

设置期望的format进行解码：

```
import { BusinessError } from '@kit.BasicServicesKit';
import image from '@ohos.multimedia.image';
let img = await
getContext(this).resourceManager.getMediaContent($r('app.media.image'));
let imageSource:image.ImageSource = image.createImageSource(img.buffer.slice(0));
let decodingOptions : image.DecodingOptions = {
    editable: true,
    desiredPixelFormat: 3,
}
// 创建pixelMap
imageSource.createPixelMap(decodingOptions).then((pixelMap : image.PixelMap) => {
    console.log("Succeeded in creating PixelMap")
}).catch((err : BusinessError) => {
    console.error("Failed to create PixelMap")
});
```

HDR图片解码：

```
import { BusinessError } from '@kit.BasicServicesKit';
import image from '@ohos.multimedia.image';
let img = await
getContext(this).resourceManager.getMediaContent($r('app.media.CUVAHdr'));
let imageSource:image.ImageSource = image.createImageSource(img.buffer.slice(0));
let decodingOptions : image.DecodingOptions = {
    //设置为AUTO会根据图片资源格式解码，如果图片资源为HDR资源，则会解码为HDR的pixelmap
    desiredDynamicRange: image.DecodingDynamicRange.AUTO,
}
// 创建pixelMap
imageSource.createPixelMap(decodingOptions).then((pixelMap : image.PixelMap) => {
    console.log("Succeeded in creating PixelMap")
    // 判断pixelMap是否为Hdr内容
    let info = pixelMap.getImageInfoSync();
    console.log("pixelmap isHdr:" + info.isHdr);
}).catch((err : BusinessError) => {
    console.error("Failed to create PixelMap")
});
```

解码完成，获取到pixelMap对象后，可以进行后续图片处理。

5. 释放pixelMap

释放pixelMap的代码如下：

```
pixelMap.release();
```

11.2.4 图像变换

图像变换的开发步骤如下：

01 完成图片解码，获取 pixelMap 对象。

02 获取图片信息。

```
import { BusinessError } from '@kit.BasicServicesKit';
// 获取图片大小
pixelMap.getImageInfo().then( (info : image.ImageInfo) => {
  console.info('info.width = ' + info.size.width);
  console.info('info.height = ' + info.size.height);
}).catch((err : BusinessError) => {
  console.error("Failed to obtain the image pixel map information.And the error is: " + err);
});
```

03 进行图片变换操作。

图11-4展示的是图片的原图。

图 11-4　图片的原图

通过以下步骤对图片进行裁剪：

```
// x：裁剪起始点横坐标0
// y：裁剪起始点纵坐标0
// height：裁剪高度400，方向为从上往下（裁剪后的图片高度为400）
// width：裁剪宽度400，方向为从左到右（裁剪后的图片宽度为400）
pixelMap.crop({x: 0, y: 0, size: { height: 400, width: 400 } });
```

裁剪后的效果如图11-5所示。

通过以下步骤对图片进行缩放：

```
// 宽为原来的0.5
// 高为原来的0.5
pixelMap.scale(0.5, 0.5);
```

缩放后的效果如图11-6所示。

通过以下步骤对图片进行偏移：

```
// 向下偏移100
// 向右偏移100
pixelMap.translate(100, 100);
```

偏移后的效果如图11-7所示。

图 11-5　图片裁剪后的效果

图 11-6　图片缩放后的效果

通过以下步骤对图片进行旋转：

```
// 顺时针旋转90°
pixelMap.rotate(90);
```

旋转后的效果如图11-8所示。

图 11-7　图片偏移后的效果

图 11-8　图片旋转后的效果

通过以下步骤对图片进行垂直翻转：

```
// 垂直翻转
pixelMap.flip(false, true);
```

翻转后的效果如图11-9所示。

通过以下步骤对图片进行水平翻转：

```
// 水平翻转
pixelMap.flip(true, false);
```

翻转后的效果如图11-10所示。

图 11-9　图片垂直翻转后的效果

图 11-10　图片水平翻转后的效果

通过以下步骤对图片设置透明度：

```
// 透明度0.5
pixelMap.opacity(0.5);
```

设置透明度后的效果如图11-11所示。

图 11-11　图片设置透明度后的效果

11.2.5　位图操作

当需要对目标图片中的部分区域进行处理时，可以使用位图操作功能，此功能常用于图片美化等操作。

如图11-12所示为一张图片中，将指定的矩形区域像素数据读取出来进行修改后，再写回原图片对应区域。

位图操作开发步骤如下：

01 完成图片解码，获取 PixelMap 位图对象。

02 从 PixelMap 位图对象中获取信息。

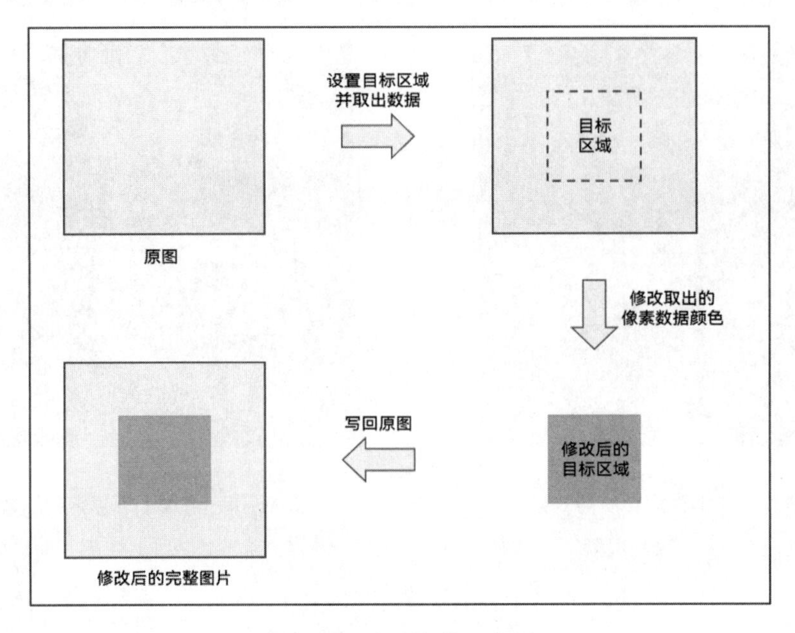

图 11-12　位图操作示意图

```
import { image } from '@kit.ImageKit';
// 获取图像像素的总字节数
let pixelBytesNumber : number = pixelMap.getPixelBytesNumber();
// 获取图像像素每行字节数
let rowCount : number = pixelMap.getBytesNumberPerRow();
// 获取当前图像像素密度。像素密度是指每英寸图片所拥有的像素数量。像素密度越大，图片越精细
let getDensity : number = pixelMap.getDensity();
```

03 读取并修改目标区域像素数据，之后写回原图。

```
import { BusinessError } from '@kit.BasicServicesKit';
// 场景一：将读取的整张图片像素数据结果写入ArrayBuffer中
const readBuffer = new ArrayBuffer(pixelBytesNumber);
pixelMap.readPixelsToBuffer(readBuffer).then(() => {
  console.info('Succeeded in reading image pixel data.');
}).catch((error : BusinessError) => {
  console.error('Failed to read image pixel data. And the error is: ' + error);
})

// 场景二：读取指定区域内的图片数据，结果写入area.pixels中
const area : image.PositionArea = {
  pixels: new ArrayBuffer(8),
  offset: 0,
  stride: 8,
  region: { size: { height: 1, width: 2 }, x: 0, y: 0 }
}
pixelMap.readPixels(area).then(() => {
  console.info('Succeeded in reading the image data in the area.');
}).catch((error : BusinessError) => {
  console.error('Failed to read the image data in the area. And the error is: ' + error);
})

// 对于读取的图片数据，可以独立使用（创建新的pixelMap），也可以对area.pixels进行所需修改
// 将图片数据area.pixels写入指定区域内
pixelMap.writePixels(area).then(() => {
  console.info('Succeeded to write pixelMap into the specified area.');
```

```
})

// 将图片数据结果写入pixelMap中
const writeColor = new ArrayBuffer(96);
pixelMap.writeBufferToPixels(writeColor, () => {});
```

11.2.6 图片编码

图片编码开发步骤如下：

01 创建图片编码 ImagePacker 对象。

```
// 导入相关模块包
import { image } from '@kit.ImageKit';

const imagePackerApi = image.createImagePacker();
```

02 设置编码输出流和编码参数。format 为图像的编码格式；quality 为图像质量，范围为 0～100，100 为最佳质量。

```
let packOpts : image.PackingOption = { format:"image/jpeg", quality:98 };
```

03 创建 pixelMap 对象或创建 imageSource 对象。

04 进行图片编码，并保存编码后的图片。

方法一：通过 pixelMap 进行编码。

```
import { BusinessError } from '@kit.BasicServicesKit';
imagePackerApi.packing(pixelMap, packOpts).then( (data : ArrayBuffer) => {
  // data 为打包获取到的文件流，写入文件保存即可得到一张图片
}).catch((error : BusinessError) => {
  console.error('Failed to pack the image. And the error is: ' + error);
})
```

方法二：通过 ImageSource 进行编码。

```
import { BusinessError } from '@kit.BasicServicesKit';
imagePackerApi.packing(imageSource, packOpts).then( (data : ArrayBuffer) => {
    // data 为打包获取到的文件流，写入文件保存即可得到一张图片
}).catch((error : BusinessError) => {
  console.error('Failed to pack the image. And the error is: ' + error);
})
```

11.2.7 图片工具

图片工具当前主要提供图片EXIF（Exchangeable image file format）信息的读取与编辑能力。EXIF是专门为数码相机的照片设定的文件格式，可以记录数码照片的属性信息和拍摄数据。当前仅支持JPEG格式图片。在图库等应用中，需要查看或修改数码照片的EXIF信息。由于数码相机的手动镜头的参数无法自动写入到EXIF信息中或者因为数码相机断电等原因经常会导致拍摄时间出错，这时就需要手动修改错误的EXIF数据，即可使用本功能。

HarmonyOS目前仅支持对部分EXIF信息的查看和修改。

EXIF信息的读取与编辑的开发步骤如下：

01 获取图片，创建图片源 ImageSource。

```
    // 导入相关模块包
    import { image } from '@kit.ImageKit';

    // 获取沙箱路径创建ImageSource
    const fd : number = 0; // 获取需要被处理的图片的fd
    const imageSourceApi : image.ImageSource = image.createImageSource(fd);
```

02 读取、编辑 EXIF 信息。

```
    import { BusinessError } from '@kit.BasicServicesKit';
    // 读取EXIF信息，BitsPerSample为每个像素比特数
    let options : image.ImagePropertyOptions = { index: 0, defaultValue: '9999' }
    imageSourceApi.getImageProperty(image.PropertyKey.BITS_PER_SAMPLE,
options).then((data : string) => {
        console.log('Succeeded in getting the value of the specified attribute key of the
image.');
    }).catch((error : BusinessError) => {
        console.error('Failed to get the value of the specified attribute key of the image.');
    })

    // 编辑EXIF信息
    imageSourceApi.modifyImageProperty(image.PropertyKey.IMAGE_WIDTH, "120").then(() => {
        imageSourceApi.getImageProperty(image.PropertyKey.IMAGE_WIDTH).then((width :
string) => {
            console.info('The new imageWidth is ' + width);
        }).catch((error : BusinessError) => {
            console.error('Failed to get the Image Width.');
        })
    }).catch((error : BusinessError) => {
        console.error('Failed to modify the Image Width');
    })
```

11.3　视频开发

在HarmonyOS系统中，提供两种开发视频播放的方案：

- AVPlayer：功能较完善的音视频播放ArkTS/JS API，集成了流媒体和本地资源解析、媒体资源解封装、视频解码和渲染功能，适用于对媒体资源进行端到端播放的场景，可直接播放MP4、MKV等格式的视频文件。
- Video组件：封装了视频播放的基础能力，需要设置数据源以及基础信息即可播放视频，但相对扩展能力较弱。Video组件由ArkUI提供能力，相关指导请参考“5.3　媒体组件详解”。

本节重点介绍如何使用AVPlayer开发视频播放功能，以完整地播放一个视频作为示例，实现端到端播放原始媒体资源。

11.3.1　视频开发指导

视频播放的全流程包括创建AVPlayer、设置播放资源和窗口、设置播放参数（音量/倍速/缩放模式）、播放控制（播放/暂停/跳转/停止）、重置、销毁资源。在进行应用开发的过程中，开发者可以通过AVPlayer的state属性主动获取当前状态或使用on('stateChange')方法监听状态变化。如果应用在视频播放器处于错误状态时执行操作，系统可能会抛出异常或生成其他未定义的行为。

如图11-13展示的是视频播放状态变化示意图。

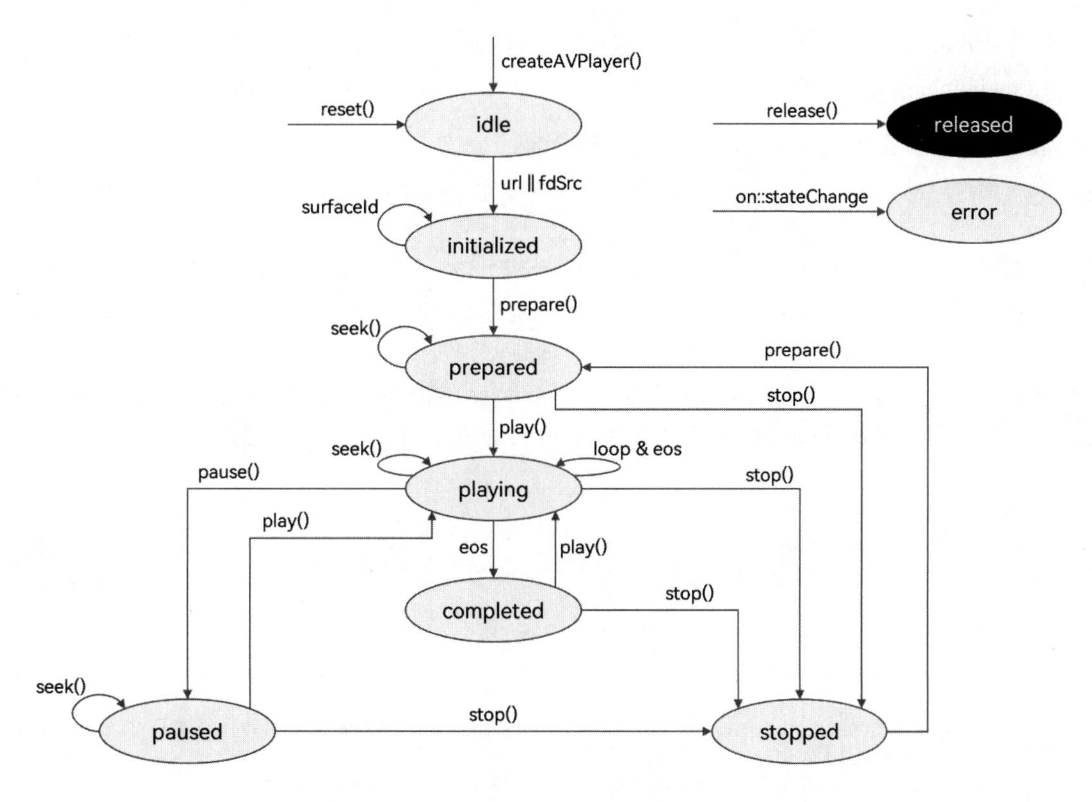

图 11-13 视频播放状态变化示意图

当播放处于prepared、playing、paused、completed状态时，播放引擎处于工作状态，这需要占用系统较多的运行内存。当客户端暂时不使用播放器时，调用reset()或release()回收内存资源，做好资源利用。

11.3.2 视频开发步骤

AVPlayer开发视频播放功能步骤如下：

01 创建实例 createAVPlayer()，AVPlayer 初始化 idle 状态。设置业务需要的监听事件，搭配全流程场景使用。支持的监听事件说明如下：

- stateChange：监听播放器的state属性改变。
- error：监听播放器的错误信息。
- durationUpdate：用于进度条，监听进度条长度，刷新资源时长。
- timeUpdate：监听进度条当前位置，刷新当前时间。
- seekDone：响应API调用，监听seek()请求完成情况。
- speedDone：响应API调用，监听setSpeed()请求完成情况。
- volumeChange：响应API调用，监听setVolume()请求完成情况。
- bitrateDone：响应API调用，用于HLS协议流，监听setBitrate()请求完成情况。
- availableBitrates：用于HLS协议流，监听HLS资源的可选Bitrates，用于setBitrate()。
- bufferingUpdate：用于网络播放，监听网络播放缓冲信息。
- startRenderFrame：用于视频播放，监听视频播放首帧渲染时间。

- videoSizeChange：用于视频播放，监听视频播放的宽高信息，可用于调整窗口大小、比例。
- audioInterrupt：监听音频焦点切换信息，搭配属性audioInterruptMode使用。

02 设置资源：设置属性 url，AVPlayer 进入 initialized 状态。

03 设置窗口：获取并设置属性 SurfaceID，用于设置显示画面。应用需要从 XComponent 组件获取 SurfaceID。

04 准备播放：调用 prepare()，AVPlayer 进入 prepared 状态，此时可以获取 duration，设置缩放模式、音量等。

05 视频播控：播放 play()、暂停 pause()、跳转 seek()、停止 stop()等操作。

06 更换资源（可选）：调用 reset()重置资源，AVPlayer 重新进入 idle 状态，允许更换资源 url。

07 退出播放：调用 release()销毁实例，AVPlayer 进入 released 状态，退出播放。

完整代码如下：

```
import { media } from '@kit.MediaKit';
import { fileIo } from '@kit.CoreFileKit';
import { common } from '@kit.AbilityKit';
import { BusinessError } from '@kit.BasicServicesKit';

export class AVPlayerDemo {
  private count: number = 0;
  private surfaceID: string = ''; // SurfaceID用于播放画面显示，具体的值需要通过Xcomponent
接口获取，相关文档链接见上面Xcomponent的创建方法
  private isSeek: boolean = true; // 用于区分模式是否支持Seek操作
  private fileSize: number = -1;
  private fd: number = 0;
  // 注册avPlayer回调函数
  setAVPlayerCallback(avPlayer: media.AVPlayer) {
    // startRenderFrame首帧渲染回调函数
    avPlayer.on('startRenderFrame', () => {
      console.info('AVPlayer start render frame');
    })
    // Seek操作结果回调函数
    avPlayer.on('seekDone', (seekDoneTime: number) => {
      console.info('AVPlayer seek succeeded, seek time is ${seekDoneTime}');
    })
    // error回调监听函数，当avPlayer在操作过程中出现错误时，调用reset接口触发重置流程
    avPlayer.on('error', (err: BusinessError) => {
      console.error('Invoke avPlayer failed, code is ${err.code}, message is
${err.message}');
      avPlayer.reset();                 // 调用reset重置资源，触发idle状态
    })
    // 状态机变化回调函数
    avPlayer.on('stateChange', async (state: string, reason: media.StateChangeReason) => {
      switch (state) {
        case 'idle':                    // 成功调用reset接口后触发该状态机上报
          console.info('AVPlayer state idle called.');
          avPlayer.release();           // 调用release接口销毁实例对象
          break;
        case 'initialized':             // avPlayer设置播放源后触发该状态上报
          console.info('AVPlayer state initialized called.');
          avPlayer.surfaceId = this.surfaceID; // 设置显示画面，当播放的资源为纯音频时无须设置
          avPlayer.prepare();
          break;
        case 'prepared':                // prepare调用成功后上报该状态机
          console.info('AVPlayer state prepared called.');
```

```
        avPlayer.play();                  // 调用播放接口开始播放
        break;
      case 'playing':                     // play成功调用后触发该状态机上报
        console.info('AVPlayer state playing called.');
        if (this.count !== 0) {
          if (this.isSeek) {
            console.info('AVPlayer start to seek.');
            avPlayer.seek(avPlayer.duration);           //Seek到视频末尾
          } else {
            // 当播放模式不支持Seek操作时，继续播放到结尾
            console.info('AVPlayer wait to play end.');
          }
        } else {
          avPlayer.pause();               // 调用暂停接口暂停播放
        }
        this.count++;
        break;
      case 'paused':                      // pause成功调用后触发该状态机上报
        console.info('AVPlayer state paused called.');
        avPlayer.play();                  // 再次播放接口开始播放
        break;
      case 'completed':                   // 播放结束后触发该状态机上报
        console.info('AVPlayer state completed called.');
        avPlayer.stop();                  //调用播放结束接口
        break;
      case 'stopped':                     // stop接口成功调用后触发该状态机上报
        console.info('AVPlayer state stopped called.');
        avPlayer.reset();                 // 调用reset接口初始化avPlayer状态
        break;
      case 'released':
        console.info('AVPlayer state released called.');
        break;
      default:
        console.info('AVPlayer state unknown called.');
        break;
    }
  })
}
// 以下demo为使用fs文件系统打开沙箱地址获取媒体文件地址并通过url属性进行播放示例
async avPlayerUrlDemo() {
  // 创建avPlayer实例对象
  let avPlayer: media.AVPlayer = await media.createAVPlayer();
  // 创建状态机变化回调函数
  this.setAVPlayerCallback(avPlayer);
  let fdPath = 'fd://';
  let context = getContext(this) as common.UIAbilityContext;
  // 通过UIAbilityContext获取沙箱地址filesDir，以Stage模型为例
  let pathDir = context.filesDir;
  let path = pathDir + '/H264_AAC.mp4';
  // 打开相应的资源文件地址获取fd，并为url赋值触发initialized状态机上报
  let file = await fileIo.open(path);
  fdPath = fdPath + '' + file.fd;
  this.isSeek = true;                     // 支持seek操作
  avPlayer.url = fdPath;
}
// 以下demo为使用资源管理接口获取打包在HAP内的媒体资源文件并通过FdSrc属性进行播放示例
async avPlayerFdSrcDemo() {
  // 创建avPlayer实例对象
```

```
    let avPlayer: media.AVPlayer = await media.createAVPlayer();
    // 创建状态机变化回调函数
    this.setAVPlayerCallback(avPlayer);
    // 通过UIAbilityContext的resourceManager成员的getRawFd接口获取媒体资源播放地址
    // 返回类型为{fd,offset,length}，Fd为HAP包fd地址，offset为媒体资源偏移量，length为播放长度
    let context = getContext(this) as common.UIAbilityContext;
    let fileDescriptor = await context.resourceManager.getRawFd('H264_AAC.mp4');
    let avFileDescriptor: media.AVFileDescriptor =
      { fd: fileDescriptor.fd, offset: fileDescriptor.offset, length:
fileDescriptor.length };
    this.isSeek = true;              // 支持Seek操作
    // 为FdSrc赋值触发initialized状态机上报
    avPlayer.fdSrc = avFileDescriptor;
  }

  // 以下demo为使用fs文件系统打开沙箱地址获取媒体文件地址并通过DataSrc属性进行播放（Seek模式）示例
  async avPlayerDataSrcSeekDemo() {
    // 创建avPlayer实例对象
    let avPlayer: media.AVPlayer = await media.createAVPlayer();
    // 创建状态机变化回调函数
    this.setAVPlayerCallback(avPlayer);
    // DataSrc播放模式的的播放源地址，当播放为Seek模式时，fileSize为播放文件的具体大小，下面对
fileSize赋值
    let src: media.AVDataSrcDescriptor = {
      fileSize: -1,
      callback: (buf: ArrayBuffer, length: number, pos: number | undefined) => {
        let num = 0;
        if (buf == undefined || length == undefined || pos == undefined) {
          return -1;
        }
        num = fileIo.readSync(this.fd, buf, { offset: pos, length: length });
        if (num > 0 && (this.fileSize >= pos)) {
          return num;
        }
        return -1;
      }
    }
    let context = getContext(this) as common.UIAbilityContext;
    // 通过UIAbilityContext获取沙箱地址filesDir，以Stage模型为例
    let pathDir = context.filesDir;
    let path = pathDir + '/H264_AAC.mp4';
    await fileIo.open(path).then((file: fileIo.File) => {
      this.fd = file.fd;
    })
    // 获取播放文件的大小
    this.fileSize = fileIo.statSync(path).size;
    src.fileSize = this.fileSize;
    this.isSeek = true;                  // 支持Seek操作
    avPlayer.dataSrc = src;
  }

  // 以下demo为使用fs文件系统打开沙箱地址获取媒体文件地址并通过DataSrc属性进行播放（No Seek模式）示例
  async avPlayerDataSrcNoSeekDemo() {
    // 创建avPlayer实例对象
    let avPlayer: media.AVPlayer = await media.createAVPlayer();
    // 创建状态机变化回调函数
    this.setAVPlayerCallback(avPlayer);
    let context = getContext(this) as common.UIAbilityContext;
    let src: media.AVDataSrcDescriptor = {
      fileSize: -1,
```

```
        callback: (buf: ArrayBuffer, length: number) => {
          let num = 0;
          if (buf == undefined || length == undefined) {
            return -1;
          }
          num = fileIo.readSync(this.fd, buf);
          if (num > 0) {
            return num;
          }
          return -1;
        }
      }
      // 通过UIAbilityContext获取沙箱地址filesDir，以Stage模型为例
      let pathDir = context.filesDir;
      let path = pathDir + '/H264_AAC.mp4';
      await fileIo.open(path).then((file: fileIo.File) => {
        this.fd = file.fd;
      })
      this.isSeek = false;                    // 不支持Seek操作
      avPlayer.dataSrc = src;
    }

    // 以下demo为通过url设置网络地址来实现播放直播码流的demo
    async avPlayerLiveDemo() {
      // 创建avPlayer实例对象
      let avPlayer: media.AVPlayer = await media.createAVPlayer();
      // 创建状态机变化回调函数
      this.setAVPlayerCallback(avPlayer);
      this.isSeek = false;                    // 不支持Seek操作
      avPlayer.url = 'http://xxx.xxx.xxx.xxx:xx/xx/index.m3u8';    // 播放hls网络直播码流
    }

    // 以下demo为通过setMediaSource设置自定义头域及媒体播放优选参数实现初始播放参数设置
    async preDownloadDemo() {
      // 创建avPlayer实例对象
      let avPlayer: media.AVPlayer = await media.createAVPlayer();
      let mediaSource : media.MediaSource = media.createMediaSourceWithUrl("http://xxx",
{"User-Agent" : "User-Agent-Value"});
      let playbackStrategy : media.PlaybackStrategy = {preferredWidth: 1, preferredHeight:
2, preferredBufferDuration: 3, preferredHdr: false};
      // 设置媒体来源和播放策略
      avPlayer.setMediaSource(mediaSource, playbackStrategy);
    }

    // 以下demo为通过selectTrack设置音频轨道，通过deselectTrack取消上次设置的音频轨道并恢复到视频
默认音频轨道
    async multiTrackDemo() {
      // 创建avPlayer实例对象
      let avPlayer: media.AVPlayer = await media.createAVPlayer();
      let audioTrackIndex: Object = 0;
      avPlayer.getTrackDescription((error: BusinessError, arrList:
Array<media.MediaDescription>) => {
        if (arrList != null) {
          for (let i = 0; i < arrList.length; i++) {
            if (i != 0) {
              // 获取音频轨道列表
              audioTrackIndex = arrList[i][media.MediaDescriptionKey.MD_KEY_TRACK_INDEX];
            }
          }
        } else {
```

```
        console.error('audio getTrackDescription fail, error:${error}');
      }
    });
    // 选择其中一个音频轨道
    avPlayer.selectTrack(parseInt(audioTrackIndex.toString()));
    // 取消选择上次选中的音频轨道，并恢复到默认音频轨道
    avPlayer.deselectTrack(parseInt(audioTrackIndex.toString()));
  }
}
```

11.4　实战：实现音乐播放器

本节介绍使用ArkTS语言实现音乐播放器，主要包括音乐获取和音乐播放功能：

- 获取本地音乐。
- 通过AVPlayer进行音乐播放。

为了演示该功能，创建一个名为“ArkTSAVPlayer”的应用。

11.4.1　获取本地音乐

1. 准备资源文件

在resources下面的rawfile文件夹里放置MP3音乐文件作为本例的音乐素材，如图11-14所示。

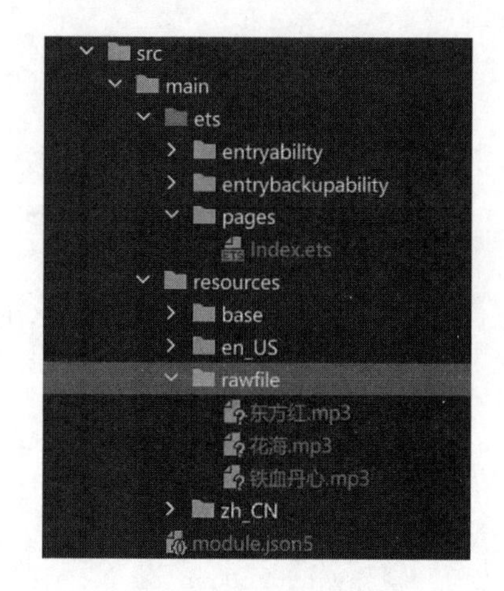

图 11-14　音乐文件

2. 创建音乐文件接口

在Index文件中，创建音乐文件接口——Song，用来表示音乐的信息，代码如下：

```
export default interface Song {
  id: number;              // 索引
  title: string;           // 标题
  author: string           // 作者
  path: string;            // 文件路径
}
```

3. 定义音乐数组

定义音乐数组——songArray，代码如下：

```
const SONGS: Song[] = [
  {
    id: 1,
    title: '东方红',
    author: '李有源',
    path: '东方红.mp3'
  },
  {
    id: 2,
    title: '花海',
    author: '周杰伦',
    path: '花海.mp3'
  },
```

```
  {
    id: 3,
    title: '铁血丹心',
    author: '罗文',
    path: '铁血丹心.mp3'
  }]
```

11.4.2　音乐播放控制

在ets目录下，创建一个新的目录“controller”，在该目录创建音乐播放控制器——VideoController.ets。

1. 构建AVPlayer实例对象

使用AVPlayer前需要在onPageShow()中构建一个AVPlayer实例对象，并为AVPlayer实例绑定状态机变化回调函数。

```
import { media } from '@kit.MediaKit';

private avPlayer: media.AVPlayer | null = null;

async onPageShow() {
  // 创建avPlayer实例对象
  this.avPlayer = await media.createAVPlayer();
  // 创建状态机变化回调函数
  this.setAVPlayerCallback();
  console.info('播放器准备完成')
}

setAVPlayerCallback() {
  if (this.avPlayer !== null) {
    this.avPlayer.on('error', (err) => {
      console.error('播放器发生错误，错误码：${err.code}，错误信息：${err.message}');
      this.avPlayer?.reset();
    });

    this.avPlayer.on('stateChange', async (state, reason) => {
      switch (state) {
        case 'initialized':
          console.info('资源初始化完成');
          this.avPlayer?.prepare();
          break;
        case 'prepared':
          console.info('资源准备完成');
          this.avPlayer?.play();
          break;
        case 'completed':
          console.info('播放完成');
          this.avPlayer?.stop();
          break;
      }
    });
  }
}
```

2. 切换音乐

切换音乐后，avPlayer.fdSrc会重新赋值新的音乐文件。

```
import { common } from '@kit.AbilityKit';

// 以下为使用资源管理接口获取打包在HAP内的媒体资源文件并通过FdSrc属性进行播放
async changeSong(song: Song) {
```

```
    if (this.avPlayer !== null) {
      this.avPlayer?.reset()
      // 创建状态机变化回调函数
      this.setAVPlayerCallback();
      // 通过UIAbilityContext的resourceManager成员的getRawFd接口获取媒体资源播放地址
      // 返回类型为{fd,offset,length}，fd为HAP包fd地址，offset为媒体资源偏移量，length为播放长度
      let context = getContext(this) as common.UIAbilityContext;
      let fileDescriptor = await context.resourceManager.getRawFd(song.path);
      // 为FdSrc赋值触发initialized状态机上报
      this.avPlayer.fdSrc = fileDescriptor;
    }
  }
```

11.4.3　创建播放器界面

创建播放器界面代码如下：

```
private isPlaying: boolean = false;
@State playerState: string = '暂停';
@State selectedSong: Song = {
  id: -1,
  title: '',
  author: '',
  path: ''
};

build() {
  Column() {
    Row() {
      Row() {
        Text('音乐播放器')
          .fontColor(Color.White).fontSize(32)
      }.margin({ left: 20 })
    }.backgroundColor(Color.Green).height('8%').width('100%')

    Column() {
      List() {
        ForEach(SONGS, (song: Song) => {
          ListItem() {
            Row() {
              Button({ type: ButtonType.Normal }) {
                Row() {
                  Text(song.id + '')
                    .fontSize(32)
                  Column() {
                    Text(song.title).fontSize(20).fontWeight(700)
                    Text(song.author).fontSize(14)
                  }.alignItems(HorizontalAlign.Start)
                  .margin({ left: 20 })
                }.justifyContent(FlexAlign.Start)
                .width('90%')
              }
              .backgroundColor(Color.White)
              .width("100%")
              .height(50)
              .margin({ top: 10 })
              .onClick(() => {
                this.playerState = '暂停';
                this.isPlaying = true;
                this.onPageShow();
```

```
              this.changeSong(song);
              this.selectedSong = song;
            })
          }
        }
      })
    }.width('100%')
  }.height('84%')

  Row() {
    Row() {
      if (this.selectedSong.id == -1) {
        Text('单击歌曲开始播放')
          .fontSize(20).fontColor(Color.White)
      } else {
        Column() {
          Text(this.selectedSong.title)
            .fontSize(20).fontColor(Color.White)
        }.width('70%').alignItems(HorizontalAlign.Start)

        Column() {
          Button({ type: ButtonType.Normal, stateEffect: true }) {
            Text(this.playerState)
              .fontSize(20).fontColor(Color.White)
          }
          .borderRadius(8)
          .height(26)
          .width(70)
          .backgroundColor(Color.Orange)
          .onClick(() => {
            if (this.avPlayer !== null && this.isPlaying == true) {
              this.avPlayer.pause()
              this.playerState = '继续'
              this.isPlaying = false
            } else {
              this.avPlayer?.play()
              this.playerState = '暂停'
              this.isPlaying = true
            }
          })
        }.width('20%')
      }
    }.width('99%').margin({ left: 15 })
  }.backgroundColor(Color.Green).height('8%').width('100%')
}.height('100%').width('100%')
}
```

上述界面主题分为以下3部分：

- 应用标题。
- 音乐列表：采用List和ListItem组件实现。只要选中音乐列表中的音乐条目，就会自动进行播放。
- 音乐控制器：用于控制所选中的音乐的播放或者暂停。

11.4.4　运行

运行应用，可以看到音乐播放器运行效果如图11-15所示。

选中音乐列表里面的任意音乐条目，则会执行播放，效果如图11-16所示。

单击“暂停”按钮来执行音乐播放的暂停，效果如图11-17所示。

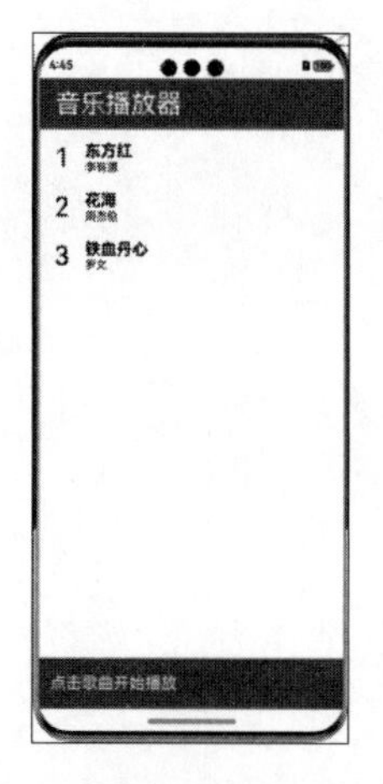

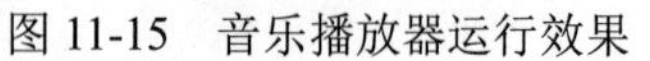
图 11-15　音乐播放器运行效果

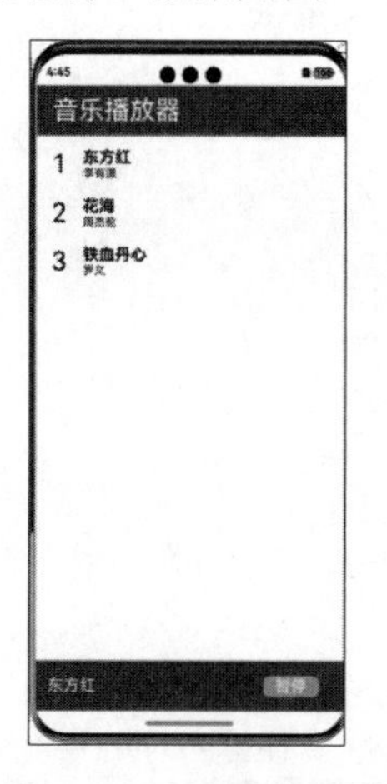

图 11-16　音乐播放效果

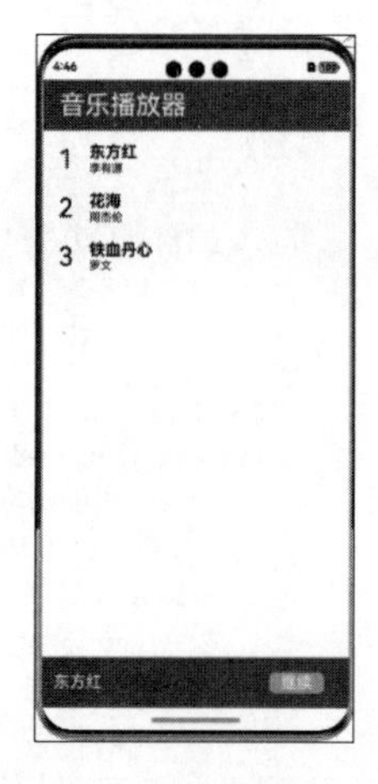

图 11-17　音乐暂停效果

11.5　本章小结

本章介绍了多媒体开发，内容包括音频、视频、图片等的开发。最后，通过一个实战案例介绍了音乐播放器的实现过程。

11.6　上机练习：实现录音机应用

任务要求：根据本章所学的知识，参考图11-18编写一个HarmonyOS应用程序，演示使用AudioCapturer和AudioRenderer实现录音机，能够录制和播放声音。

图 11-18　录音机界面效果

练习步骤：

（1）导入audio和fileIo模块。
（2）指定录音文件缓存的位置。
（3）调用on('readData')方法，订阅监听音频数据读入回调。
（4）调用start()方法进入running状态，开始录制音频。
（5）调用stop()方法停止录制。
（6）调用release()方法销毁实例，释放资源。
（7）配置音频渲染参数并创建AudioRenderer实例。
（8）调用on('writeData')方法，订阅监听音频数据写入回调。
（9）调用start()方法进入running状态，开始渲染音频。
（10）调用stop()方法停止渲染。
（11）调用release()方法销毁实例，释放资源。

代码参考配书资源中的“ArkTSAudioCapturer”应用。

第 12 章

一次开发，多端部署

“一次开发，多端部署”（简称“一多”）是HarmonyOS核心技术理念之一。本章介绍“一多”的定义、目标等，同时从UX设计、工程管理、页面开发、功能开发等角度，端到端地给出了指导，帮助开发者快速开发出适配多种类型设备的应用。

12.1 “一多”简介

本节介绍“一多”的定义、目标及基础知识。

12.1.1 背景

如图12-1所示，终端设备形态日益多样化。HarmonyOS所提供的分布式技术逐渐打破单一硬件边界，一个应用或服务可以在不同的硬件设备之间随意调用、互助共享，让用户享受无缝的全场景体验。而作为应用开发者，广泛的设备类型也能为应用带来广大的潜在用户群体。如果一个应用需要在多个设备上提供同样的内容，则需要适配不同的屏幕尺寸和硬件，开发成本较高。HarmonyOS系统面向多终端提供了“一次开发，多端部署”的能力，让开发者可以基于一种设计，高效构建多端可运行的应用。

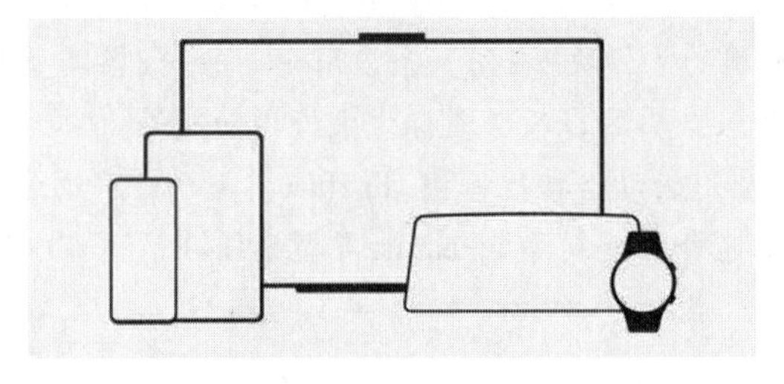

图 12-1　终端设备形态多样化

12.1.2 定义及目标

针对“一多”的问题背景，HarmonyOS提出了以下定义及目标（参考图12-2）。

- 定义：一套代码工程，一次开发上架，多端按需部署。
- 目标：支撑开发者快速、高效地开发支持多种终端设备形态的应用，实现对不同设备兼容的同时，提供跨设备的流转、迁移和协同的分布式体验。

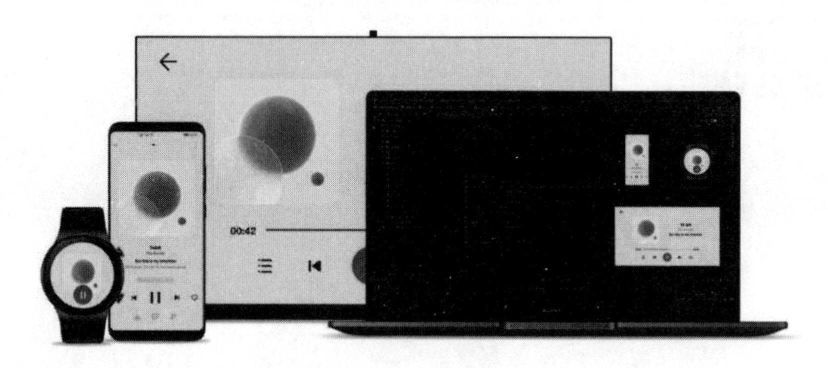

图 12-2　定义及目标

为了实现“一多”的目标，需要解决两个基础问题：

- 不同设备间的屏幕尺寸、色彩风格等存在差异，页面如何适配。
- 不同设备的系统能力有差异，如智能穿戴设备是否具备定位能力、智慧屏是否具备摄像头等，功能如何兼容。

12.1.3　基础知识

ArkUI提供开发者进行应用UI开发时所必须的“一多”的能力，主要体现在以下几个方面。

1. 应用程序包结构

在进行应用开发时，一个应用通常包含一个或多个Module。Module是应用/服务的基本功能单元，包含了源代码、资源文件、第三方库及应用/服务配置文件，每一个Module都可以独立进行编译和运行。Module分为“Ability”和“Library”两种类型：

- Ability类型的Module编译后生成HAP包。
- Library类型的Module编译后生成HAR包或HSP包。

应用以App Pack形式发布，其中包含一个或多个HAP包。HAP是应用安装的基本单位，它可以分为Entry和Feature两种类型：

- Entry类型的HAP: 应用的主模块。在同一个应用中，同一设备类型只支持一个Entry类型的HAP，通常用于实现应用的入口界面、入口图标、主特性功能等。
- Feature类型的HAP: 应用的动态特性模块。Feature类型的HAP通常用于实现应用的特性功能，一个应用程序包可以包含一个或多个Feature类型的HAP，也可以不包含。

2. 部署模型

“一多”有以下两种部署模型：

- 部署模型A: 不同类型的设备上按照一定的工程结构组织方式，通过一次编译生成相同的HAP（或HAP组合）。
- 部署模型B: 不同类型的设备上按照一定的工程结构组织方式，通过一次编译生成不同的HAP（或HAP组合）。

开发者可以从应用UX设计及应用功能两个维度，结合具体的业务场景，考虑选择哪种部署模型。当然，也可以借助设备类型分类，快速做出判断。

从屏幕尺寸、输入方式及交互距离三个维度考虑，可以将常用类型的设备分为不同泛类：

- 默认设备、平板电脑。
- 车机、智慧屏。
- 智能穿戴设置。
- ……

如何选择部署模型？可以参考以下场景：

- 应用在不同泛类设备上的UX设计或功能相似时，可以使用部署模型A。
- 应用在同一泛类不同类型设备上UX设计或功能差异非常大时，可以使用部署模型B，但同时也应审视应用的UX设计及功能规划是否合理。
- 不管采用哪种部署模型，都应该采用一次编译。

3. 工程结构

“一多”推荐在应用开发过程中使用如下的“三层工程结构”：

```
/application
 ├── common                        # 可选。公共能力层，编译为HAR包或HSP包
 ├── features                      # 可选。基础特性层
 │    ├── feature1                 # 子功能1，编译为HAR包或HSP包或Feature类型的HAP包
 │    ├── feature2                 # 子功能2，编译为HAR包或HSP包又或Feature类型的HAP包
 │    └── ...
 └── products                      # 必选。产品定制层
      ├── wearable                 # 智能穿戴泛类目录，编译为Entry类型的HAP包
      ├── default                  # 默认设备泛类目录，编译为Entry类型的HAP包
      └── ...
```

其中，common（公共能力层）用于存放公共基础能力集合（如工具库、公共配置等）。common层可编译成一个或多个HAR包或HSP包（HAR中的代码和资源跟随使用方编译，如果有多个使用方，它们的编译产物中会存在多份相同副本；而HSP中的代码和资源可以独立编译，运行时在一个进程中代码也只会存在一份），其只可以被products和features依赖，不可以反向依赖。features（基础特性层）用于存放基础特性集合（如应用中相对独立的各个功能的UI及业务逻辑实现等）。各个feature高内聚、低耦合、可定制，供产品灵活部署。不需要单独部署的feature通常编译为HAR包或HSP包，供products或其他feature使用，但是不能反向依赖products层。需要单独部署的feature通常编译为Feature类型的HAP包，和products下Entry类型的HAP包进行组合部署。features层可以横向调用及依赖common层。products（产品定制层）用于针对不同设备形态进行功能和特性集成。products层各个子目录各自编译为一个Entry类型的HAP包，作为应用主入口。products层不可以横向调用。

部署模型不同，相应的代码工程结构也有差异。部署模型A和部署模型B的主要差异点集中在products层：部署模型A在products目录下同一子目录中做功能和特性集成；部署模型B在products目录下不同子目录中对不同的产品做差异化的功能和特性集成。开发阶段应考虑不同类型设备间最大程度的复用代码，以减少开发及后续维护的工作量。

12.2　布局能力

布局可以分为自适应布局和响应式布局，二者的区别如下：

- 自适应布局：当外部容器大小发生变化时，元素可以根据相对关系自动变化以适应外部容器变化的布局能力。相对关系如占比、固定宽高比、显示优先级等。当前自适应布局能力有7种，即拉伸能力、均分能力、占比能力、缩放能力、延伸能力、隐藏能力、折行能力。自适应布局能力可以实现界面显示随外部容器大小连续变化。
- 响应式布局：当外部容器大小发生变化时，元素可以根据断点、栅格或特定的特征（如屏幕方向、窗口宽高等）自动变化以适应外部容器变化的布局能力。当前响应式布局能力有3种，即断点、媒体查询、栅格布局。响应式布局可以实现界面随外部容器大小有不连续变化的情形，通常不同特征下的界面显示会有较大的差异。

12.2.1　自适应布局

自适应布局多用于解决页面各区域内的布局差异，响应式布局多用于解决页面各区域间的布局差异。

自适应布局和响应式布局常常需要借助容器类组件实现，或与容器类组件搭配使用。

自适应布局常常需要借助Row组件、Column组件或Flex组件实现。

针对常见的开发场景，ArkUI提炼了7种自适应布局，这些布局可以独立使用，也可以多种布局叠加使用。表12-1展示了这7种自适应布局的特点。

表12-1　7种自适应布局的特点

自适应布局类别	自适应布局能力	使用场景	实现方式
自适应拉伸	拉伸能力	容器组件尺寸发生变化时，增加或减小的空间全部分配给容器组件内指定区域	Flex布局的flexGrow和flexShrink属性
	均分能力	容器组件尺寸发生变化时，增加或减小的空间均匀分配给容器组件内所有空白区域	Row组件、Column组件或Flex组件的justifyContent属性设置为FlexAlign.SpaceEvenly
自适应缩放	占比能力	子组件的宽或高按照预设的比例，随容器组件发生变化	基于通用属性的两种实现方式：将子组件的宽高设置为父组件宽高的百分比；layoutWeight属性
	缩放能力	子组件的宽高按照预设的比例，随容器组件发生变化，且变化过程中子组件的宽高比不变	布局约束的aspectRatio属性
自适应延伸	延伸能力	容器组件内的子组件，按照其在列表中的先后顺序，随容器组件尺寸变化显示或隐藏	基于容器组件的两种实现方式：通过List组件实现；通过Scroll组件配合Row组件或Column组件实现
自适应延伸	隐藏能力	容器组件内的子组件，按照其预设的显示优先级随容器组件尺寸的变化显示或隐藏。相同显示优先级的子组件同时显示或隐藏	布局约束的displayPriority属性
自适应折行	折行能力	容器组件尺寸发生变化时，如果布局方向尺寸不足以显示完整内容，则自动换行	Flex组件的wrap属性设置为FlexWrap.Wrap

12.2.2　响应式布局

自适应布局可以保证窗口尺寸在一定范围内变化时，页面的显示是正常的。但是当窗口尺寸变化较大时（如窗口宽度从400vp变化为1000vp），仅仅依靠自适应布局可能出现图片异常放大或页面内容稀疏、留白过多等问题，此时就需要借助响应式布局能力调整页面结构。

响应式布局是指页面内的元素可以根据特定的特征（如窗口宽度、屏幕方向等）自动变化以适应外部容器变化的布局能力。响应式布局中最常使用的特征是窗口宽度，可以将窗口宽度划分为不同的范围（下文中称为断点）。当窗口宽度从一个断点变化到另一个断点时，改变页面布局（如将页面内容从单列排布调整为双列排布甚至三列排布等）以获得更好的显示效果。

响应式布局常常与GridRow组件、Grid组件、List组件、Swiper组件或Tabs组件搭配使用。

当前系统提供了3种响应式布局能力，如表12-2所示。

表12-2　3种响应式布局能力

响应式布局能力	简　介
断点	将窗口宽度划分为不同的范围（即断点），监听窗口尺寸变化，当断点改变时同步调整页面布局
媒体查询	媒体查询支持监听窗口宽度、横竖屏、深浅色、设备类型等多种媒体特征，当媒体特征发生改变时同步调整页面布局
栅格布局	栅格组件将其所在的区域划分为有规律的多列，通过调整不同断点下的栅格组件的参数以及其子组件占据的列数等，实现不同的布局效果

12.3　实战：图片查看器的一多 UI 原型设计

本节将以图片查看器的UI为例，介绍如何使用自适应布局能力和响应式布局能力适配不同尺寸窗口，以实现“一多”功能。

本节示例仅关注UI原型的设计及实现，源码可以在本书配套资源中的“ArkTSMultiPictureUI”应用中找到。完整的图片查看器的功能实现详见第15章。

12.3.1　UX 设计

“一多”建议从最初的设计阶段开始就拉通多设备综合考虑。考虑实际智能终端设备种类繁多，设计师无法针对每种具体设备各自出一份UX设计图。“一多”建议从设备屏幕宽度的维度，将设备划分为4大类（见表12-3）。设计师只需要针对这4大类设备做设计，而无须关心具体的设备形态。

表12-3　从设备屏幕宽度的维度的设备分类

设备类型	屏幕宽度（vp）
超小设备	[0, 320)
小设备	[320, 600)
中设备	[600, 840)
大设备	[840, +∞)

其中，vp是virtual pixel（虚拟像素）的缩写，是常用的长度单位。此处基于设备屏幕宽度划分不

同，是为了方便理解。通常智能设备上的应用都是以全屏的形式运行，但随着移动技术的发展，当前部分智能设备支持应用以自由窗口模式运行（即用户可以通过拖曳等操作自由调整应用运行窗口的尺寸），故以应用窗口尺寸为基准进行划分更为合适。

默认设备和平板对应于小设备、中设备及大设备，本示例以这3类设备场景为例，介绍不同设备上的UX设计。一个典型的图片查看器的小设备、中设备及大设备的UX设计如图12-3~图12-5所示。

图 12-3　图片查看器的小设备 UX 设计

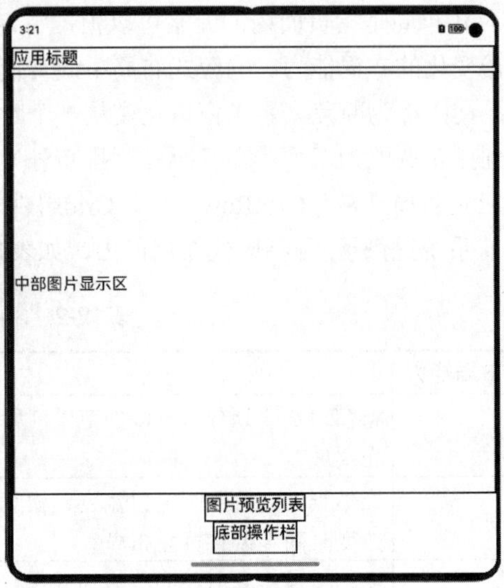

图 12-4　图片查看器的中设备 UX 设计

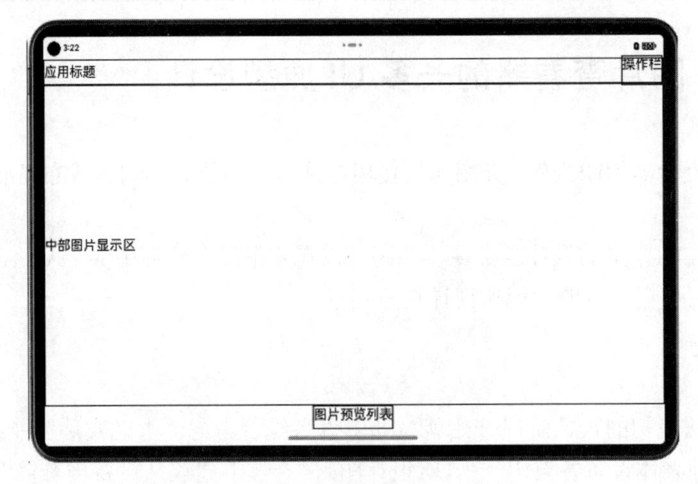

图 12-5　图片查看器的大设备 UX 设计

从图片查看器在各设备上的UX设计图中，可以观察到如下UX的一些“规律”：

- 在不同的屏幕宽度下，应用的整体风格基本保持一致。
- 在相近的屏幕宽度范围内，应用的布局基本不变；在不同的屏幕宽度范围内，应用的布局有较大差异。
- 应用在小屏幕下显示的元素是大屏幕中显示元素的子集。
- 考虑到屏幕尺寸及显示效果，大屏幕中可以显示的元素数量一定不少于小屏幕。
- 为充分利用屏幕尺寸优势，大屏幕可以有其独有的元素或设计，比如侧边栏、操作栏等。

如此，既能在各设备上体现UX的一致性，也能在各设备上体现UX的差异性，从而既可以保障各设备上应用界面的体验，也可以最大程度复用界面代码。

观察图片查看器的页面设计，不同尺寸下的页面设计有较多相似的地方。据此，我们可以将页面分拆为以下几个组成部分。

- 顶部区域：包含应用的标题栏和操作栏。
- 中部图片显示区：用于查看图片。
- 图片预览列表：暂时所有图片的预览图。
- 底部操作栏。

各组成部分在不同设备下的显示位置存在差异性。小设备的操作栏位于底部，而大设备的操作栏则位于顶部右侧。

12.3.2　计算设备的类型

设备的宽度并不是一成不变的，比如折叠屏手机，在折叠状态属于小设备，而在展开状态下则是中设备。以下代码实现了当前设备类型的计算。

```
// 变更设备类型
private updateBreakpoint(windowWidth: number) :void{
  let windowWidthVp = windowWidth / display.getDefaultDisplaySync().densityPixels;
  let curBp: string = '';
  if (windowWidthVp < BreakpointConstants.BREAKPOINT_SCOPE[2]) {
    curBp = BreakpointConstants.BREAKPOINT_SM;
  } else if (windowWidthVp < BreakpointConstants.BREAKPOINT_SCOPE[3]) {
    curBp = BreakpointConstants.BREAKPOINT_MD;
  } else {
    curBp = BreakpointConstants.BREAKPOINT_LG;
  }
  AppStorage.setOrCreate('currentBreakpoint', curBp);
}
```

上述updateBreakpoint()函数在获取到当前设备的宽度时，会自动计算当前设备的类型。

其中BreakpointConstants常量类定义如下：

```
/**
 * 设备类型常量
 */
export class BreakpointConstants {
  /**
   * 小设备
   */
  static readonly BREAKPOINT_SM: string = 'sm';

  /**
   * 中设备
   */
  static readonly BREAKPOINT_MD: string = 'md';

  /**
   * 大设备
   */
  static readonly BREAKPOINT_LG: string = 'lg';

  /**
   * 屏幕宽度范围
```

```
   */
  static readonly BREAKPOINT_SCOPE: number[] = [0, 320, 600, 840];
}
```

为了能够动态计算设备类型，在EntryAbility的onWindowStageCreate()函数中添加如下代码，根据窗口的宽度来计算设备类型：

```
onWindowStageCreate(windowStage: window.WindowStage): void {
  // Main window is created, set main page for this ability
  hilog.info(0x0000, 'testTag', '%{public}s', 'Ability onWindowStageCreate');

  // 获取窗口对象
  windowStage.getMainWindow((err: BusinessError<void>, data) => {
    let windowObj: window.Window = data;
    // 计算设备的尺寸
    this.updateBreakpoint(windowObj.getWindowProperties().windowRect.width);
    windowObj.on('windowSizeChange', (windowSize: window.Size) => {
      this.updateBreakpoint(windowSize.width);
    })

    if (err.code) {
      hilog.info(0x0000, 'testTag', '%{public}s', 'getMainWindow failed');
      return;
    }
  })

  windowStage.loadContent('pages/Index', (err) => {
    if (err.code) {
      hilog.error(0x0000, 'testTag', 'Failed to load the content. Cause: %{public}s',
JSON.stringify(err) ?? '');
      return;
    }
    hilog.info(0x0000, 'testTag', 'Succeeded in loading the content.');
  });
}
```

12.3.3　实现顶部区域 UI 原型

顶部区域UI代码实现如下：

```
import { BreakpointConstants } from '../constants/BreakpointConstants';
import { ActionList } from './ActionList';

/**
 * 顶部区域
 */
@Component
export struct TopBar {
  @StorageLink('currentBreakpoint') currentBp: string =
BreakpointConstants.BREAKPOINT_MD;

  build() {
    Flex({
      direction: FlexDirection.Row,
      alignItems: ItemAlign.Center,
    }) {
      Column() {
        Flex({
          justifyContent: FlexAlign.SpaceBetween,
          direction: FlexDirection.Row,
```

```
            alignItems: ItemAlign.Stretch
          }) {
            Row() {
              Column() {
                Text('应用标题')
                  .fontSize('24fp')
              }
              .alignItems(HorizontalAlign.Start)
            }

            Row() {
              // 仅在大设备上显示操作按钮
              if (this.currentBp === BreakpointConstants.BREAKPOINT_LG) {
                ActionList();
              }
            }
          }
        }
        .borderColor(Color.Black)
        .borderWidth('2vp')
      }
      .height('52vp')
    }
  }
```

顶部区域主要实现两部分内容：左侧的应用标题和右侧的操作栏。其中，操作栏是通过currentBreakpoint来判断设备类型的，从而决定是否需要显示。

- 当是大设备时，操作栏显示。
- 其他设备则不显示。

12.3.4 实现中部图片显示区 UI 原型

中部图片显示区UI代码实现如下：

```
/**
 * 中部图片显示区
 */
@Component
export struct CenterPart {

  build() {
    Row() {
      Column() {
        Text('中部图片显示区')
          .fontSize('24fp')
      }
    }
    .height('100%')
    .width('100%')
    .borderColor(Color.Black)
    .borderWidth('2vp')
  }
}
```

中部图片显示区主要是用于显示图片预览列表所选中的图片。

12.3.5 实现图片预览列表 UI 原型

图片预览列表UI代码实现如下：

```
/**
 * 图片预览列表
 */
@Component
export struct PreviewList {

  build() {
    Column() {
      Text('图片预览列表')
        .fontSize('24fp')
    }
    .height('47vp')
    .borderColor(Color.Black)
    .borderWidth('2vp')
  }
}
```

12.3.6 实现操作栏 UI 原型

操作栏UI代码实现如下：

```
/**
 * 操作栏
 */
@Component
export struct ActionList {

  build() {
    Column(){
        Text('操作栏')
          .fontSize('24fp')
    }
    .height('52vp')
    .borderColor(Color.Black)
    .borderWidth('2vp')
  }
}
```

需要注意的是，底部操作栏UI只在小设备和中设备中显示。因此，需要在Index中判断设备类型来决定是否显示底部操作栏，代码如下：

```
import { BreakpointConstants } from '../constants/BreakpointConstants';
import { ActionList } from '../view/ActionList';
import { CenterPart } from '../view/CenterPart';
import { PreviewList } from '../view/PreviewList';
import { TopBar } from '../view/TopBar';

/**
 * 图片查看器主页
 */
@Entry
@Component
struct Index {
  @StorageLink('currentBreakpoint') currentBreakpoint: string =
BreakpointConstants.BREAKPOINT_MD
```

```
  build() {
    Column() {
      Flex({
        direction: FlexDirection.Column,
        alignItems: ItemAlign.Center
      }) {
        // 顶部区域
        TopBar()

        // 中部图片显示区
        CenterPart( )

        // 图片预览列表
        PreviewList( )

        // 非大设备，则显示底部操作栏
        if (this.currentBreakpoint !== BreakpointConstants.BREAKPOINT_LG) {
          ActionList()
        }
      }
    }
    .height('100%')
    .width('100%')
  }
}
```

12.4　本章小结

本章介绍了HarmonyOS系统“一多”的定义、目标、UX设计、工程管理、页面开发、功能开发等，以帮助开发者快速开发出适配多种类型设备的应用。

12.5　上机练习：实现图片查看器 UI 原型

任务要求：根据本章所学的知识，参考本章“一多”图片查看器功能，编写一个HarmonyOS应用程序，实现图片查看器功能。

练习步骤：

（1）实现应用的UX设计，考虑小设备、中设备和大设备的UI适配。
（2）实现顶部区域。
（3）实现中部图片显示区。
（4）实现图片预览列表。
（5）实现操作栏。

代码参考配书资源中的“ArkTSMultiPictureUI”应用。

第 13 章

应用测试

13

本章介绍HarmonyOS应用的单元测试、UI测试和专项测试。

13.1 应用测试概述

HarmonyOS应用测试主要分为单元测试、UI测试和专项测试。

- 单元测试：HarmonyOS应用单元测试可以在测试框架下进行，测试框架由核心模块和扩展模块组成。其中核心模块是测试框架的最小集，包含执行必备核心接口和逻辑。扩展模块是在核心模块的基础上增加一些常用能力，例如用例超时控制、用例筛选、数据驱动、压力测试等。核心模块采用插件化机制，提供接入能力和运行时上下文，扩展模块通过插件的方式接入。
- UI测试：通过简洁易用的API提供查找和操作界面控件的能力，支持开发者编写基于界面操作的自动化测试脚本。
- 专项测试：专项测试包括兼容性、稳定性、安全、性能、功耗、UX等，开发者可以结合各维度的应用质量建议，通过提供的多种专项测试工具来保障应用的质量。

本章重点介绍单元测试和UI测试的概念及用法。

13.2 单元测试

HarmonyOS自动化测试框架代码部件仓arkXtest包含单元测试框架（JsUnit）和UI测试框架（UiTest）。其中，单元测试框架（JsUnit）提供单元测试用例的执行能力，提供用例编写基础接口，生成对应报告，用于测试系统或应用接口。

13.2.1 单元测试框架功能特性

单元测试框架的功能特性如表13-1所示。

表13-1　单元测试框架的功能特性

No.	特　　性	功能说明
1	基础流程	支持编写及异步执行基础用例
2	断言库	判断用例实际期望值与预期值是否相符
3	Mock能力	支持函数级mock能力，对定义的函数进行mock后修改函数的行为，使其返回指定的值或者执行某种动作
4	数据驱动	提供数据驱动能力，支持复用同一个测试脚本，使用不同输入数据驱动执行
5	专项能力	支持测试套与用例筛选、随机执行、压力测试、超时设置、遇错即停模式、跳过、支持测试套嵌套等

13.2.2　基本流程

测试用例采用业内通用语法，describe代表一个测试套，it代表一条用例。基本流程如表13-2所示。

表13-2　基本流程

No.	API	功能说明
1	describe	定义一个测试套，支持两个参数：测试套名称和测试套函数
2	beforeAll	在测试套内定义一个预置条件，在所有测试用例开始前执行且仅执行一次，支持一个参数：预置动作函数
3	beforeEach	在测试套内定义一个单元预置条件，在每条测试用例开始前执行，执行次数与it定义的测试用例数一致，支持一个参数：预置动作函数
4	afterEach	在测试套内定义一个单元清理条件，在每条测试用例结束后执行，执行次数与it定义的测试用例数一致，支持一个参数：清理动作函数
5	afterAll	在测试套内定义一个清理条件，在所有测试用例结束后执行且仅执行一次，支持一个参数：清理动作函数
6	beforeItSpecified	@since1.0.15在测试套内定义一个单元预置条件，仅在指定测试用例开始前执行，支持两个参数：单个用例名称或用例名称数组、预置动作函数
7	afterItSpecified	@since1.0.15在测试套内定义一个单元清理条件，仅在指定测试用例结束后执行，支持两个参数：单个用例名称或用例名称数组、清理动作函数
8	it	定义一条测试用例，支持3个参数：用例名称、过滤参数和用例函数
9	expect	支持bool类型判断等多种断言方法
10	xdescribe	@since1.0.17定义一个跳过的测试套，支持两个参数：测试套名称和测试套函数
11	xit	@since1.0.17定义一条跳过的测试用例，支持3个参数、用例名称、过滤参数和用例函数

beforeItSpecified、afterItSpecified示例如下：

```
import { describe, it, expect, beforeItSpecified, afterItSpecified } from '@ohos/hypium';
export default function beforeItSpecifiedTest() {
  describe('beforeItSpecifiedTest', () => {
    beforeItSpecified(['String_assertContain_success'], () => {
      const num:number = 1;
      expect(num).assertEqual(1);
    })
    afterItSpecified(['String_assertContain_success'], async (done: Function) => {
      const str:string = 'abc';
```

```
      setTimeout(()=>{
        try {
          expect(str).assertContain('b');
        } catch (error) {
          console.error('error message ${JSON.stringify(error)}');
        }
        done();
      }, 1000)
    })
    it('String_assertContain_success', 0, () => {
      let a: string = 'abc';
      let b: string = 'b';
      expect(a).assertContain(b);
      expect(a).assertEqual(a);
    })
  })
}
```

13.2.3　断言库

表13-3展示了断言功能列表。

表13-3　断言功能列表

No.	API	功能说明
1	assertClose	检验actualvalue和expectvalue(0)的接近程度是否为expectValue(1)
2	assertContain	检验actualvalue中是否包含expectvalue
3	assertEqual	检验actualvalue是否等于expectvalue[0]
4	assertFail	抛出一个错误
5	assertFalse	检验actualvalue是否为false
6	assertTrue	检验actualvalue是否为true
7	assertInstanceOf	检验actualvalue是否为expectvalue类型，支持基础类型
8	assertLarger	检验actualvalue是否大于expectvalue
9	assertLess	检验actualvalue是否小于expectvalue
10	assertNull	检验actualvalue是否为null
11	assertThrowError	检验actualvalue抛出Error内容是否为expectValue
12	assertUndefined	检验actualvalue是否为undefined
13	assertNaN	@since1.0.4检验actualvalue是否为一个NaN
14	assertNegUnlimited	@since1.0.4检验actualvalue是否等于Number.NEGATIVE_INFINITY
15	assertPosUnlimited	@since1.0.4检验actualvalue是否等于Number.POSITIVE_INFINITY
16	assertDeepEquals	@since1.0.4检验actualvalue和expectvalue是否完全相等
17	assertPromiseIsPending	@since1.0.4判断promise是否处于Pending状态
18	assertPromiseIsRejected	@since1.0.4判断promise是否处于Rejected状态
19	assertPromiseIsRejectedWith	@since1.0.4判断promise是否处于Rejected状态，并且比较执行的结果值
20	assertPromiseIsRejectedWithError	@since1.0.4判断promise是否处于Rejected状态并有异常，同时比较异常的类型和message值
21	assertPromiseIsResolved	@since1.0.4判断promise是否处于Resolved状态
22	assertPromiseIsResolvedWith	@since1.0.4判断promise是否处于Resolved状态，并且比较执行的结果值

（续表）

No.	API	功能说明
23	not	@since1.0.4断言取反，支持上面所有的断言功能
24	message	@since1.0.17自定义断言异常信息

expect断言示例代码：

```
import { describe, it, expect } from '@ohos/hypium';

export default function expectTest() {
  describe('expectTest', () => {
    it('assertBeClose_success', 0, () => {
      let a: number = 100;
      let b: number = 0.1;
      expect(a).assertClose(99, b);
    })
    it('assertInstanceOf_success', 0, () => {
      let a: string = 'strTest';
      expect(a).assertInstanceOf('String');
    })
    it('assertNaN_success', 0, () => {
      expect(Number.NaN).assertNaN(); // true
    })
    it('assertNegUnlimited_success', 0, () => {
      expect(Number.NEGATIVE_INFINITY).assertNegUnlimited(); // true
    })
    it('assertPosUnlimited_success', 0, () => {
      expect(Number.POSITIVE_INFINITY).assertPosUnlimited(); // true
    })
    it('not_number_true', 0, () => {
      expect(1).not().assertLargerOrEqual(2);
    })
    it('not_number_true_1', 0, () => {
      expect(3).not().assertLessOrEqual(2);
    })
    it('not_NaN_true', 0, () => {
      expect(3).not().assertNaN();
    })
    it('not_contain_true', 0, () => {
      let a: string = "abc";
      let b: string = "cdf";
      expect(a).not().assertContain(b);
    })
    it('not_large_true', 0, () => {
      expect(3).not().assertLarger(4);
    })
    it('not_less_true', 0, () => {
      expect(3).not().assertLess(2);
    })
    it('not_undefined_true', 0, () => {
      expect(3).not().assertUndefined();
    })
    it('deepEquals_null_true', 0, () => {
      // Defines a variety of assertion methods, which are used to declare expected boolean
conditions.
      expect(null).assertDeepEquals(null);
    })
    it('deepEquals_array_not_have_true', 0, () => {
```

```
      // Defines a variety of assertion methods, which are used to declare expected boolean
conditions.
      const a: Array<number> = [];
      const b: Array<number> = [];
      expect(a).assertDeepEquals(b);
    })
    it('deepEquals_map_equal_length_success', 0, () => {
      // Defines a variety of assertion methods, which are used to declare expected boolean
conditions.
      const a: Map<number, number> = new Map();
      const b: Map<number, number> = new Map();
      a.set(1, 100);
      a.set(2, 200);
      b.set(1, 100);
      b.set(2, 200);
      expect(a).assertDeepEquals(b);
    })
    it("deepEquals_obj_success_1", 0, () => {
      const a: SampleTest = {x: 1};
      const b: SampleTest = {x: 1};
      expect(a).assertDeepEquals(b);
    })
    it("deepEquals_regExp_success_0", 0, () => {
      const a: RegExp = new RegExp("/test/");
      const b: RegExp = new RegExp("/test/");
      expect(a).assertDeepEquals(b);
    })
    it('test_isPending_pass_1', 0, () => {
      let p: Promise<void> = new Promise<void>(() => {});
      expect(p).assertPromiseIsPending();
    })
    it('test_isRejected_pass_1', 0, () => {
      let info: PromiseInfo = {res: "no"};
      let p: Promise<PromiseInfo> = Promise.reject(info);
      expect(p).assertPromiseIsRejected();
    })
    it('test_isRejectedWith_pass_1', 0, () => {
      let info: PromiseInfo = {res: "reject value"};
      let p: Promise<PromiseInfo> = Promise.reject(info);
      expect(p).assertPromiseIsRejectedWith(info);
    })
    it('test_isRejectedWithError_pass_1', 0, () => {
      let p1: Promise<TypeError> = Promise.reject(new TypeError('number'));
      expect(p1).assertPromiseIsRejectedWithError(TypeError);
    })
    it('test_isResolved_pass_1', 0, () => {
      let info: PromiseInfo = {res: "result value"};
      let p: Promise<PromiseInfo> = Promise.resolve(info);
      expect(p).assertPromiseIsResolved();
    })
    it('test_isResolvedTo_pass_1', 0, () => {
      let info: PromiseInfo = {res: "result value"};
      let p: Promise<PromiseInfo> = Promise.resolve(info);
      expect(p).assertPromiseIsResolvedWith(info);
    })
    it("test_message", 0, () => {
      expect(1).message('1 is not equal 2!').assertEqual(2); // fail
    })
  })
```

```
}

interface SampleTest {
  x: number;
}

interface PromiseInfo {
  res: string;
}
```

13.2.4 自定义断言

HarmonyOS测试框架也支持自定义断言，示例如下：

```
import { describe, Assert, beforeAll, expect, Hypium, it } from '@ohos/hypium';

// custom.ets
interface customAssert extends Assert {
  // 自定义断言声明
  myAssertEqual(expectValue: boolean): void;
}

// 自定义断言实现
let myAssertEqual = (actualValue: boolean, expectValue: boolean) => {
  interface R {
  pass: boolean,
  message: string
}

let result: R = {
  pass: true,
  message: 'just is a msg'
}

let compare = () => {
  if (expectValue === actualValue) {
    result.pass = true;
    result.message = '';
  } else {
    result.pass = false;
    result.message = 'expectValue !== actualValue!';
  }
  return result;
}
result = compare();
return result;
}

export default function customAssertTest() {
  describe('customAssertTest', () => {
    beforeAll(() => {
      //注册自定义断言，只有先注册才可以使用
      Hypium.registerAssert(myAssertEqual);
    })
    it('assertContain1', 0, () => {
      let a = true;
      let b = true;
      (expect(a) as customAssert).myAssertEqual(b);
      Hypium.unregisterAssert(myAssertEqual);
```

```
    })
    it('assertContain2', 0, () => {
      Hypium.registerAssert(myAssertEqual);
      let a = true;
      let b = true;
      (expect(a) as customAssert).myAssertEqual(b);
      // 注销自定义断言，注销以后就无法使用
      Hypium.unregisterAssert(myAssertEqual);
      try {
        (expect(a) as customAssert).myAssertEqual(b);
      }catch(e) {
        expect(e.message).assertEqual("myAssertEqual is unregistered");
      }
    })
  })
}
```

13.3 UI 测试

UI测试框架（UiTest）通过简洁易用的API提供查找和操作界面控件能力，支持用户开发基于界面操作的自动化测试脚本。

13.3.1 UI 测试框架的功能特性

UI测试框架的功能特性如表13-4所示。

表13-4 UI测试框架的功能特性

No.	特　性	功能说明
1	Driver	UI测试的入口，提供查找控件，检查控件存在性以及注入按键能力
2	On	用于描述目标控件特征（文本、id、类型等），Driver根据On描述的控件特征信息来查找控件
3	Component	Driver查找返回的控件对象，提供查询控件属性、滑动查找等触控和检视能力
4	UiWindow	Driver查找返回的窗口对象，提供获取窗口属性、操作窗口的能力

在使用时，需要在测试脚本中通过如下方式引入上述特性：

```
import {Driver,ON,Component,UiWindow,MatchPattern} from '@ohos.UiTest'
```

以下是需要注意的点：

- On类提供的接口全部是同步接口，使用者可以使用builder模式链式调用其接口构造控件筛选条件。
- Driver类和Component类提供的接口全部是异步接口（Promise形式），需使用await语法。
- UI测试用例均需使用异步语法编写用例，需遵循单元测试框架异步用例编写规范。

以下是调用UI测试框架API接口编写测试用例的例子。

```
import { Driver, ON, Component } from '@kit.TestKit'
import { describe, it, expect } from '@ohos/hypium'

export default function findComponentTest() {
  describe('findComponentTest', () => {
```

```
    it('uitest_demo0', 0, async () => {
      // create Driver
      let driver: Driver = Driver.create();
      // find component by text
      let button: Component = await driver.findComponent(ON.text('Hello
World').enabled(true));
      // click component
      await button.click();
      // get and assert component text
      let content: string = await button.getText();
      expect(content).assertEqual('Hello World');
    })
  })
}
```

13.3.2　Driver 类使用说明

Driver类作为UiTest测试框架的总入口，提供查找控件、注入按键、单击坐标、滑动控件、手势操作、截图等能力。Driver类接口定义如表13-5所示。

表13-5　Driver类接口

No.	API	功能描述
1	create():Promise	静态方法，构造Driver
2	findComponent(on:On):Promise	查找匹配控件
3	pressBack():Promise	单击Back键
4	click(x:number, y:number):Promise	基于坐标点的单击
5	swipe(x1:number, y1:number, x2:number, y2:number):Promise	基于坐标点的滑动
6	assertComponentExist(on:On):Promise	断言匹配的控件存在
7	delayMs(t:number):Promise	延时
8	screenCap(s:path):Promise	截屏
9	findWindow(filter: WindowFilter): Promise	查找匹配窗口

其中assertComponentExist接口是断言API，用于断言当前界面存在目标控件；如果控件不存在，该API将抛出JS异常，使当前测试用例失败。示例如下：

```
import { describe, it} from '@ohos/hypium';
import { Driver, ON } from '@kit.TestKit';

export default function assertComponentExistTest() {
  describe('assertComponentExistTest', () => {
    it('Uitest_demo0', 0, async (done: Function) => {
      try{
        // create Driver
        let driver: Driver = Driver.create();
        // assert text 'hello' exists on current Ui
        await driver.assertComponentExist(ON.text('hello'));
      } finally {
        done();
      }
    })
  })
}
```

13.3.3 On 类使用说明

UI测试框架通过On类提供了丰富的控件特征描述API，用来匹配查找要操作或检视的目标控件。On类提供的API能力具有以下特点：

- 支持匹配单属性和匹配多属性组合，例如同时指定目标控件text和id。
- 控件属性支持多种匹配模式，例如等于、包含、STARTS_WITH、ENDS_WITH等。
- 支持相对定位控件，可通过isBefore和isAfter等API限定邻近控件特征进行辅助定位。

On类接口定义如表13-6所示。

表13-6　On类接口

No.	API	功能描述
1	id(i:string):On	指定控件id
2	text(t:string, p?:MatchPattern):On	指定控件文本，可指定匹配模式
3	type(t:string):On	指定控件类型
4	enabled(e:bool):On	指定控件使能状态
5	clickable(c:bool):On	指定控件可单击状态
6	longClickable(l:bool):On	指定控件可长按状态
7	focused(f:bool):On	指定控件获焦状态
8	scrollable(s:bool):On	指定控件可滑动状态
9	selected(s:bool):On	指定控件选中状态
10	checked(c:bool):On	指定控件选择状态
11	checkable(c:bool):On	指定控件可选择状态
12	isBefore(b:On):On	相对定位，限定目标控件位于指定特征控件之前
13	isAfter(b:On):On	相对定位，限定目标控件位于指定特征控件之后

其中，text属性支持MatchPattern.EQUALS、MatchPattern.CONTAINS、MatchPattern.STARTS_WITH、MatchPattern.ENDS_WITH 4种匹配模式，默认使用MatchPattern.EQUALS模式。

以下是控件绝对定位相关的示例：

```
// 查找id是'Id_button'的控件
let button: Component = await driver.findComponent(ON.id('Id_button'))
// 查找id是'Id_button'并且状态是'enabled'的控件，适用于无法通过单一属性定位的场景
// 通过'On.id(x).enabled(y)'来指定目标控件的多个属性
let button: Component = await driver.findComponent(ON.id('Id_button').enabled(true))
// 查找文本中包含'hello'的控件，适用于不能完全确定控件属性取值的场景
// 通过向'On.text()'方法传入第二个参数'MatchPattern.CONTAINS'来指定文本匹配规则；
// 默认规则是'MatchPattern.EQUALS'，即目标控件text属性必须严格等于给定值
let txt: Component = await driver.findComponent(ON.text('hello', MatchPattern.CONTAINS))
```

以下是控件相对定位相关的示例：

```
// 查找位于文本控件'Item3_3'后面的id是'Id_switch'的Switch控件
// 通过'On.isAfter'方法，指定位于目标控件前面的特征控件属性，通过该特征控件进行相对定位
// 一般地，特征控件是某个具有全局唯一特征的控件（例如具有唯一的id或者唯一的text）
// 类似地，可以使用'On.isBefore'控件指定位于目标控件后面的特征控件属性，实现相对定位
let switch: Component = await driver.findComponent(ON.id('Id_switch').isAfter
(ON.text('Item3_3')))
```

13.3.4　Component 类使用说明

Component类代表了UI界面上的一个控件，一般是通过Driver.findComponent(on)方法查找到的。通过该类的实例，用户可以获取控件属性、单击控件、滑动查找、注入文本等操作。

Component类包含的常用API如表13-7所示。

表13-7　Component类接口

No.	API	功能描述
1	click():Promise	单击该控件
2	inputText(t:string):Promise	向控件中输入文本（适用于文本框控件）
3	scrollSearch(s:On):Promise	在该控件上滑动查找目标控件（适用于List等控件）
4	scrollToTop(s:number):Promise	滑动到该控件顶部（适用于List等控件）
5	scrollTobottom(s:number):Promise	滑动到该控件底部（适用于List等控件）
6	getText():Promise	获取控件text
7	getId():Promise	获取控件id
8	getType():Promise	获取控件类型
9	isEnabled():Promise	获取控件使能状态

Component类使用示例如下：

```
// 单击控件
let button: Component = await driver.findComponent(ON.id('Id_button'))
await button.click()
// 通过get接口获取控件属性后，可以使用单元测试框架提供的assert*接口做断言检查
let component: Component = await driver.findComponent(ON.id('Id_title'))
expect(component !== null).assertTrue()
// 在List控件中滑动查找text是‘Item3_3’的子控件
let list: Component = await driver.findComponent(ON.id('Id_list'))
let found: Component = await list.scrollSearch(ON.text('Item3_3'))
expect(found).assertTrue()
// 向输入框控件中输入文本
let editText: Component = await driver.findComponent(ON.type('InputText'))
await editText.inputText('user_name')
```

13.3.5　UiWindow 类使用说明

UiWindow类代表了UI界面上的一个窗口，一般是通过Driver.findWindow(WindowFilter)方法查找到的。通过该类的实例，用户可以获取窗口属性，并对窗口进行拖动、调整窗口大小等操作。

UiWindow类包含的常用API如表13-8所示。

表13-8　UiWindow类接口

No.	API	功能描述
1	getBundleName(): Promise	获取窗口所属应用包名
2	getTitle(): Promise	获取窗口标题信息
3	focus(): Promise	使得当前窗口获取焦点
4	moveTo(x: number, y: number): Promise	将当前窗口移动到指定位置（适用于支持移动的窗口）

（续表）

No.	API	功能描述
5	resize(wide: number, height: number, direction: ResizeDirection): Promise	调整窗口大小（适用于支持调整大小的窗口）
6	split(): Promise	将窗口模式切换为分屏模式（适用于支持分屏的窗口）
7	close(): Promise	关闭当前窗口

UiWindow类的示例如下：

```
// 获取窗口属性
let window: UiWindow = await driver.findWindow({actived: true})
let bundelName: string = await window.getBundleName()

// 移动窗口
let window: UiWindow = await driver.findWindow({actived: true})
await window.moveTo(500,500)

// 关闭窗口
let window: UiWindow = await driver.findWindow({actived: true})
await window.close()
```

13.4 实战：UI 测试

本节以“10.6 实战：用户首选项开发”所开发的“ArkTSPreferences”应用为例，在该应用下创建UI测试，演示测试框架API的使用方法。

13.4.1 编写 UI 测试脚本

UI测试基于单元测试，UI测试脚本在单元测试脚本上增加了对UiTest接口，具体请参考API文档。

如下的示例代码是在上面的单元测试脚本基础上增量编写，实现的是在启动的应用页面上进行单击操作，然后检测当前页面变化是否为预期变化。

“ohosTest/ets/test/”目录是专门用于存放具体测试代码的，在该目录下已经存在了一个测试用例样板代码Ability.test.ets文件，基于该文件进行编写UI测试脚本。修改后的代码如下：

```
import { describe, it, expect } from '@ohos/hypium';
import { abilityDelegatorRegistry, Driver, ON } from '@kit.TestKit';
import { UIAbility, Want } from '@kit.AbilityKit';
import AccountData from '../../../main/ets/database/AccountData';

const delegator: abilityDelegatorRegistry.AbilityDelegator =
abilityDelegatorRegistry.getAbilityDelegator()
const bundleName = abilityDelegatorRegistry.getArguments().bundleName;

function sleep(time: number) {
  return new Promise<void>((resolve: Function) => setTimeout(resolve, time));
}

export default function abilityTest() {
  describe('ActsAbilityTest', () => {

    // 编写UI测试脚本
    it('testUi',0, async (done: Function) => {
      console.info("uitest: testUi begin");
      // 启动待测试的 ability
```

```
      const want: Want = {
        bundleName: bundleName,
        abilityName: 'EntryAbility'
      }
      await delegator.startAbility(want);
      await sleep(1000);

      // 检查顶层显示的 ability
      await delegator.getCurrentTopAbility().then((Ability: UIAbility)=>{
        console.info("get top ability");
        expect(Ability.context.abilityInfo.name).assertEqual('EntryAbility');
      })

      // UI 测试代码
      // 初始化driver
      let driver = Driver.create();
      await driver.delayMs(1000);

      // 查找'增加'按钮
      let buttonAdd = await driver.findComponent(ON.text('增加'));

      // 单击按钮
      await buttonAdd.click();
      await driver.delayMs(1000);

      // 查找'查询'按钮
      let buttonQuery = await driver.findComponent(ON.text('查询'));

      // 单击按钮
      await buttonQuery.click();
      await driver.delayMs(1000);

      // 查找 id 为'text_result'的 Text 组件
      let text = await driver.findComponent(ON.id('text_result'));

      // 检查文本内容
      await text.getText().then(result => {
        let newAccount: AccountData = { id: 1, accountType: 0, typeText: '苹果', amount:
0 };

        expect(result).assertEqual(JSON.stringify(newAccount))
      });

      done();
    })

  })
}
```

上述代码主要做了以下几件事：

- 查找增加按钮，并进行单击。
- 查找查询按钮，并进行单击。
- 查找Text组件，断言该Text组件文本内容是否与期望的值一致。

13.4.2　运行 UI 测试脚本

首先，启动模拟器或者真机。在模拟器或者真机上安装应用。

其次，单击如图13-1所示的测试用例的左侧三角按钮，以运行测试脚本。

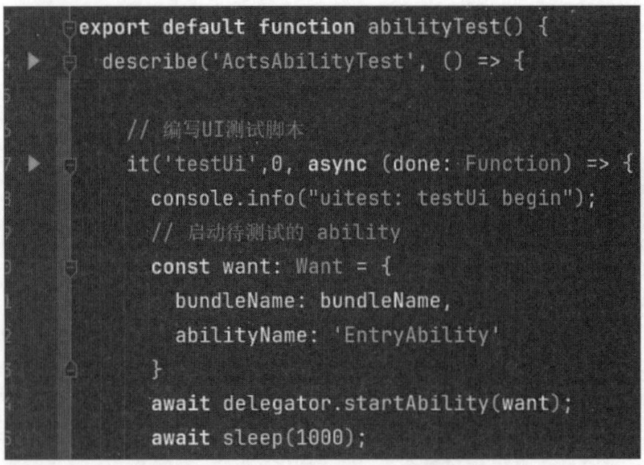

export default function abilityTest() {
describe('ActsAbilityTest', () => {
// 编写UI测试脚本
it('testUi',0, async (done: Function) => {
console.info("uitest: testUi begin");
// 启动待测试的 ability
const want: Want = {
bundleName: bundleName,
abilityName: 'EntryAbility'
}
await delegator.startAbility(want);
await sleep(1000);

图 13-1　测试脚本执行按钮

如果断言成功，则说明测试通过，可以看到如图13-2所示绿色打勾的标识。

绿色标识
Run:
testUi()
Tests passed: 1 of 1 test – 5 sec 38 ms
Test Results
Ability.test.ets
ActsAbilityTest
testUi
Testing started at 23:31 ...
09/08 23:31:43:532: build task in 3 s 173 ms
09/08 23:31:43:532: Launching com.waylau.hmos.arktspreferences
$ hdc uninstall com.waylau.hmos.arktspreferences
Running tests.
09/08 23:31:44:455: Launch com.waylau.hmos.arktspreferences success in 923 ms
Started running tests.
Tests run to completion.
Test finished.

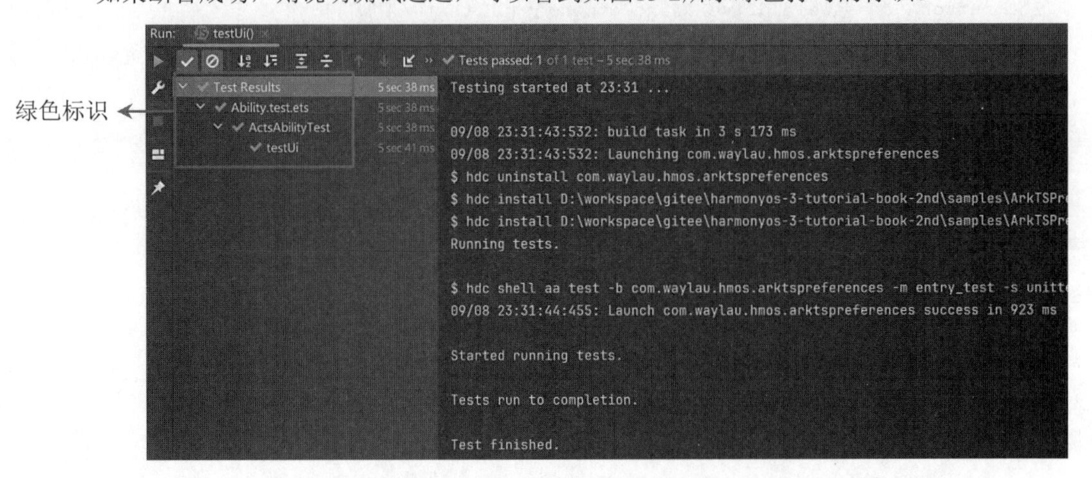

图 13-2　测试用例断言成功

如果断言失败，则说明测试没有通过，可以看到如图13-3所示红色告警标识，并会提示断言失败的原因。

红色警告标识
Run:
testUi()
Tests failed: 1 of 1 test – 5 sec 82 ms
Test Results
Ability.test.ets
ActsAbilityTest
testUi
at anonymous (entry/src/ohosTest/ets/test/Ability.test.ets:59:9)
09/08 23:43:08:044: Launch com.waylau.hmos.arktspreferences success in 1 s 99 ms
Started running tests.
Tests run to completion.
Test finished.

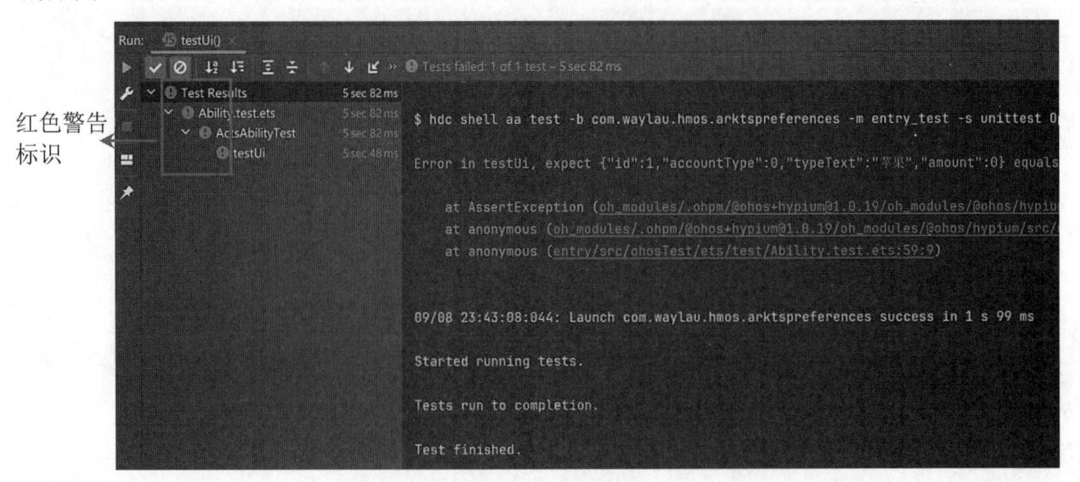

图 13-3　测试用例断言失败

13.5　本章小结

本章节重点介绍了HarmonyOS应用的单元测试和UI测试的概念及用法，并通过实例介绍了测试脚本的编写和运行。

13.6　上机练习："统计字符串的字符数"的 UI 测试

任务要求：根据本章所学知识，在第2章上机练习所编写的"统计字符串的字符数"应用的基础上，编写测试用例。

练习步骤：

（1）导入@ohos/hypium和@kit.TestKit工具相关的模块。
（2）编写UI测试脚本。
（3）运行UI测试脚本。

代码参考配书资源中的"CountTheNumberOfCharacters"应用。

第 14 章

综合实战（1）：仿微信应用

本章是一个实战章节，结合前面所介绍的知识点来实现一个类似于微信的App。

14.1 仿微信应用概述

本节将基于HarmonyOS NEXT来实现类似于微信界面效果的应用——ArkUIWeChat。

微信界面主要包含4部分，即微信、联系人、发现、我，本节所演示的例子也要实现这4部分。

14.1.1 “微信”页面

“微信”页面是微信应用的首页，主要是展示联系人之间的沟通信息。

如图14-1所示是“微信”页面的效果图。

图 14-1 “微信”页面的效果图

14.1.2 “联系人”页面

“联系人”页面展示了用户所关联的联系人。

如图14-2所示是“联系人”页面的效果图。

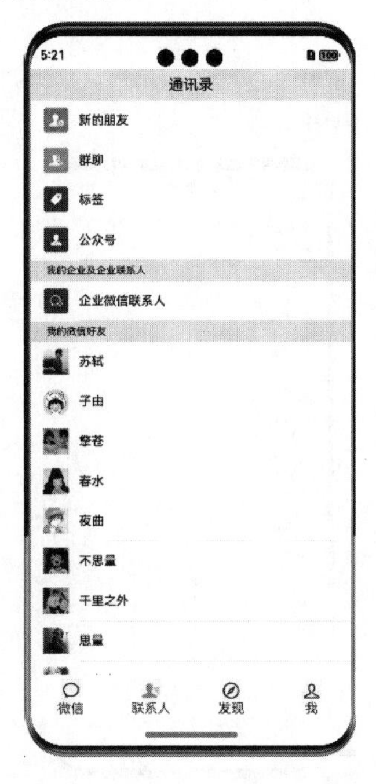

图 14-2　“联系人”页面的效果图

14.1.3　“发现”页面

“发现”页面是微信进入其他子程序的入口。

如图14-3所示是“发现”页面的效果图。

图 14-3　“发现”页面的效果图

14.1.4 “我”页面

“我”页面展示用户个人信息的页面。

如图14-4所示是“我”页面的效果图。

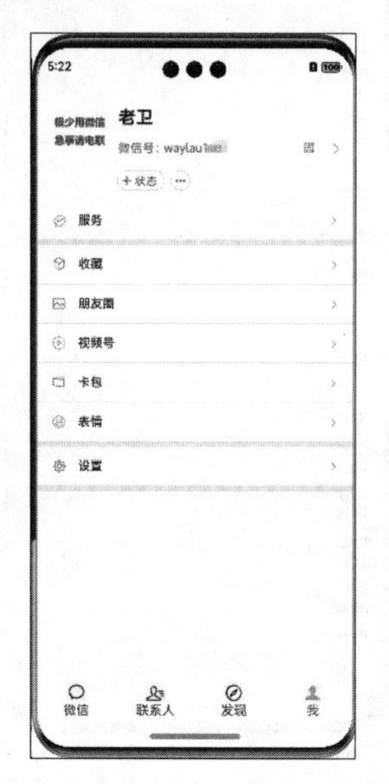

图 14-4 “我”页面的效果图

14.2 实战：“微信”页面

本节演示如何实现“微信”页面。“微信”页面主要是展示联系人的沟通记录列表。列表的每个项，都包含联系人头像、联系人名称、联系人聊天记录以及时间。

14.2.1 创建“微信”页面 ChatPage

在pages创建ChatPage.ets作为“微信”页面。“微信”页面主要分为标题栏及沟通记录列表两部分，因此，核心的代码也分为这两部分。代码如下：

```
import {ChatItemStyle, WeChatTitle} from '../model/CommonStyle'
import { CONTACTS} from '../model/WeChatData'
import {Person} from '../model/Person'

@Component
export struct ChatPage {
  build() {
    Column() {
      // 标题
      WeChatTitle({ text: "微信" })

      // 列表
      List() {
        ForEach(CONTACTS, (item: Person) => {
          ListItem() {
            ChatItemStyle({
              weChatImage: item.weChatImage,
```

```
            weChatName: item.weChatName,
            chatInfo: item.chatInfo,
            time: item.time
          })
        }
      }, (item: Person) => item.id.toString())
    }
    .height('100%')
    .width('100%')
  }
}
}
```

上述代码中，通过ForEach来遍历CONTACTS数组所返回的联系人数据，并生成ChatItemStyle数据项。

14.2.2 定义联系人 Person

联系人是用Person类作为表示。在ets目录下，创建model目录，并在该model目录创建Person.ets，代码如下：

```
export class Person {
  id: number = 0;
  weChatImage: string = "";
  weChatName: string = "";
  chatInfo: string = "";
  time: string = "";
}
```

Person内包含了头像、名称、聊天记录以及时间等信息。

14.2.3 定义联系人数据

在model目录下创建WeChatData.ets作为联系人数据。代码如下：

```
import { Person } from './Person'

export const CONTACTS: Person[] = [
  {
    id: 1,
    weChatImage: "person (1).jpg",
    weChatName: "苏轼",
    chatInfo: "大江东去，浪淘尽，千古风流人物。",
    time: "18:30"
  },
  {
    id: 2,
    weChatImage: "person (2).jpg",
    weChatName: "子由",
    chatInfo: "丙辰中秋，欢饮达旦，大醉，作此篇，兼怀子由。",
    time: "17:29"
  },
  {
    id: 3,
    weChatImage: "person (3).jpg",
    weChatName: "擎苍",
    chatInfo: "老夫聊发少年狂，左牵黄，右擎苍，锦帽貂裘，千骑卷平冈。",
    time: "17:28"
```

```
  },
  {
    id: 4,
    weChatImage: "person (4).jpg",
    weChatName: "春水",
    chatInfo: "春未老，风细柳斜斜。试上超然台上望，半壕春水一城花。",
    time: "16:27"
  },
  {
    id: 5,
    weChatImage: "person (5).jpg",
    weChatName: "夜曲",
    chatInfo: "为你弹奏肖邦的夜曲，纪念我死去的爱情",
    time: "15:26"
  },
  {
    id: 6,
    weChatImage: "person (6).jpg",
    weChatName: "不思量",
    chatInfo: "十年生死两茫茫，不思量，自难忘。千里孤坟，无处话凄凉",
    time: "14:25"
  },
  // 为了节约篇幅，此处省略部分数据...
  {
    id: 15,
    weChatImage: "person (15).jpg",
    weChatName: "大梦",
    chatInfo: "世事一场大梦，人生几度秋凉。",
    time: "10:16"
  }
]

export const WE_CHAT_COLOR: string = "#ededed"
```

14.2.4 定义样式

在model目录下创建CommonStyle.ets作为样式类。在该类中定义标题的样式，代码如下：

```
import {WE_CHAT_COLOR} from './WeChatData'

@Component
export struct WeChatTitle {
  private text: string = "";

  build() {
    Flex({ alignItems: ItemAlign.Center, justifyContent: FlexAlign.Center }) {
      Text(this.text).fontSize('18fp').padding('20px')
    }.height('120px').backgroundColor(WE_CHAT_COLOR)
  }
}
```

在CommonStyle中定义沟通记录的样式，代码如下：

```
@Component
export struct ChatItemStyle {
  weChatImage: string = "";
  weChatName: string = "";
  chatInfo: string = "";
  time: string = "";
```

```
    build() {
      Column() {
        Flex({ alignItems: ItemAlign.Center, justifyContent: FlexAlign.Start }) {
          Image($rawfile(this.weChatImage)).width('120px').height('120px').margin({ left: 
'50px', right: "50px" })

          Column() {
            Text(this.weChatName).fontSize('16fp')

Text(this.chatInfo).fontSize('12fp').width('620px').fontColor("#c2bec2").maxLines(1)
          }.alignItems(HorizontalAlign.Start).flexGrow(1)

          Text(this.time).fontSize('12fp')
            .margin({ right: "50px" }).fontColor("#c2bec2")

        }
        .height('180px')
        .width('100%')

        Row() {
          Text().width('190px').height('3px')
          Divider()
            .vertical(false)
            .color(WE_CHAT_COLOR)
            .strokeWidth('3px')
        }
        .height('3px')
        .width('100%')
      }

    }
  }
```

最终，沟通记录的样式效果图如图14-5所示。

图 14-5　沟通记录的样式效果图

14.3　实战："联系人"页面

本节演示如何实现"联系人"页面。"联系人"页面主要是展示联系人列表，列表的每个项都包含联系人头像、联系人名称。因此，实现方式与"微信"页面类似。

14.3.1　创建"联系人"页面 ContactPage

在pages创建ContactPage.ets作为"联系人"页面。"联系人"页面主要分为标题栏及联系人列表，因此，核心的代码也分为这两部分。代码如下：

```
import {ContactItemStyle, WeChatTitle} from '../model/CommonStyle'
import {Person} from '../model/Person'
import { CONTACTS, WE_CHAT_COLOR} from '../model/WeChatData'
```

```
@Component
export struct ContactPage {
  build() {
    Column() {
      // 标题
      WeChatTitle({ text: "通讯录" })

      // 列表
      Scroll() {
        Column() {
          // 固定列表
          ContactItemStyle({ imageSrc: "new_friend.png", text: "新的朋友" })
          ContactItemStyle({ imageSrc: "group.png", text: "群聊" })
          ContactItemStyle({ imageSrc: "biaoqian.png", text: "标签" })
          ContactItemStyle({ imageSrc: "gonzh.png", text: "公众号" })

          // 企业联系人
          Text("      我的企业及企业联系人").fontSize('12fp').backgroundColor
(WE_CHAT_COLOR).height('80px').width('100%')
          ContactItemStyle({ imageSrc: "qiye.png", text: "企业微信联系人" })

          // 微信好友
          Text("      我的微信好友").fontSize('12fp').backgroundColor(WE_CHAT_COLOR).
height('80px').width('100%')
          List() {
            ForEach(CONTACTS, (item: Person) => {
              ListItem() {
                ContactItemStyle({ imageSrc: item.weChatImage, text: item.weChatName })
              }
            }, (item: Person) => item.id.toString())
          }
        }
      }

    }.alignItems(HorizontalAlign.Start)
    .width('100%')
    .height('100%')
  }
}
```

联系人列表又细分为3个部分：分类、企业联系人、微信好友。

14.3.2　定义样式

在CommonStyle中定义联系人的样式，代码如下：

```
@Component
export struct ContactItemStyle {
  private imageSrc: string = "";
  private text: string = "";

  build() {
    Column() {
      Flex({ alignItems: ItemAlign.Center, justifyContent: FlexAlign.Center }) {
        Image($rawfile(this.imageSrc)).width('100px').height('100px').margin({ left:
'50px' })
        Text(this.text).fontSize('15vp').margin({ left: '40px' }).flexGrow(1)
      }
```

```
      .height('150px')
      .width('100%')

      Row() {
        Text().width('190px').height('3px')
        Divider()
          .vertical(false)
          .color(WE_CHAT_COLOR)
          .strokeWidth('3px')
      }
      .height('3px')
      .width('100%')
    }
  }
}
```

最终，联系人的样式效果图如图14-6所示。

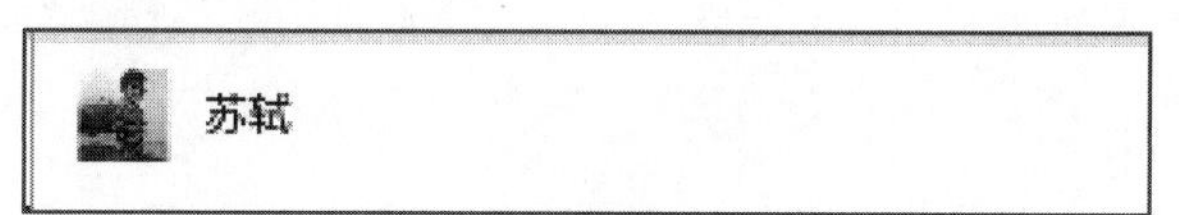

图 14-6　联系人的样式效果图

14.4　实战："发现"页面

本节演示如何实现"发现"页面。"发现"页面是微信进入其他子程序的入口，每个子程序本质上也是一个列表项。

14.4.1　创建"发现"页面 DiscoveryPage

在pages创建DiscoveryPage.ets作为"发现"页面。"发现"页面主要分为标题栏及子程序列表，因此，核心的代码也分为这两部分。代码如下：

```
import {WeChatItemStyle, MyDivider, WeChatTitle} from '../model/CommonStyle'

@Component
export struct DiscoveryPage {
  build() {
    Column() {
      // 标题
      WeChatTitle({ text: "发现" })

      // 列表
      WeChatItemStyle({ imageSrc: "moments.png", text: "朋友圈" })
      MyDivider()

      WeChatItemStyle({ imageSrc: "shipinghao.png", text: "视频号" })
      MyDivider({ style: '1' })
      WeChatItemStyle({ imageSrc: "zb.png", text: "直播" })
      MyDivider()

      WeChatItemStyle({ imageSrc: "sys.png", text: "扫一扫" })
      MyDivider({ style: '1' })
      WeChatItemStyle({ imageSrc: "yyy.png", text: "摇一摇" })
```

```
        MyDivider()

        WeChatItemStyle({ imageSrc: "kyk.png", text: "看一看" })
        MyDivider({ style: '1' })
        WeChatItemStyle({ imageSrc: "souyisou.png", text: "搜一搜" })
        MyDivider()

        WeChatItemStyle({ imageSrc: "fujin.png", text: "附近" })
        MyDivider()

        WeChatItemStyle({ imageSrc: "gw.png", text: "购物" })
        MyDivider({ style: '1' })
        WeChatItemStyle({ imageSrc: "game.png", text: "游戏" })
        MyDivider()

        WeChatItemStyle({ imageSrc: "xcx.png", text: "小程序" })
        MyDivider()
      }.alignItems(HorizontalAlign.Start)
      .width('100%')
      .height('100%')
    }
  }
```

子程序用WeChatItemStyle定义样式，并通过MyDivider来进行分割。

14.4.2 定义样式

在CommonStyle中定义子程序的样式，代码如下：

```
@Component
export struct WeChatItemStyle {
  private imageSrc: string = "";
  private text: string = "";
  private arrow: string = "arrow.png"

  build() {
    Column() {
      Flex({ alignItems: ItemAlign.Center, justifyContent: FlexAlign.Center }) {
        Image($rawfile(this.imageSrc)).width('75px').height('75px').margin({ left:
'50px' })
        Text(this.text).fontSize('15vp').margin({ left: '40px' }).flexGrow(1)
        Image($rawfile(this.arrow))
          .margin({ right: '40px' })
          .width('75px')
          .height('75px')
      }
      .height('150px')
      .width('100%')
    }.onClick(() => {
      if (this.text === "视频号") {
        router.push({ uri: 'pages/VideoPage' })
      }
    })
  }
}
```

子程序主要由3部分组成：图标、名称及箭头。

在CommonStyle中定义分隔线的样式，代码如下：

```
@Component
export struct MyDivider {
  private style: string = ""

  build() {
    Row() {
      Divider()
        .vertical(false)
        .color(WE_CHAT_COLOR)
        .strokeWidth(this.style == "1" ? '3px' : '23px')
    }
    .height(this.style == "1" ? '3px' : '23px')
    .width('100%')
  }
}
```

最终，子程序的样式效果图如图14-7所示。

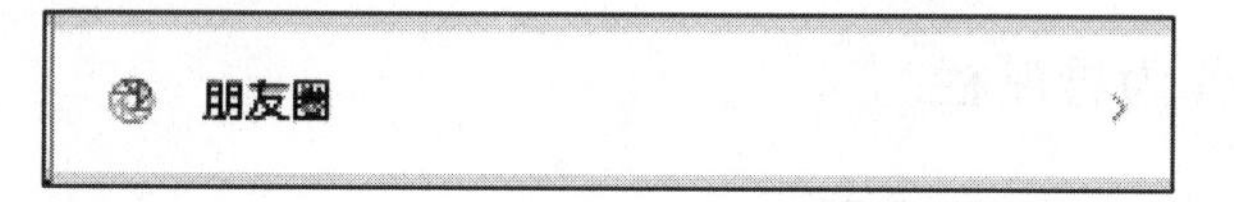

图 14-7　“发现”的样式效果图

14.5　实战：“我”页面

本节演示如何实现“我”页面。“我”页面是展示用户个人的信息。

在pages创建MyPage.ets作为“我”页面。“我”页面主要分为用户信息部分及菜单列表，因此，核心的代码也分为这两部分。代码如下：

```
import {WeChatItemStyle, MyDivider} from '../model/CommonStyle'

@Component
export struct MyPage {
  private imageTitle: string = "title.png"

  build() {
    Column() {
      // 用户信息部分
      Image($rawfile(this.imageTitle)).height(144).width('100%')

      // 列表
      WeChatItemStyle({ imageSrc: "pay.png", text: "服务" })
      MyDivider()

      WeChatItemStyle({ imageSrc: "favorites.png", text: "收藏" })
      MyDivider({ style: '1' })
      WeChatItemStyle({ imageSrc: "moments2.png", text: "朋友圈" })
      MyDivider({ style: '1' })
      WeChatItemStyle({ imageSrc: "video.png", text: "视频号" })
      MyDivider({ style: '1' })
      WeChatItemStyle({ imageSrc: "card.png", text: "卡包" })
      MyDivider({ style: '1' })
      WeChatItemStyle({ imageSrc: "emoticon.png", text: "表情" })
      MyDivider()
```

```
      WeChatItemStyle({ imageSrc: "setting.png", text: "设置" })
      MyDivider()
    }.alignItems(HorizontalAlign.Start)
    .width('100%')
    .height('100%')
  }
}
```

与“发现”页面的子程序类似，“我”页面同样也是使用了WeChatItemStyle、MyDivider。

14.6 实战：组装所有页面

在应用的Index页面，我们需要将微信、联系人、发现、我4个页面组装在一起，并实现自由切换。此时，就可以使用HarmonyOS的Tabs组件作为导航栏。

14.6.1 Tabs 组件作为导航栏

Tabs组件作为导航栏，代码实现如下：

```
import { ChatPage } from './ChatPage'
import { ContactPage } from './ContactPage'
import { DiscoveryPage } from './DiscoveryPage'
import { MyPage } from './MyPage'

@Entry
@Component
struct Index {
  @Provide currentPage: number = 0
  @State currentIndex: number = 0;

  build() {
    Column() {
      Tabs({
        index: this.currentIndex,
        barPosition: BarPosition.End
      }) {
        TabContent() {
          ChatPage()
        }
        .tabBar(this.TabBuilder('微信', 0, $r('app.media.wechat2'), $r('app.media.wechat1')))

        TabContent() {
          ContactPage()
        }
        .tabBar(this.TabBuilder('联系人', 1, $r('app.media.contacts2'),
$r('app.media.contacts1')))

        TabContent() {
          DiscoveryPage()
        }
        .tabBar(this.TabBuilder('发现', 2, $r('app.media.find2'), $r('app.media.find1')))

        TabContent() {
          MyPage()
        }
        .tabBar(
```

```
            this.TabBuilder('我', 3, $r('app.media.me2'), $r('app.media.me1'))
          )
        }
        .barMode(BarMode.Fixed)
        .onChange((index: number) => {
          this.currentIndex = index;
        })
      }
    }

    // ...

  }
```

对于底部导航栏，一般作为应用主页面功能区分，为了提升用户体验，我们会组合文字以及对应语义图标表示页签内容。在这种情况下，需要自定义导航页签的样式。代码如下：

```
  @Builder TabBuilder(title: string, targetIndex: number, selectedImg: Resource, normalImg: Resource) {
    Column() {
      Image(this.currentIndex === targetIndex ? selectedImg : normalImg)
        .size({ width: 25, height: 25 })
      Text(title)
        .fontColor(this.currentIndex === targetIndex ? '#1698CE' : '#6B6B6B')
    }
    .width('100%')
    .height(50)
    .justifyContent(FlexAlign.Center)
  }
```

导航栏在选中时会呈现出高亮的效果，如图14-8所示。

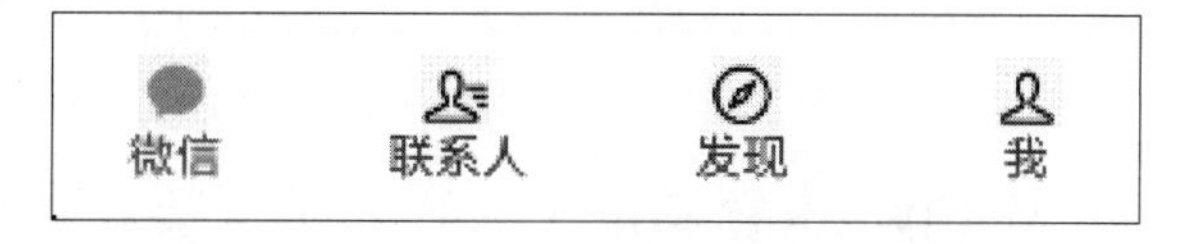

图 14-8　导航栏效果图

14.6.2　Swiper 组件实现页面滑动

除了通过底部导航栏实现页面切换外，还可以使用Swiper组件来左右滑动页面从而实现页面切换。代码如下：

```
  @Component
  struct HomeTopPage {
    @Consume currentPage: number

    build() {
      Swiper() {
        ChatPage()
        ContactPage()
        DiscoveryPage()
        MyPage()
      }
      .onChange((index: number) => {
        this.currentPage = index
      })
      .index(this.currentPage)
```

```
      .loop(false)
      .indicator(false)
      .width('100%')
      .height('100%')
    }
  }
```

14.7　本章小结

本章将基于HarmonyOS提供的组件实现了类似于微信界面效果的应用，该应用主要使用了Flex、Tabs、Column、TabBuilder、Image、Text、Swiper等组件，希望读者能掌握这些组件在实际开发中的应用。

14.8　上机练习：实现一个仿微信界面效果的应用

任务要求：参考本章所学的知识，实现一个仿微信界面效果的应用，功能包括微信、联系人、发现、我等4个页面。

练习步骤：

（1）实现“微信”页面。
（2）实现“联系人”页面。
（3）实现“发现”页面。
（4）实现“我”页面。
（5）组装所有页面。

代码参考配书资源中的“ArkUIWeChat”应用。

第 15 章

综合实战（2）：一多图片查看器

在第12章，已经初步介绍了“一多”的定义、目标等，并且从UX设计角度，快速开发出适配多种类型设备的图片查看器的UI原型。

本章基于图片查看器的UI原型，继续深入介绍如何实现图片查看器的完整功能。

15.1　UX 设计

本小节将以图片查看器为例，介绍如何使用自适应布局能力和响应式布局能力以适配不同尺寸的窗口，从而实现“一多”功能。

本节示例源码可以在本书配套资源中的“ArkTSMultiPicture”应用中找到。

图片查看器的UX设计从最初的设计阶段开始就拉通综合考虑到多设备适配。默认设备和平板电脑对应于小设备、中设备及大设备，本示例以这3类设备场景为例，介绍不同设备上的UX设计。一个典型的图片查看器的小设备、中设备及大设备的UX设计如图15-1~图15-3所示。

图 15-1　图片查看器的小设备 UX 设计

图 15-2　图片查看器的中设备 UX 设计

图 15-3　图片查看器的大设备 UX 设计

从图片查看器在各设备上的UX设计图中，可以观察到不同尺寸下的页面设计有较多相似的地方。各组成部分在不同设备下的显示位置如图15-4所示。

图 15-4　图片查看器的大设备 UX 设计

从图15-4可以看出小设备和大设备的UX差异性。小设备的操作栏位于底部，而大设备的操作栏则位于顶部右侧。

15.2　架构设计

图片查看器采用HarmonyOS“一多”所推荐的三层工程结构，整个应用结构分为common、features、product三层。工程结构如图15-5所示。

其中：

- commons: 公共特性目录，用于存放公共的类、工具等。
- features: 功能目录，用于存放业务功能，比如本章所要介绍的图片查看功能。
- product: 产品层目录，用于存放不同设备差异性的部分。

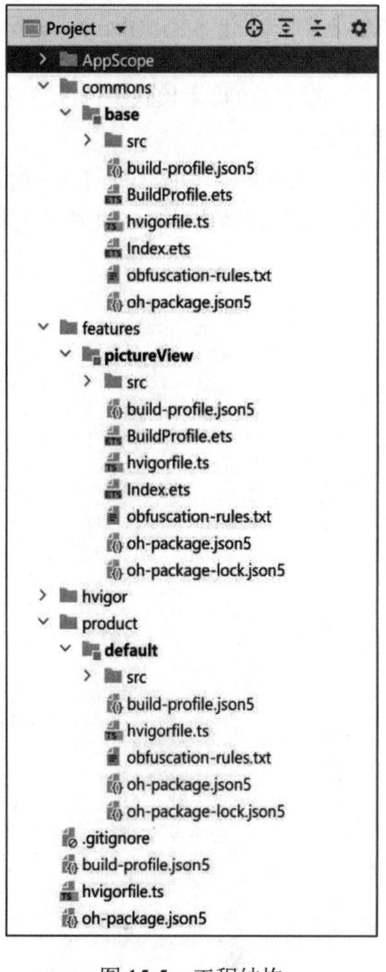

图 15-5　工程结构

15.2.1　模块的依赖关系

推荐在common目录中存放基础公共代码，features目录中存放相对独立的功能模块代码，product目录中存放完全独立的产品代码。这样在product目录中的模块，可用依赖features和commons中的公共代码来实现功能，最大程度实现代码复用。

配置依赖关系可以通过修改模块中的oh-package.json5文件。如下代码所示，通过修改default模块中的oh-package.json5文件，使其可以使用commons目录下的base模块，以及features目录下的pictureView模块：

```
{
  "license": "",
  "devDependencies": {},
  "author": "",
  "name": "default",
  "description": "图片查看器.",
  "main": "",
  "version": "1.0.0",
  "dependencies": {
    "@ohos/commons": "file:../../commons/base",
    "@ohos/view": "file:../../features/pictureView"
  }
}
```

同样地，修改features模块中的oh-package.json5文件，使其可以使用commons目录下的base模块中的代码：

```
{
  "license": "",
  "devDependencies": {},
  "author": "",
  "name": "pictureview",
  "description": "图片查看功能.",
  "main": "Index.ets",
  "version": "1.0.0",
  "dependencies": {
    "@ohos/commons": "file:../../commons/base"
  }
}
```

修改oh-package.json5文件后，请单击菜单栏的“Build→Rebuild Project”来执行模块的安装及工程的构建。

15.2.2 修改 Module 类型及其设备类型

通过修改每个模块中的配置文件module.json5对模块进行配置，配置文件中各字段含义详见配置文件说明。

将default模块的deviceTypes配置为["phone", "tablet", "2in1"]，同时将其type字段配置为entry。即default模块编译出的HAP能在手机、折叠屏手机和平板电脑上安装和运行。

```
{
  "module": {
    "name": "default",
    "type": "entry",
    "description": "$string:module_desc",
    "mainElement": "DefaultAbility",
    "deviceTypes": [
      "phone",
      "tablet",
      "2in1"
    ],
    "deliveryWithInstall": true,
    "installationFree": false,
    "pages": "$profile:main_pages",
    "abilities": [
      {
        "name": "DefaultAbility",
        "srcEntry": "./ets/defaultability/DefaultAbility.ets",
        "description": "$string:PhoneAbility_desc",
        "icon": "$media:icon",
        "label": "$string:PhoneAbility_label",
        "startWindowIcon": "$media:startIcon",
        "startWindowBackground": "$color:start_window_background",
        "minWindowWidth": 330,
        "minWindowHeight": 600,
        "exported": true,
        "skills": [
          {
            "entities": [
              "entity.system.home"
            ],
            "actions": [
              "action.system.home"
            ]
          }
        ]
      }
    ]
  }
}
```

同样地，将pictureView模块和base模块的deviceTypes也要配置为["phone", "tablet", "2in1"]。

pictureView模块module.json5文件如下：

```
{
  "module": {
    "name": "pictureView",
    "type": "har",
    "deviceTypes": [
```

```
      "phone",
      "tablet",
      "2in1"
    ]
  }
}
```

base模块module.json5文件如下：

```
{
  "module": {
    "name": "base",
    "type": "har",
    "deviceTypes": [
      "phone",
      "tablet",
      "2in1"
    ]
  }
}
```

15.3　pictureView 模块实现

本节演示图片查看器的核心pictureView模块的实现。

15.3.1　实现顶部区域

顶部区域view/TopBar.ets代码实现如下：

```
import { BaseConstants, BreakpointConstants } from '@ohos/commons';
import PictureViewConstants, { ActionInterface } from
'../constants/PictureViewConstants';

const TITLE: string = '图片预览器';

/**
 * 顶部区域
 */
@Preview
@Component
export struct TopBar {
  @StorageLink('currentBreakpoint') currentBp: string =
BreakpointConstants.BREAKPOINT_MD;

  build() {
    Flex({
      direction: FlexDirection.Row,
      alignItems: ItemAlign.Center,
    }) {
      Column() {
        Flex({
          justifyContent: FlexAlign.SpaceBetween,
          direction: FlexDirection.Row,
          alignItems: ItemAlign.Stretch
        }) {
          Row() {
            Column() {
```

```
          Text(TITLE)
            .fontFamily(BaseConstants.FONT_FAMILY_MEDIUM)
            .fontSize(BaseConstants.FONT_SIZE_TWENTY)
            .fontWeight(BaseConstants.FONT_WEIGHT_FIVE)
        }
        .alignItems(HorizontalAlign.Start)
      }

      Row() {
        // 仅在大设备上显示操作按钮
        if (this.currentBp === BreakpointConstants.BREAKPOINT_LG) {
          ForEach(PictureViewConstants.ACTIONS, (item: ActionInterface) => {
            Image(item.icon)
              .height(BaseConstants.DEFAULT_ICON_SIZE)
              .width(BaseConstants.DEFAULT_ICON_SIZE)
              .margin({ left: $r('app.float.detail_image_left') })
          }, (item: ActionInterface, index: number) => index + JSON.stringify(item))
        }
      }
    }
  }
}
.height($r('app.float.top_bar_height'))
.margin({
  top: $r('app.float.top_bar_top'),
  bottom: $r('app.float.top_bar_bottom'),
  left: $r('app.float.top_bar_left'),
  right: $r('app.float.top_bar_right')
})
}
}
```

顶部区域主要实现两部分内容：左侧的应用标题及右侧的操作栏。其中，操作栏是通过currentBreakpoint来判断设备类型，从而决定是否需要显示。

- 当是大设备（BreakpointConstants.BREAKPOINT_LG）时，操作栏会显示。
- 其他设备则不显示。

15.3.2 实现中部图片显示区

中部图片显示区view/CenterPart.ets代码实现如下：

```
import { BreakpointConstants } from '@ohos/commons';
import { Adaptive } from '../viewmodel/Adaptive'

const FINGER_NUM: number = 2

/**
 * 中部图片显示区
 */
@Component
export struct CenterPart {
  @StorageLink('currentBreakpoint') currentBreakpoint: string =
BreakpointConstants.BREAKPOINT_MD;
  @State scaleValue: number = 1;
  @State pinchValue: number = 1;
  @Link selectedPhoto: Resource;
```

```
    build() {
      Flex({ direction: FlexDirection.Column }) {
        Blank()
        Row() {
          Column() {
            // 绑定选中的图片
            Image(this.selectedPhoto)
              .autoResize(true)
          }
        }
        .height(Adaptive.PICTURE_HEIGHT(this.currentBreakpoint))
        .width(Adaptive.PICTURE_WIDTH(this.currentBreakpoint))
        .scale({ x: this.scaleValue, y: this.scaleValue, z: 1 })
        // 设置2指缩放
        .gesture(PinchGesture({ fingers: FINGER_NUM })
          .onActionUpdate((event: GestureEvent | undefined) => {
            if (event) {
              this.scaleValue = this.pinchValue * event.scale;
            }
          })
          .onActionEnd(() => {
            this.pinchValue = this.scaleValue;
          }))

        Blank()// 针对小设备设置
          .height(this.currentBreakpoint === BreakpointConstants.BREAKPOINT_SM ?
$r('app.float.center_blank_height_lg') :
            0)
      }
      .margin({
        top: $r('app.float.center_margin_top'),
        bottom: $r('app.float.center_margin_bottom')
      })
    }
  }
```

中部图片显示区主要是用于显示图片预览列表所选中的图片。特别地，针对小设备还需要设置Blank组件的高度。

15.3.3 实现图片预览列表

图片预览列表view/PreviewList.ets代码实现如下：

```
  import { BreakpointConstants } from '@ohos/commons';
  import PictureViewConstants from '../constants/PictureViewConstants';

  const IMAGE_ASPECT_RATIO: number = 0.5;

  /**
   * 图片预览列表
   */
  @Component
  export struct PreviewList {
    @StorageLink('currentBreakpoint') currentBreakpoint: string =
BreakpointConstants.BREAKPOINT_MD;
    @Link selectedPhoto: Resource;

    build() {
```

```
      List({ initialIndex: 1 }) {
        ForEach(PictureViewConstants.PICTURES, (item: Resource) => {
          ListItem() {
            Image(item)
              .height($r('app.float.list_image_height'))
              .aspectRatio(IMAGE_ASPECT_RATIO)
              .autoResize(true)
              .margin({ left: $r('app.float.list_image_margin_left') })
              .onClick(()=>{
                this.selectedPhoto = item;
              })
          }
        }, (item: Resource, index: number) => index + JSON.stringify(item))
      }
      .height($r('app.float.list_image_height'))
      .padding({
        top: $r('app.float.list_margin_top'),
        bottom: $r('app.float.list_margin_bottom')
      })
      .listDirection(Axis.Horizontal)
      .scrollSnapAlign(ScrollSnapAlign.CENTER)
      .scrollBar(BarState.Off)
    }
  }
```

上述代码中，通过ForEach语句，将定义在PictureViewConstants.PICTURES里面的图片资源渲染为图片预览列表。

设置onClick()单击事件。当单击图片预览列表中的图片时，将该图片设置为已选中的图片，并通过@Link将选中的图片同步给CenterPart组件并在中部图片显示区进行显示。

15.3.4 实现底部区域操作栏

底部操作栏view/BottomBar.ets代码实现如下：

```
  import PictureViewConstants, { ActionInterface } from
'../constants/PictureViewConstants';
  import { BaseConstants } from '@ohos/commons';

  /**
   * 底部操作栏
   */
  @Component
  export struct BottomBar {
    build() {
      Flex({
        justifyContent: FlexAlign.Center,
        direction: FlexDirection.Row
      }) {
        ForEach(PictureViewConstants.ACTIONS, (item: ActionInterface) => {
          Column() {
            Image(item.icon)
              .height(BaseConstants.DEFAULT_ICON_SIZE)
              .width(BaseConstants.DEFAULT_ICON_SIZE)
            Text(item.icon_name)
              .fontFamily(BaseConstants.FONT_FAMILY_NORMAL)
              .fontSize(BaseConstants.FONT_SIZE_TEN)
              .fontWeight(BaseConstants.FONT_WEIGHT_FOUR)
```

```
          .padding({ top: $r('app.float.icon_padding_top') })
        }
        .width(PictureViewConstants.ICON_LIST_WIDTH)
      }, (item: ActionInterface, index: number) => index + JSON.stringify(item))
    }
    .height($r('app.float.icon_list_height'))
  }
}
```

上述代码中，通过ForEach语句，将定义在PictureViewConstants.ACTIONS里面的操作按钮渲染为操作栏。

需要注意的是，底部操作栏UI只在小设备和中设备中显示。因此，需要判断设备类型来决定是否显示底部操作栏，pages/PictureViewIndex.ets代码如下：

```
import { TopBar } from '../view/TopBar';
import { CenterPart } from '../view/CenterPart';
import { BottomBar } from '../view/BottomBar';
import { PreviewList } from '../view/PreviewList';
import { BaseConstants, BreakpointConstants } from '@ohos/commons';
import { deviceInfo } from '@kit.BasicServicesKit';

/**
 * 预览器主页
 */
@Entry
@Preview
@Component
export struct PictureViewIndex {
  @StorageLink('currentBreakpoint') currentBreakpoint: string =
BreakpointConstants.BREAKPOINT_MD;
  @State selectedPhoto: Resource = $r('app.media.photo');

  build() {
    Column() {
      Flex({
        direction: FlexDirection.Column,
        alignItems: ItemAlign.Center
      }) {
        // 顶部区域
        TopBar()

        // 中部图片显示区
        CenterPart({ selectedPhoto: this.selectedPhoto })
          .flexGrow(1)

        // 图片预览列表
        PreviewList({ selectedPhoto: this.selectedPhoto })

        // 非大设备，则显示底部操作栏
        if (this.currentBreakpoint !== BreakpointConstants.BREAKPOINT_LG) {
          BottomBar()
        }
      }.padding({
        // 针对2in1设置
        top: deviceInfo.deviceType === BaseConstants.DEVICE_2IN1 ? $r('app.float.zero') :
        $r('app.float.device_padding_top'),

        // 针对非2in1设置
```

```
          bottom: deviceInfo.deviceType !== BaseConstants.DEVICE_2IN1 ?
$r('app.float.tab_content_pb') :
          $r('app.float.zero')
        })
      }
      .height(BaseConstants.FULL_HEIGHT)
      .width(BaseConstants.FULL_WIDTH)
    }
  }
```

15.3.5　尺寸适配

viewmodel/Adaptive.ets实现了尺寸适配：

```
import { BaseConstants as Constants, BreakpointType } from '@ohos/commons';
import PictureViewConstants from '../constants/PictureViewConstants';

/**
 * 尺寸适配
 */
export class Adaptive {
  static PICTURE_HEIGHT = (currentBreakpoint: string): string => {
    return new BreakpointType(
      PictureViewConstants.PICTURE_HEIGHT_SM,
      PictureViewConstants.PICTURE_HEIGHT_MD,
      PictureViewConstants.PICTURE_HEIGHT_LG,
    ).GetValue(currentBreakpoint);
  };
  static PICTURE_WIDTH = (currentBreakpoint: string): string => {
    return new BreakpointType(
      PictureViewConstants.PICTURE_WIDTH_SM,
      PictureViewConstants.PICTURE_WIDTH_MD,
      PictureViewConstants.PICTURE_WIDTH_LG,
    ).GetValue(currentBreakpoint);
  };
}
```

15.3.6　常量和接口

pictureView模块实现提供的常量和接口定义在constants/PictureViewConstants.ets文件中，代码如下：

```
/**
 * 常量
 */
export interface ActionInterface {
  icon: Resource
  icon_name: string
}

export default class PictureViewConstants {
  /**
   * Picture size.
   */
  static PICTURE_HEIGHT_SM = '88%';
  static PICTURE_HEIGHT_MD = '100%';
  static PICTURE_HEIGHT_LG = '100%';
  static PICTURE_WIDTH_SM = '100%';
  static PICTURE_WIDTH_MD = '84.5%';
  static PICTURE_WIDTH_LG = '46.9%';
  static readonly ICON_LIST_WIDTH = "18%";
```

```
/**
 * Actions.
 */
static ACTIONS: ActionInterface[] = [
  {
    icon: $r('app.media.ic_public_share'), icon_name: "分享"
  },
  {
    icon: $r('app.media.ic_public_favor'), icon_name: "收藏"
  },
  {
    icon: $r("app.media.ic_gallery_public_details_4"), icon_name: "编辑"
  },
  {
    icon: $r("app.media.ic_gallery_public_details_5"), icon_name: "删除"
  },
  {
    icon: $r('app.media.ic_public_more'), icon_name: "更多"
  }
];
/**
 * Pictures.
 */
static readonly PICTURES: Resource[] = [
  $r('app.media.photo1'),
  $r('app.media.photo2'),
  $r('app.media.photo3'),
  $r('app.media.photo4'),
  $r('app.media.photo5'),
  $r('app.media.photo6'),
  $r('app.media.photo7'),
  $r('app.media.photo8'),
  $r('app.media.photo9'),
  $r('app.media.photo1'),
  $r('app.media.photo2'),
  $r('app.media.photo3'),
  $r('app.media.photo4'),
  $r('app.media.photo5'),
  $r('app.media.photo6'),
  $r('app.media.photo7'),
  $r('app.media.photo8'),
  $r('app.media.photo9'),
  $r('app.media.photo1'),
  $r('app.media.photo2'),
  $r('app.media.photo3'),
  $r('app.media.photo4'),
  $r('app.media.photo5'),
  $r('app.media.photo6'),
  $r('app.media.photo7'),
  $r('app.media.photo8'),
  $r('app.media.photo9'),
  $r('app.media.photo1'),
  $r('app.media.photo2'),
  $r('app.media.photo3'),
  $r('app.media.photo4'),
  $r('app.media.photo5'),
  $r('app.media.photo6'),
  $r('app.media.photo7'),
  $r('app.media.photo8'),
```

```
    $r('app.media.photo9'),
    $r('app.media.photo1'),
    $r('app.media.photo2'),
    $r('app.media.photo3'),
    $r('app.media.photo4'),
    $r('app.media.photo5'),
    $r('app.media.photo6'),
    $r('app.media.photo7'),
    $r('app.media.photo8'),
    $r('app.media.photo9'),
    $r('app.media.photo1'),
    $r('app.media.photo2'),
    $r('app.media.photo3'),
    $r('app.media.photo4'),
    $r('app.media.photo5'),
    $r('app.media.photo6'),
    $r('app.media.photo7'),
    $r('app.media.photo8'),
    $r('app.media.photo9')
  ];
}
```

15.4　base 模块实现

本节介绍base模块核心代码的实现。base模块主要是提供应用的常量和工具类。

15.4.1　基础常量类

constants/BaseConstants.ets是基础常量类，定义了尺寸、样式、设备类型等，代码如下：

```
/**
 * 基础常量
 */
export class BaseConstants {
  /**
   * Component size.
   */
  static readonly FULL_HEIGHT: string = '100%';
  static readonly FULL_WIDTH: string = '100%';
  /**
   * Text property.
   */
  static readonly FONT_FAMILY_NORMAL: Resource = $r('app.float.font_family_normal');
  static readonly FONT_FAMILY_MEDIUM: Resource = $r('app.float.font_family_medium');
  static readonly FONT_WEIGHT_FIVE: number = 500;
  static readonly FONT_WEIGHT_FOUR: number = 400;
  static readonly FONT_SIZE_TEN: Resource = $r('app.float.font_size_ten');
  static readonly FONT_SIZE_TWENTY: Resource = $r('app.float.font_size_twenty');
  /**
   * Default icon size.
   */
  static readonly DEFAULT_ICON_SIZE: number = 24;
  /**
   * Device 2in1.
   */
  static readonly DEVICE_2IN1: string = '2in1';
}
```

15.4.2　设备类型常量

constants/BreakpointConstants.ets是设备类型常量类，定义了尺寸、样式、设备类型等，代码如下：

```
/**
 * 设备类型常量
 */
export class BreakpointConstants {
  /**
   * 小设备
   */
  static readonly BREAKPOINT_SM: string = 'sm';
  /**
   * 中设备
   */
  static readonly BREAKPOINT_MD: string = 'md';
  /**
   * 大设备
   */
  static readonly BREAKPOINT_LG: string = 'lg';
  /**
   * 屏幕宽度范围
   */
  static readonly BREAKPOINT_SCOPE: number[] = [0, 320, 600, 840];
}
```

15.4.3　设备尺寸类型

utils/BreakpointType.ets是设备尺寸类型类，定义了应用中所支持的所要设备尺寸，代码如下：

```
import { BreakpointConstants } from '../constants/BreakpointConstants';

/**
 * 设备尺寸类型
 */
export class BreakpointType<T> {
  sm: T;
  md: T;
  lg: T;

  constructor(sm: T, md: T, lg: T) {
    this.sm = sm;
    this.md = md;
    this.lg = lg;
  }

  GetValue(currentBreakpoint: string): T {
    if (currentBreakpoint === BreakpointConstants.BREAKPOINT_MD) {
      return this.md;
    } else if (currentBreakpoint === BreakpointConstants.BREAKPOINT_LG) {
      return this.lg;
    } else {
      return this.sm;
    }
  }
}
```

15.5 default 模块实现

default模块实现独立的产品代码。本应用可支持在小设备（比如手机）、中设备（比如折叠屏手机）、大设备（比如平板电脑）上运行。

15.5.1 图片查看器主页

图片查看器主页pages/Index.ets代码如下：

```
import { PictureViewIndex } from '@ohos/view';

/**
 * 图片查看器主页
 */
@Entry
@Component
struct Index {
  build() {
    Column() {
      PictureViewIndex()
    }
  }
}
```

可以看到，图片查看器主页并没有太多代码，是直接依赖于pictureView模块的实现。

15.5.2 计算设备的类型

设备的宽度并不是一成不变的，比如折叠屏手机，在折叠状态属于小设备，而在展开状态下则是中设备，为此以下代码实现了当前设备类型的计算。

为了能够动态计算设备类型，在defaultability/DefaultAbility.ets的onWindowStageCreate()函数中添加如下代码，根据窗口的宽带来计算设备类型：

```
import { BreakpointConstants } from '@ohos/commons/Index';

onWindowStageCreate(windowStage: window.WindowStage): void {
  // Main window is created, set main page for this ability
  hilog.info(0x0000, 'testTag', '%{public}s', 'Ability onWindowStageCreate');

  // 获取窗口对象
  windowStage.getMainWindow((err: BusinessError<void>, data) => {
    let windowObj: window.Window = data;

    // 计算设备的尺寸
    this.updateBreakpoint(windowObj.getWindowProperties().windowRect.width);
    windowObj.on('windowSizeChange', (windowSize: window.Size) => {
      this.updateBreakpoint(windowSize.width);
    })

    if (err.code) {
      hilog.info(0x0000, 'testTag', '%{public}s', 'getMainWindow failed');
      return;
    }
  })
```

```
    windowStage.loadContent('pages/Index', (err, data) => {
      if (err.code) {
        hilog.error(0x0000, 'testTag', 'Failed to load the content. Cause: %{public}s',
JSON.stringify(err) ?? '');
        return;
      }
      hilog.info(0x0000, 'testTag', 'Succeeded in loading the content. Data: %{public}s',
JSON.stringify(data) ?? '');
    });
  }

  // 变更设备类型
  private updateBreakpoint(windowWidth: number) :void{
    let windowWidthVp = windowWidth / display.getDefaultDisplaySync().densityPixels;
    let curBp: string = '';
    if (windowWidthVp < BreakpointConstants.BREAKPOINT_SCOPE[2]) {
      curBp = BreakpointConstants.BREAKPOINT_SM;
    } else if (windowWidthVp < BreakpointConstants.BREAKPOINT_SCOPE[3]) {
      curBp = BreakpointConstants.BREAKPOINT_MD;
    } else {
      curBp = BreakpointConstants.BREAKPOINT_LG;
    }
    AppStorage.setOrCreate('currentBreakpoint', curBp);
  }
```

15.6　本章小结

本章介绍了如何实现图片查看器的完整功能，并且实现了“一次开发，多端部署”的特征。图片查看器的开发内容涉及顶部区域、中部图片显示区、图片预览列表、底部区域操作栏、尺寸适配等。

15.7　上机练习：图片查看器

任务要求：参考本章所学的知识，实现一个图片查看器的应用，并实现“一次开发，多端部署”特征。

练习步骤：

（1）UX设计。
（2）梳理模块的依赖关系。
（3）实现顶部区域。
（4）实现中部图片显示区。
（5）实现图片预览列表。
（6）实现底部区域操作栏。
（7）实现多种设备的尺寸适配。

代码参考配书资源中的“ArkTSMultiPicture”应用。

第 16 章

综合实战（3）：购物应用

本章结合前面所介绍的知识点来实现一个真实的App——购物应用。

16.1 购物应用概述

本章我们最终会构建一个简易的购物应用“ArkUIShopping”，本节首先介绍购物应用。

16.1.1 购物应用功能

购物应用包含两级页面，分别是主页（商品浏览页签、购物车页签、我的页签）和商品详情页面。

虽然只有两个页面，但展示了丰富的HarmonyOS ArkUI框架组件的应用，这些组件的功能和效果图。包括自定义弹窗容器组件（Dialog）、列表组件（List）、滑动容器组件（Swiper）、页签组件（Tabs）、按钮组件（Button）、图片组件（Image）、进度条组件（Progress）、格栅组件（Grid）、单选框组件（Toggle）、可滚动容器组件（Scroll）、弹性布局组件（Flex）、水平布局组件（Row）、垂直布局组件（Column）和路由容器组件（Navigator）。

程序中所用到的资源文件都放置到resources\rawfile目录下。

16.1.2 购物应用效果展示

如图16-1所示是商品浏览页签的效果图。

如图16-2所示是购物车页签的效果图。

如图16-3所示是我的页签的效果图。

如图16-4所示是商品详情页面的效果图。

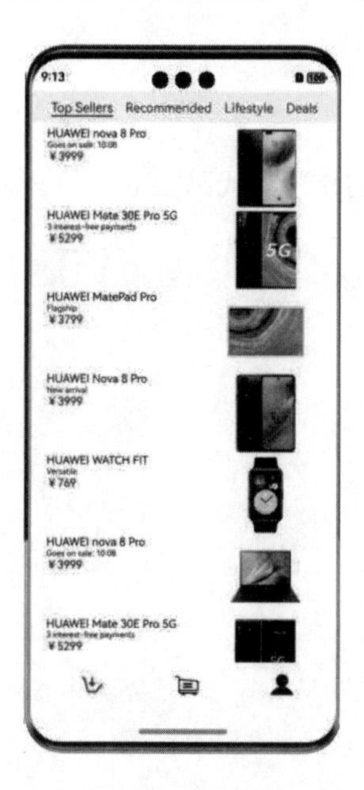

图 16-1　商品浏览页签的效果图

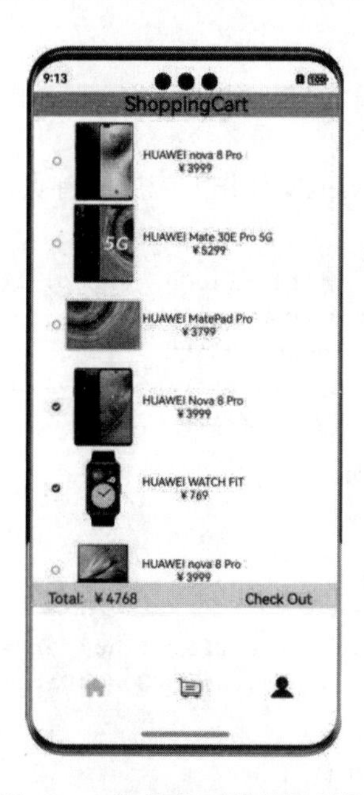

图 16-2　购物车页签的效果图

图 16-3　我的页签的效果图

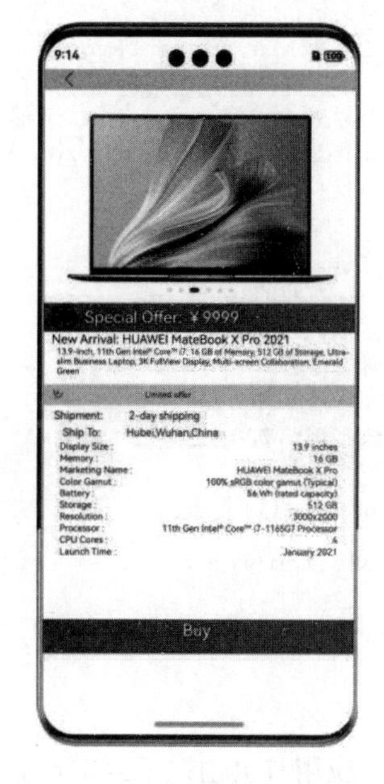

图 16-4　商品详情页面的效果图

16.2　实战：实现商品列表页签

主界面商品列表页签主要由下面3部分组成：

- 顶部的Tabs组件。
- 中间TabContent组件内包含List组件。其中List组件的每个项是一个水平布局，该水平布局又是由一个垂直布局和一个Image组件组成；垂直布局又是由3个Text组件组成。
- 底部的页签导航。

16.2.1 应用首页

pages/Index.ets文件作为应用的首页，起到组装其他子页面的作用。代码如下：

```
import { GoodsData } from '../model/GoodsData'
import { initializeOnStartup, getIconPath, getIconPathSelect } from
'../model/GoodsDataModels'
import { ShoppingCart } from './ShoppingCart'
import { MyInfo } from './MyPage'

/**
 * 应用主页
 */
@Entry
@Component
struct Index {
  @Provide currentPage: number = 1
  private goodsItems: GoodsData[] = initializeOnStartup()

  build() {
    Column() {
      Scroll() {
        Column() {
          if (this.currentPage == 1) {
            // 商品列表页
            GoodsHome({ goodsItems: this.goodsItems })
          } else if (this.currentPage == 2) {
            // 购物车列表
            ShoppingCart()
          } else {
            // 我的
            MyInfo()
          }
        }
        .height(700)
      }
      .flexGrow(1)

      HomeBottom()
    }
    .backgroundColor("white")
  }
}
```

可用看到，应用首页由以下3部分组成：

- 商品列表页。
- 购物车列表页。
- “我的”页。

16.2.2 创建模型

新建一个与pages文件夹同级的model文件夹，并在model目录下新建ArsData.ets、GoodsData.ets、Menu.ets和GoodsDataModels.ets文件，其中ArsData.ets、GoodsData.ets、Menu.ets是数据实体类，GoodsDataModels.ets是存放这3种实体数据集合，并定义了获取各种数据集合的方法。数据实体包含实体的属性和构造方法，可以通过new ArsData()来获取ArsData对象。

ArsData.ets内容如下：

```
export class ArsData {
  id: number = 0;
  title: string = '';
  content: string = '';
}
```

GoodsData.ets内容如下：

```
export class GoodsData {
  id: number = 0;
  title: string = '';
  content: string = '';
  price: number = 0;
  imgSrc: string = '';
}
```

Menu.ets内容如下：

```
export class Menu {
  id: number = 0;
  title: string = '';
  num: number = 0;
}

export class ImageItem {
  id: number = 0;
  title: string = '';
  imageSrc: string = '';
}
```

GoodsDataModels.ets内容如下：

```
import { GoodsData } from './GoodsData'

import { Menu, ImageItem } from './Menu'
import { ArsData } from './ArsData'

export function initializeOnStartup(): Array<GoodsData> {
  return GoodsComposition;
}

export function getIconPath(): Array<string> {
  let IconPath: Array<string> = ['nav/icon-buy.png', 'nav/icon-shopping-cart.png',
'nav/icon-my.png']

  return IconPath;
}

export function getIconPathSelect(): Array<string> {
  let IconPathSelect: Array<string> =
    ['nav/icon-home.png', 'nav/icon-shopping-cart-select.png',
'nav/icon-my-select.png']

  return IconPathSelect;
}

export function getDetailImages(): Array<string> {
  let detailImages: Array<string> =
```

```
      ['computer/computer1.png', 'computer/computer2.png', 'computer/computer3.png',
'computer/computer4.png',
        'computer/computer5.png', 'computer/computer6.png']

    return detailImages;
  }


  export function getMenu(): Array<Menu> {
    return MyMenu;
  }

  export function getTrans(): Array<ImageItem> {
    return MyTrans;
  }

  export function getMore(): Array<ImageItem> {
    return MyMore;
  }

  export function getArs(): Array<ArsData> {
    return ArsList;
  }

  const GoodsComposition: GoodsData[] = [
    {
      "id": 1,
      "title": 'HUAWEI nova 8 Pro ',
      "content": 'Goes on sale: 10:08',
      "price": 3999,
      "imgSrc": 'picture/HW (1).png'
    },
    {
      "id": 2,
      "title": 'HUAWEI Mate 30E Pro 5G',
      "content": '3 interest-free payments ',
      "price": 5299,
      "imgSrc": 'picture/HW (2).png'
    },
    {
      "id": 3,
      "title": 'HUAWEI MatePad Pro',
      "content": 'Flagship ',
      "price": 3799,
      "imgSrc": 'picture/HW (3).png'
    },
    {
      "id": 4,
      "title": 'HUAWEI Nova 8 Pro',
      "content": 'New arrival ',
      "price": 3999,
      "imgSrc": 'picture/HW (4).png'
    },
    {
      "id": 5,
      "title": 'HUAWEI WATCH FIT',
      "content": 'Versatile',
      "price": 769,
      "imgSrc": 'picture/HW (5).png'
```

```
  },
  {
    "id": 6,
    "title": 'HUAWEI nova 8 Pro ',
    "content": 'Goes on sale: 10:08',
    "price": 3999,
    "imgSrc": 'picture/HW (6).png'
  },
  {
    "id": 7,
    "title": 'HUAWEI Mate 30E Pro 5G',
    "content": '3 interest-free payments ',
    "price": 5299,
    "imgSrc": 'picture/HW (7).png'
  },
  {
    "id": 8,
    "title": 'HUAWEI MatePad Pro',
    "content": 'Flagship ',
    "price": 3799,
    "imgSrc": 'picture/HW (8).png'
  },
  {
    "id": 9,
    "title": 'HUAWEI Nova 8 Pro',
    "content": 'New arrival ',
    "price": 3999,
    "imgSrc": 'picture/HW (9).png'
  },
  {
    "id": 10,
    "title": 'HUAWEI WATCH FIT',
    "content": 'Versatile',
    "price": 769,
    "imgSrc": 'picture/HW (10).png'
  }
]

const MyMenu: Menu[] = [
  {
    'id': 1,
    'title': 'Favorites',
    'num': 10
  },
  {
    'id': 2,
    'title': 'Searched',
    'num': 1000
  },
  {
    'id': 3,
    'title': 'Following',
    'num': 100
  },
  {
    'id': 4,
    'title': 'Followers',
    'num': 345
  }
```

```
]

const MyTrans: ImageItem[] = [
  {
    'id': 1,
    'title': 'Post: 520',
    'imageSrc': 'nav/icon-menu-release.png'
  },
  {
    'id': 2,
    'title': 'Sold: 520',
    'imageSrc': 'nav/icon-menu-sell.png'
  },
  {
    'id': 3,
    'title': 'Bought: 10',
    'imageSrc': 'nav/icon-menu-buy.png'
  }
]

const MyMore: ImageItem[] = [
  {
    'id': 1,
    'title': 'Guide',
    'imageSrc': 'nav/icon-menu-buy.png'
  },
  {
    'id': 2,
    'title': 'Create',
    'imageSrc': 'nav/icon-menu-buy.png'
  },
  {
    'id': 3,
    'title': 'Poster',
    'imageSrc': 'nav/icon-menu-buy.png'
  },
  {
    'id': 4,
    'title': 'Games',
    'imageSrc': 'nav/icon-menu-buy.png'
  },
  {
    'id': 5,
    'title': 'Jobber',
    'imageSrc': 'nav/icon-menu-buy.png'
  },
  {
    'id': 6,
    'title': 'Myself',
    'imageSrc': 'nav/icon-menu-buy.png'
  },
  {
    'id': 7,
    'title': 'About',
    'imageSrc': 'nav/icon-menu-buy.png'
  },
  {
    'id': 8,
```

```
    'title': 'Rental',
    'imageSrc': 'nav/icon-menu-buy.png'
  },
  {
    'id': 9,
    'title': 'Author',
    'imageSrc': 'nav/icon-menu-buy.png'
  },

]

const ArsList: ArsData[] = [
  {
    'id': 0,
    'title': 'Display Size',
    'content': '13.9 inches',
  },
  {
    'id': 1,
    'title': 'Memory',
    'content': '16 GB',
  },
  {
    'id': 2,
    'title': 'Marketing Name',
    'content': 'HUAWEI MateBook X Pro',
  },
  {
    'id': 3,
    'title': 'Color Gamut',
    'content': '100% sRGB color gamut (Typical)',
  },
  {
    'id': 4,
    'title': 'Battery',
    'content': '56 Wh (rated capacity)',
  },
  {
    'id': 5,
    'title': 'Storage',
    'content': '512 GB',
  },
  {
    'id': 6,
    'title': 'Resolution',
    'content': '3000x2000',
  },
  {
    'id': 7,
    'title': 'Processor',
    'content': '11th Gen Intel® Core™ i7-1165G7 Processor',
  },
  {
    'id': 8,
    'title': 'CPU Cores',
    'content': '4',
  },
  {
    'id': 9,
```

```
    'title': 'Launch Time',
    'content': 'January 2021',
  }
]
```

16.2.3 创建组件

在Index.ets文件中创建商品列表页签相关的组件，添加GoodsHome代码如下：

```
@Component
struct GoodsHome {
  private goodsItems: GoodsData[] = [];

  build() {
    Column() {
      Tabs() {
        TabContent() {
          GoodsList({ goodsItems: this.goodsItems });
        }
        .tabBar("Top Sellers")
        .backgroundColor(Color.White)

        TabContent() {
          GoodsList({ goodsItems: this.goodsItems });
        }
        .tabBar("Recommended")
        .backgroundColor(Color.White)

        TabContent() {
          GoodsList({ goodsItems: this.goodsItems });
        }
        .tabBar("Lifestyle")
        .backgroundColor(Color.White)

        TabContent() {
          GoodsList({ goodsItems: this.goodsItems });
        }
        .tabBar("Deals")
        .backgroundColor(Color.White)
      }
      .barWidth(500)
      .barHeight(40)
      .scrollable(true)
      .barMode(BarMode.Scrollable)
      .backgroundColor('#F1F3F5')
      .height(700)

    }
    .alignItems(HorizontalAlign.Start)
    .width('100%')
  }
}
```

在GoodsHome中使用Tabs组件，在Tabs组件中设置4个TabContent，给每个TabContent设置tabBar属性，并设置TabContent容器中的内容GoodsList组件，GoodsList组件代码如下：

```
@Component
struct GoodsList {
  private goodsItems: GoodsData[] = [];
```

```
  build() {
    Column() {
      List() {
        ForEach(this.goodsItems, (item: GoodsData) => {
          ListItem() {
            GoodsListItem({ goodsItem: item })
          }
        }, (item: GoodsData) => item.id.toString())
      }
      .height('100%')
      .width('100%')
      .align(Alignment.Top)
      .margin({ top: 5 })
    }
  }
}
```

在GoodsList组件中遍历商品数据集合，ListItem组件中设置组件内容，并使用Navigator组件给每个Item设置顶级跳转路由（会跳转到商品详情页），GoodsListItem组件代码如下：

```
@Component
struct GoodsListItem {
  private goodsItem: GoodsData = new GoodsData();

  build() {
    Navigator({ target: 'pages/ShoppingDetail' }) {
      Row() {
        Column() {
          Text(this.goodsItem.title)
            .fontSize(14)
          Text(this.goodsItem.content)
            .fontSize(10)
          Text('¥' + this.goodsItem.price)
            .fontSize(14)
            .fontColor(Color.Red)
        }
        .height(100)
        .width('50%')
        .margin({ left: 20 })
        .alignItems(HorizontalAlign.Start)

        Image($rawfile(this.goodsItem.imgSrc))
          .objectFit(ImageFit.ScaleDown)
          .height(100)
          .width('40%')
          .renderMode(ImageRenderMode.Original)
          .margin({ right: 10, left: 10 })

      }
      .backgroundColor(Color.White)

    }
    .params({ goodsData: this.goodsItem })
    .margin({ right: 5 })
  }
}
```

从入口组件的代码中可以看出，我们定义了一个全局变量currentPage，并且使用@provide修饰，在其子组件(HomeBottom)中使用@Consume修饰。当子组件currentPage发生变化时，父组件currentPage也会发生变化，重新加载页面，显示不同的页签。在入口组件中，通过initializeOnStartup获取商品列表数据（goodsItems）并传入GoodsHome组件中，HomeBottom组件的代码如下：

```
@Component
struct HomeBottom {
  @Consume currentPage: number
  private iconPathTmp: string[] = getIconPath()
  private iconPathSelectsTmp: string[] = getIconPathSelect()
  @State iconPath: string[] = getIconPath()

  build() {
    Row() {
      List() {
        ForEach(this.iconPath, (item: string) => {
          ListItem() {
            Image($rawfile(item))
              .objectFit(ImageFit.Cover)
              .height(30)
              .width(30)
              .renderMode(ImageRenderMode.Original)
              .onClick(() => {
                if (item == this.iconPath[0]) {
                  this.iconPath[0] = this.iconPathTmp[0]
                  this.iconPath[1] = this.iconPathTmp[1]
                  this.iconPath[2] = this.iconPathTmp[2]
                  this.currentPage = 1
                }
                if (item == this.iconPath[1]) {
                  this.iconPath[0] = this.iconPathSelectsTmp[0]
                  this.iconPath[1] = this.iconPathSelectsTmp[1]
                  this.iconPath[2] = this.iconPathTmp[2]
                  this.currentPage = 2
                }
                if (item == this.iconPath[2]) {
                  this.iconPath[0] = this.iconPathSelectsTmp[0]
                  this.iconPath[1] = this.iconPathTmp[1]
                  this.iconPath[2] = this.iconPathSelectsTmp[2]
                  this.currentPage = 3
                }
              })
          }
          .width(120)
          .height(40)
        }, (item: string) => item)
      }
      .margin({ left: 10 })
      .align(Alignment.BottomStart)
      .listDirection(Axis.Horizontal)
    }
    .alignItems(VerticalAlign.Bottom)
    .height(30)
    .margin({ top: 10, bottom: 10 })
  }
}
```

底部组件是由一个横向的图片列表组成，iconPath是底部初始状态下的3张图片路径数组。遍历iconPath数组，使用Image组件设置图片路径并添加到List中，给每个Image组件设置单击事件，单击更换底部3张图片。在HomeBottom中，iconPath使用的是@State修饰，当iconPath数组内容变化时，页面组件有使用到的地方都会随之发生变化。

16.3　实战：实现购物车页签

主界面购物车页签主要由下面3部分组成：

- 顶部的Text组件。
- 中间的List组件，其中List组件的item是一个水平的布局内包含一个toggle组件，一个Image组件和一个垂直布局，其item中的垂直布局是由2个Text组件组成。
- 底部一个水平布局包含两个Text组件。

构建一个购物车页签，给商品列表的每个商品设置一个单选框，可以选中与取消选中，底部Total值也会随之增加或减少，单击Check Out时会触发弹窗。下面我们来完成ShoppingCart页签。

16.3.1　创建一个页面

在pages目录下新建一个Page命名为“ShoppingCart”。在ShoppingCart.ets文件中添加入口组件，并导入需要使用到的数据实体类、方法和组件。ShoppingCart组件代码如下：

```
import {GoodsData} from '../model/GoodsData'
import {initializeOnStartup} from '../model/GoodsDataModels'

@Entry
@Component
export struct ShoppingCart {
  @Provide totalPrice : number =0
  private goodsItems: GoodsData[] = initializeOnStartup()
  build() {
    Column() {
      Column() {
        Text('ShoppingCart')
          .fontColor(Color.Black)
          .fontSize(25)
          .margin({ left: 60,right:60 })
          .align(Alignment.Center)
      }
      .backgroundColor('#FF00BFFF')
      .width('100%')
      .height(30)

      ShopCartList({ goodsItems: this.goodsItems });
      ShopCartBottom()
    }
    .alignItems(HorizontalAlign.Start)
  }
}
```

16.3.2　创建组件

新建ShopCartList组件用于存放购物车商品列表，ShopCartList组件代码如下：

```
@Component
struct ShopCartList {

  private goodsItems: GoodsData[] = [];

  build() {
    Column() {
      List() {
        ForEach(this.goodsItems, (item: GoodsData) => {
          ListItem() {
            ShopCartListItem({ goodsItem: item })
          }
        }, (item: GoodsData) => item.id.toString())
      }
      .height('100%')
      .width('100%')
      .align(Alignment.Top)
      .margin({top: 5})
    }
    .height(570)
  }
}
```

ShopCartListItem组件代码如下：

```
@Component
struct ShopCartListItem {
  @Consume totalPrice: number
  private goodsItem: GoodsData = new GoodsData();

  build() {
    Row() {
      Toggle({ type: ToggleType.Checkbox })
        .width(10)
        .height(10)
        .onChange((isOn: boolean) => {
          if (isOn) {
            this.totalPrice += parseInt(this.goodsItem.price + '', 0)
          } else {
            this.totalPrice -= parseInt(this.goodsItem.price + '', 0)
          }
        })
      Image($rawfile(this.goodsItem.imgSrc))
        .objectFit(ImageFit.ScaleDown)
        .height(100)
        .width(100)
        .renderMode(ImageRenderMode.Original)
      Column() {
        Text(this.goodsItem.title)
          .fontSize(14)
        Text('¥' + this.goodsItem.price)
          .fontSize(14)
          .fontColor(Color.Red)
      }
    }
    .height(100)
    .width(180)
    .margin({ left: 20 })
    .alignItems(VerticalAlign.Center)
```

```
      .backgroundColor(Color.White)
    }
  }
```

在ShopCartListItem中使用Toggle的单选框类型来实现每个item的选择和取消选择，在Toggle的onChage事件中来改变totalPrice的数值。

新建ShopCartBottom组件，ShopCartBottom组件的代码如下：

```
import { promptAction } from '@kit.ArkUI'

@Component
struct ShopCartBottom {
  @Consume totalPrice: number

  build() {
    Row() {
      Text('Total:  ¥' + this.totalPrice)
        .fontColor(Color.Red)
        .fontSize(18)
        .margin({ left: 20 })
        .width(150)
      Text('Check Out')
        .fontColor(Color.Black)
        .fontSize(18)
        .margin({ right: 20, left: 100 })
        .onClick(() => {
          promptAction.showToast({
            message: 'Checking Out',
            duration: 10,
            bottom: 100
          })
        })
    }
    .height(30)
    .width('100%')
    .backgroundColor('#FF7FFFD4')
    .alignItems(VerticalAlign.Bottom)
  }
}
```

当单击“Check Out”按钮时，将会有弹窗提醒。

16.4　实战：实现“我的”页签

“我的”页签主要由下面4部分组成：

- 顶部的水平布局。
- 顶部下面的文本加数字的水平List。
- My Transaction模块，图片加文本的水平List。
- More模块，图片加文本的Grid。

构建主页“我的”页签，主要可以划分为下面几步。

16.4.1　创建一个页面

在pages目录下新建一个Page命名为“MyPage”。

在MyPage.ets文件中添加入口组件，MyInfo组件内容如下：

```
import { getMenu, getTrans, getMore } from '../model/GoodsDataModels'
import { Menu, ImageItem } from '../model/Menu'

@Entry
@Component
export struct MyInfo {
  build() {
    Column() {
      Row() {
        Image($rawfile('nav/waylau_181_181.jpg'))
          .margin({ left: 20 })
          .objectFit(ImageFit.Cover)
          .height(50)
          .width(50)
          .renderMode(ImageRenderMode.Original)
          .margin({ left: 40, right: 40 })

        Column() {
          Text('Way Lau')
            .fontSize(15)
          Text('Member Name : Way Lau                    >')
        }
        .height(60)
        .margin({ left: 40, top: 10 })
        .alignItems(HorizontalAlign.Start)
      }

      TopList()
      MyTransList()
      MoreGrid()

    }
    .alignItems(HorizontalAlign.Start)
    .width('100%')
    .flexGrow(1)
  }
}
```

16.4.2　创建组件

入口组件中还包含TopList、MyTransList和MoreGrid 3个子组件。代码如下：

```
@Component
struct TopList {
  private menus: Menu[] = getMenu()

  build() {
    Row() {
      List() {
        ForEach(this.menus, (item: Menu) => {
          ListItem() {
            MenuItemView({ menu: item })
```

```
          }
        }, (item: Menu) => item.id.toString())
      }
      .height('100%')
      .width('100%')
      .margin({ top: 5 })
      .edgeEffect(EdgeEffect.None)
      .listDirection(Axis.Horizontal)
    }
    .width('100%')
    .height(50)
  }
}

@Component
struct MenuItemView {
  private menu: Menu = new Menu();

  build() {
    Column() {
      Text(this.menu.title)
        .fontSize(15)
      Text(this.menu.num + '')
        .fontSize(13)

    }
    .height(50)
    .width(80)
    .margin({ left: 8, right: 8 })
    .alignItems(HorizontalAlign.Start)
    .backgroundColor(Color.White)
  }
}

@Component
struct MyTransList {
  private imageItems: ImageItem[] = getTrans()

  build() {
    Column() {
      Text('My Transaction')
        .fontSize(20)
        .margin({ left: 10 })
        .width('100%')
        .height(30)
      Row() {
        List() {
          ForEach(this.imageItems, (item: ImageItem) => {
            ListItem() {
              DataItem({ imageItem: item })
            }
          }, (item: ImageItem) => item.id.toString())
        }
        .height(70)
        .width('100%')
        .align(Alignment.Top)
        .margin({ top: 5 })
        .listDirection(Axis.Horizontal)
      }
```

```
    }
    .height(120)
  }
}

@Component
struct MoreGrid {
  private gridRowTemplate: string = ''
  private imageItems: ImageItem[] = getMore()
  private heightValue: number = 0;

  aboutToAppear() {
    let rows = Math.round(this.imageItems.length / 3);
    this.gridRowTemplate = '1fr '.repeat(rows);
    this.heightValue = rows * 75;
  }

  build() {
    Column() {
      Text('More')
        .fontSize(20)
        .margin({ left: 10 })
        .width('100%')
        .height(30)
      Scroll() {
        Grid() {
          ForEach(this.imageItems, (item: ImageItem) => {
            GridItem() {
              DataItem({ imageItem: item })
            }
          }, (item: ImageItem) => item.id.toString())
        }
        .rowsTemplate(this.gridRowTemplate)
        .columnsTemplate('1fr 1fr 1fr')
        .columnsGap(8)
        .rowsGap(8)
        .height(this.heightValue)
      }
      .padding({ left: 16, right: 16 })
    }
    .height(400)
  }
}
```

在MyTransList和MoreGrid组件中都包含子组件DataItem，为避免代码的重复，可以把多次要用到的结构体组件化，这里的结构体就是图片加上文本的上下结构体，DataItem组件内容如下：

```
@Component
struct DataItem {
  private imageItem: ImageItem = new ImageItem();

  build() {
    Column() {
      Image($rawfile(this.imageItem.imageSrc))
        .objectFit(ImageFit.Contain)
        .height(50)
        .width(50)
        .renderMode(ImageRenderMode.Original)
      Text(this.imageItem.title)
```

```
        .fontSize(15)


      }
      .height(70)
      .width(80)
      .margin({ left: 15, right: 15 })
      .backgroundColor(Color.White)
    }
  }
```

16.5 实战：商品详情页面

商品详情页面主要由以下5部分组成：

- 顶部的返回栏。
- Swiper组件。
- 中间多个Text组件组成的布局。
- 参数列表。
- 底部的Buy。

将上面每一部分都封装成一个组件，然后再放到入口组件内，当单击顶部返回图标时返回到主页面的商品列表页签，单击底部Buy时，会触发进度条弹窗。

16.5.1 创建一个页面

在pages目录下新建一个Page，命名为“ShoppingDetail”。在ShoppingDetail.ets文件中创建入口组件，组件内容如下：

```
import router from '@system.router';
import { ArsData } from '../model/ArsData'
import { getArs, getDetailImages } from '../model/GoodsDataModels'
import prompt from '@system.prompt';

@Entry
@Component
struct ShoppingDetail {
  private arsItems: ArsData[] = getArs()
  private detailImages: string[] = getDetailImages()

  build() {
    Column() {
      DetailTop()
      Scroll() {
        Column() {
          SwiperTop()
          DetailText()
          DetailArsList({ arsItems: this.arsItems })
          Image($rawfile('computer/computer1.png'))
            .height(220)
            .width('100%')
            .margin({ top: 30 })
          Image($rawfile('computer/computer2.png'))
            .height(220)
```

```
          .width('100%')
          .margin({ top: 30 })
        Image($rawfile('computer/computer3.png'))
          .height(220)
          .width('100%')
          .margin({ top: 30 })
        Image($rawfile('computer/computer4.png'))
          .height(220)
          .width('100%')
          .margin({ top: 30 })
        Image($rawfile('computer/computer5.png'))
          .height(220)
          .width('100%')
          .margin({ top: 30 })
        Image($rawfile('computer/computer6.png'))
          .height(220)
          .width('100%')
          .margin({ top: 30 })
      }
      .width('100%')
      .flexGrow(1)
    }
    .scrollable(ScrollDirection.Vertical)

    DetailBottom()
  }
  .height(630)

  }
}
```

16.5.2 创建组件

顶部DetailTop组件代码如下：

```
@Component
struct DetailTop {
  build() {
    Column() {
      Row() {
        Image($rawfile('detail/icon-return.png'))
          .height(20)
          .width(20)
          .margin({ left: 20, right: 250 })
          .onClick(() => {
            router.push({
              uri: "pages/Index"
            })
          })

      }
      .width('100%')
      .height(25)
      .backgroundColor('#FF87CEEB')
    }
    .width('100%')
    .height(30)
  }
}
```

SwiperTop组件代码如下：

```
@Component
struct SwiperTop {
  build() {
    Column() {
      Swiper() {
        Image($rawfile('computer/computer1.png'))
          .height(220)
          .width('100%')
        Image($rawfile('computer/computer2.png'))
          .height(220)
          .width('100%')
        Image($rawfile('computer/computer3.png'))
          .height(220)
          .width('100%')
        Image($rawfile('computer/computer4.png'))
          .height(220)
          .width('100%')
        Image($rawfile('computer/computer5.png'))
          .height(220)
          .width('100%')
        Image($rawfile('computer/computer6.png'))
          .height(220)
          .width('100%')

      }
      .index(0)
      .autoPlay(true)
      .interval(3000)
      .indicator(true)
      .loop(true)
      .height(250)
      .width('100%')
    }
    .height(250)
    .width('100%')
  }
}
```

DetailText组件代码如下：

```
@Component
struct DetailText {
  build() {
    Column() {
      Row() {
        Image($rawfile('computer/icon-promotion.png'))
          .height(30)
          .width(30)
          .margin({ left: 10 })
        Text('Special Offer: ￥9999')
          .fontColor(Color.White)
          .fontSize(20)
          .margin({ left: 10 })

      }
      .width('100%')
      .height(35)
```

```
      .backgroundColor(Color.Red)

      Column() {
        Text('New Arrival: HUAWEI MateBook X Pro 2021')
          .fontSize(15)
          .margin({ left: 10 })
          .alignSelf(ItemAlign.Start)
        Text('13.9-Inch, 11th Gen Intel® Core™ i7, 16 GB of Memory, 512 GB of Storage,
Ultra-slim Business Laptop, 3K FullView Display, Multi-screen Collaboration, Emerald Green')
          .fontSize(10)
          .margin({ left: 10 })
        Row() {
          Image($rawfile('nav/icon-buy.png'))
            .height(15)
            .width(15)
            .margin({ left: 10 })
          //TODO 暂不支持跑马灯组件，用Text代替
          Text('Limited offer')
            .fontSize(10)
            .fontColor(Color.Red)
            .margin({ left: 100 })

        }
        .backgroundColor(Color.Pink)
        .width('100%')
        .height(25)
        .margin({ top: 10 })

        Text(' Shipment:         2-day shipping')
          .fontSize(13)
          .fontColor(Color.Red)
          .margin({ left: 10, top: 5 })
          .alignSelf(ItemAlign.Start)
        Text('    Ship To:         Hubei,Wuhan,China')
          .fontSize(13)
          .fontColor(Color.Red)
          .margin({ left: 10, top: 5 })
          .alignSelf(ItemAlign.Start)
          .onClick(() => {
            prompt.showDialog({ title: 'select address', })

          })
        Text('Guarantee:         Genuine guaranteed')
          .fontSize(13)
          .margin({ left: 10, top: 5 })
          .alignSelf(ItemAlign.Start)
      }
      .height(150)
      .width('100%')
    }
    .height(160)
    .width('100%')
  }
}
```

DetailArsList组件代码如下：

```
@Component
struct DetailArsList {
  private arsItems: ArsData[] = [];
```

```
  build() {
    Scroll() {
      Column() {
        List() {
          ForEach(this.arsItems, (item: ArsData) => {
            ListItem() {
              ArsListItem({ arsItem: item })
            }
          }, (item: ArsData) => item.id.toString())
        }
        .height('100%')
        .width('100%')
        .margin({ top: 5 })
        .listDirection(Axis.Vertical)
      }
      .height(200)
    }
  }
}
```

ArsListItem组件代码如下：

```
@Component
struct ArsListItem {
  private arsItem: ArsData = new ArsData();

  build() {
    Row() {
      Text(this.arsItem.title + " :")
        .fontSize(11)
        .margin({ left: 20 })
        .flexGrow(1)
      Text(this.arsItem.content)
        .fontSize(11)
        .margin({ right: 20 })

    }
    .height(14)
    .width('100%')
    .backgroundColor(Color.White)
  }
}
```

DetailBottom组件代码如下：

```
@Component
struct DetailBottom {
  @Provide
  private value: number = 1
  dialogController: CustomDialogController = new CustomDialogController({
    builder: DialogExample(),
    cancel: this.existApp,
    autoCancel: true
  });

  onAccept() {

  }
```

```
  existApp() {

  }

  build() {
    Column() {
      Text('Buy')
        .width(40)
        .height(25)
        .fontSize(20)
        .fontColor(Color.White)
        .onClick(() => {
          this.value = 1
          this.dialogController.open()
        })
    }
    .alignItems(HorizontalAlign.Center)
    .backgroundColor(Color.Red)
    .width('100%')
    .height(40)
  }
}
```

DialogExample自定义弹窗组件代码如下：

```
@CustomDialog
struct DialogExample {
  @Consume
  private value: number
  controller: CustomDialogController;

  build() {
    Column() {
      Progress({ value: this.value++ >= 100 ? 100 : this.value, total: 100, style:
ProgressStyle.Eclipse })
        .height(50)
        .width(100)
        .margin({ top: 5 })

    }
    .height(60)
    .width(100)

  }
}
```

16.5.3　设置路由

为了能实现应用首页和商品详情页的切换，还需要在resources/base/profile/main_pages.json文件中增加路由配置：

```
{
  "src": [
    "pages/Index",
    "pages/ShoppingDetail"
  ]
}
```

16.6　本章小结

本章介绍了购物应用的完整开发过程，实现了包括商品列表页面、购物车页面、“我的”页面、详情页面等4块核心功能。希望读者通过本例的学习，能够进一步掌握HarmonyOS的开发技能。

16.7　上机练习：实现一个购物应用

任务要求：参考本章所学的知识，实现一个购物应用，包括商品列表页面、购物车页面、“我的”页面、详情页面等。

练习步骤：

（1）应用首页设计。
（2）实现商品列表页面。
（3）实现购物车页面。
（4）实现“我的”页面。
（5）实现详情页面。
（6）实现应用首页和商品详情页的切换。

代码参考配书资源中的“ArkUIShopping”应用。

附　录

模拟器与真机的差异

与真机相比，模拟器暂时只支持部分Kit，表1～表11是模拟器对各种Kit的支持情况。

表1　应用框架Kit

Kit 名称	ARM 版本	X86 版本	备　注
Ability Kit	是	是	-
Accessibility Kit	是	是	-
ArkData	部分支持	部分支持	分布式能力不支持
ArkTS	是	是	-
ArkUI	部分支持	部分支持	不支持heif类型的图片
ArkWeb	是	是	-
Background Tasks Kit	是	是	-
Core File Kit	部分支持	部分支持	分布式能力不支持
Form Kit	部分支持	部分支持	分布式能力不支持
IME Kit	是	是	-
IPC Kit	是	是	-
Localization Kit	是	是	-
UI Design Kit	否	否	-

表2　安全Kit

Kit 名称	ARM 版本	X86 版本	备　注
Asset Store Kit	是	是	-
Crypto Architecture Kit	是	是	-
Data Protection Kit	否	否	-
Device Certificate Kit	是	是	-
Device Security Kit	否	否	-
Enterprise Data Guard Kit	否	否	-
Online Authentication Kit	否	否	-
Universal Keystore Kit	是	是	-
User Authentication Kit	部分支持	部分支持	仅支持口令认证

表3　网络Kit

Kit 名称	ARM 版本	X86 版本	备　注
Connectivity Kit	部分支持	部分支持	仅支持wifi相关能力
Distributed Service Kit	否	否	-

（续表）

Kit 名称	ARM 版本	X86 版本	备　注
Network Kit	部分支持	部分支持	支持桥接本地计算机网络
Network Boost Kit	否	否	-
Remote Communication Kit	是	是	-
Service Collaboration Kit	否	否	-
Telephony Kit	否	否	-

表4　基础功能Kit

Kit 名称	ARM 版本	X86 版本	备　注
Basics Service Kit	部分支持	部分支持	usb、热管理、设备认证不支持
Function Flow Runtime Kit	是	是	-
Input Kit	是	是	-
MDM Kit	否	否	-
Status Bar Extension Kit	否	否	-

表5　硬件Kit

Kit 名称	ARM 版本	X86 版本	备　注
Car Kit	否	否	-
Driver Development Kit	否	否	-
MultimodalAwareness Kit	否	否	-
Pen Kit	否	否	-
Sensor Service Kit	部分支持	部分支持	支持部分传感器，参见虚拟传感器
Wear Engine Kit	否	否	-

表6　调测调优Kit

Kit 名称	ARM 版本	X86 版本	备　注
Performance Analysis Kit	否	否	-
Test Kit	是	是	-

表7　媒体Kit

Kit 名称	ARM 版本	X86 版本	备　注
Audio Kit	是	是	-
AVCodec Kit	部分支持	部分支持	仅支持软编码，H265编码不支持
AVSession Kit	否	否	-
Camera Kit	否	否	-
DRM Kit	否	否	-
Image Kit	是	是	-
Media Kit	部分支持	部分支持	不支持录像、拍照、扫码和屏幕录制
Media Library Kit	部分支持	部分支持	分布式能力不支持
Scan Kit	否	否	-
Ringtone Kit	否	否	-

表8　图形Kit

Kit 名称	ARM 版本	X86 版本	备　注
AR Engine	否	否	-
ArkGraphics 2D	是	是	暂不支持OpenGL ES 3.0以上接口
ArkGraphics 3D	否	否	-
Graphics Accelerate Kit	否	否	-
XEngine Kit	否	否	-

表9　应用服务Kit

Kit名称	ARM版本	X86版本	备注
Account Kit	是	否	-
Ads Kit	否	否	-
Calendar Kit	是	是	-
Call Kit	否	否	-
Cloud Foundation Kit	否	否	-
Contacts Kit	否	否	-
Game Service Kit	否	否	-
Health Service Kit	否	否	-
IAP Kit	否	否	-
Location Kit	是	部分支持	X86版本不支持地理逆编码
Map Kit	否	否	-
Notification Kit	是	是	-
Payment Kit	否	否	-
PDF Kit	否	否	-
Preview Kit	否	否	-
Push Kit	是	否	-
Scenario Fusion Kit	否	否	-
Share Kit	否	否	-
Store Kit	否	否	-
Wallet Kit	否	否	-
Weather Service Kit	否	否	-

表10　AI Kit

Kit 名称	ARM 版本	X86 版本	备　注
Core Speech Kit	否	否	-
Core Vision Kit	否	否	-
HiAI Foundation Kit	否	否	-
Intents Kit	否	否	-
MindSpore Lite Kit	否	否	-
Natural Language Kit	否	否	-
Neural Network Runtime Kit	否	否	-

（续表）

Kit 名称	ARM 版本	X86 版本	备　　注
Speech Kit	否	否	-
Vision Kit	否	否	-

表11　NDK开发Kit

Kit 名称	ARM 版本	X86 版本	备　　注
NDK	支持	部分支持	X86版本暂不支持libjsvm

除Kit外，在其他场景下，模拟器和真机的能力也存在差异，具体如表12所示。

表12　其他情况

场　　景	能　　力	ARM 版本	X86 版本	备　　注
预置应用	小艺输入法	是	是	-
	文件管理	是	部分支持	X86版本不支持文件删除
	设置	是	是	-
	图库	是	是	-
	浏览器	是	否	-
三方框架	React Native	否	否	-
	Taro	否	否	-
元服务	域名管控（配置服务器域名）	模拟器元服务域名访问不管控，不需要配置服务器域名	-	

参 考 文 献

［1］ 柳伟卫. 分布式系统常用技术及案例分析[M]. 北京：电子工业出版社，2017.

［2］ 柳伟卫. 鸿蒙HarmonyOS手机应用开发实战[M]. 北京：清华大学出版社，2022.

［3］ 柳伟卫. 鸿蒙HarmonyOS应用开发从入门到精通[M]. 北京：北京大学出版社，2022.

［4］ 柳伟卫. 鸿蒙HarmonyOS应用开发入门[M]. 北京：清华大学出版社，2024.

［5］ 柳伟卫. 跟老卫学HarmonyOS开发[EB/OL].https://github.com/waylau/harmonyos-tutorial，2020-12-13/2024-10-09

［6］ 柳伟卫. HarmonyOS题库[EB/OL].https://github.com/waylau/harmonyos-exam，2022-11-04/2024-10-09

［7］ HarmonyOS应用开发者基础认证[EB/OL].https://developer.huawei.com/consumer/cn/training/dev-cert-detail/101666948302721398，2022-12-01/2022-12-29

［8］ HarmonyOS 3.1 Release指南[EB/OL].https://developer.harmonyos.com/cn/docs/documentation/doc-guides-V3/start-overview-0000001478061421-V3?catalogVersion=V3，2022-11-04/2023-06-05

［9］ 鸿蒙生态应用开发白皮书V3.0[EB/OL].https://developer.huawei.com/consumer/cn/doc/guidebook/harmonyecoapp-guidebook-0000001761818040，2024-8-14/2024-8-29

［10］ HarmonyOS NEXT Release指南[EB/OL].https://developer.huawei.com/consumer/cn/doc/harmonyos-guides-V5/application-dev-guide-V5?catalogVersion=V5，2024-8-23/2024-10-09